深入浅出Python机器学习

段小手◎著

清華大學出版社
北京

内 容 简 介

机器学习正在迅速改变我们的世界。我们几乎每天都会读到机器学习如何改变日常的生活。如果你在淘宝或者京东这样的电子商务网站购买商品，或者在爱奇艺或是腾讯视频这样的视频网站观看节目，甚至只是进行一次百度搜索，就已经触碰到了机器学习的应用。使用这些服务的用户会产生数据，这些数据会被收集，在进行预处理之后用来训练模型，而模型会通过这些数据来提供更好的用户体验。此外，目前还有很多使用机器学习技术的产品或服务即将在我们的生活当中普及，如能够解放双手的无人驾驶汽车、聪明伶俐的智能家居产品、善解人意的导购机器人等。可以说要想深入机器学习的应用开发当中，现在就是一个非常理想的时机。

本书内容涵盖了有监督学习、无监督学习、模型优化、自然语言处理等机器学习领域所必须掌握的知识，从内容结构上非常注重知识的实用性和可操作性。全书采用由浅入深、循序渐进的讲授方式，完全遵循和尊重初学者对机器学习知识的认知规律。本书适合有一定程序设计语言和算法基础的读者学习使用。

图书在版编目(CIP)数据

深入浅出Python机器学习 / 段小手著. — 北京：清华大学出版社，2018（2024.7 重印）
ISBN 978-7-302-50323-1

Ⅰ.①深… Ⅱ.①段… Ⅲ.①软件工具－程序设计 Ⅳ.①TP311.561

中国版本图书馆 CIP 数据核字（2018）第 114982 号

责任编辑： 刘 洋
封面设计： 李召霞
版式设计： 方加青
责任校对： 宋玉莲
责任印制： 曹婉颖

出版发行： 清华大学出版社
网 址： https://www.tup.com.cn，https://www.wqxuetang.com
地 址： 北京清华大学学研大厦 A 座 **邮 编：** 100084
社 总 机： 010-83470000 **邮 购：** 010-62786544
投稿与读者服务： 010-62776969，c-service@tup.tsinghua.edu.cn
质 量 反 馈： 010-62772015，zhiliang@tup.tsinghua.edu.cn
印 装 者： 三河市东方印刷有限公司
经 销： 全国新华书店
开 本： 187mm×235mm **印 张：** 18.25 **字 数：** 343 千字
版 次： 2018 年 8 月第 1 版 **印 次：** 2024 年 7 月第 14 次印刷
定 价： 69.00 元

产品编号：079842-01

前　言

计算机是由程序驱动的，人工智能（AI）不过是一些特殊的算法。只要你有一些程序设计语言的基础，跟随本书，你也能进入人工智能的世界，成为一个 AI 应用的开发者。

人工智能，火了

仿佛就在一夜之间，人工智能火了，一跃成为 IT 业内最受关注的热点话题。如果读者关注互联网圈子的话，应该会听说在 2017 年 12 月乌镇举办的第四届互联网大会上，一众互联网大咖张口闭口都在谈人工智能，使得 AI 成了毫无疑问的最大风口。

例如，网易公司的 CEO 丁磊就表示，人工智能会成为每一个行业的标配。他认为，任何一个行业都可以用到人工智能，并且建议每个企业的领导者都不要忽略人工智能对自己所在领域的影响。

苹果公司的 CEO 蒂姆·库克也谈到人工智能可以让世界变得更美好。同时，他表示并不担心机器会像人一样思考，但强调必须为技术注入人性，赋予技术应有的价值。

把“All in AI”作为口号的百度，其 CEO 李彦宏更是极为推崇人工智能。他的观点是，人工智能不可能超越人类的能力，但是随着它的能力逐步逼近人类，就会开始一个行业一个行业地去颠覆了。

还有一位不能不提的人，就是阿里巴巴集团董事局主席马云。在他的演讲中提到，与其担心人工智能会带走很多就业机会，不如拥抱技术，解决新的问题。人工智能只会让人的工作更有价值，更有尊严。

当然，小米的 CEO 雷军更是不忘在大会上直接做了个硬广告。他告诉与会嘉宾，小米正在拥抱人工智能，在 2018 年小米手机将深度利用 AI 技术。

此外，大名鼎鼎的斯坦福大学计算机系教授、Coursera 创始人吴恩达，更是人工智能的坚定拥护者。他直言未来政府和企业会在人工智能领域扮演着越来越重要的角色，监管得力才能使 AI 发展得更好，企业领导者更应该将 AI 技术融入企业文化中，创造一个 AI 支持下的未来。

国内的顶级学者也高度重视 AI 的发展，中国工程院院士倪光南老先生强调，AI 是未来非常重要的一个发展方向，会产生什么我们很难预料，但一定会产生重大的影响；同时他指出，未来人和机器应该和谐相处，我们可以把重复性的劳动交给人工智能，人类去做更多有创造力的工作。

诸如此类，我们这里不一一列举了，但从上述这些大咖们的言论之中，人工智能的火爆程度，已然是可见一斑了。

置身事外，还是投身其中

既然各路大咖都如此看好人工智能的前景，那么我们应该怎样面对这一波浪潮呢？

前不久，我们的朋友圈几乎被同一种情绪刷屏，那就是对人工智能即将取代人类的强烈担忧。各路自媒体不惜笔墨地渲染人工智能将逐步蚕食人类的就业机会，并且最终取代人类统治世界，以此来博得大众的眼球，吸引粉丝的关注。

对于此，笔者的观点是：这简直是“咸吃萝卜淡操心”！这种通过夸大其词误导大众换取关注的方法是不可取的。纵观人类历史，发生过三次大的工业革命，而在这三次革命当中，确实发生过短暂的对于人类就业的冲击。但是人类自起源以来，依靠强大的适应能力一直存活到今天，并没有被任何机器或者别的物种所取代。相反地，我们的生活质量还在不断提高，享受着新兴技术给我们带来的高效与便捷。

不过，尽管我们不必担心新的技术取代人类，但还是要面对一个现实，那就是每次大的技术革命带来的阶层转换与固化。比如距离我们最近的这一次信息技术蓬勃发展，制造了一大批顶级富豪，如微软的比尔·盖茨、亚马逊的贝索斯，国内的李彦宏、马云、马化腾、张朝阳、丁磊等。

如果说，在上一次互联网带来巨大机遇的时候，咱们年龄还小——有可能还在上中学甚至小学，没能抓住这一波浪潮，那么这一波 AI 带来的机会就真的是“生逢其时”，估计本书的读者朋友年龄段会相对集中在“80 后”“90 后”这一代，正是青春好年华，体力和脑力都处在一个非常出色的阶段，可以说是完美地“遭遇”了这一千载难逢的好时机。

笔者一直认为，评价一门技术是否值得我们投入时间和精力去认真钻研，一个重要的标准就是它是否能及时地让我们的生活质量得到巨大的提升。更具体一点说，或许它可以让我们“富可敌国”，或许让我们“权倾朝野”，亦或许让我们“转角遇到爱”，总之是要解决具体的问题。当然有些读者朋友会觉得笔者有点过于“实用主义”，但人生苦短，成功需趁早。

前途光明，马上开始

自从 2017 年下半年开始，笔者强烈感觉到，各大互联网公司在疯狂地抢夺人工智能领域的人才，随手打开微信朋友圈都能看到众多猎头好友在发布人工智能工程师、机器学习工程师、算法工程师等职位，而且一挂就是很久，说明这些职位相当难招。这也导致这些职位的薪酬是水涨船高，随便打开一个招聘网站，搜索一下相关的岗位关键词，你都会发现类似的岗位招聘人数很多，薪酬也都很令人咂舌。

例如，我们打开猎聘，在职位搜索中输入“机器学习”这个关键词，会得到 10 000+个结果，我们随便挑一些来看一下，如图 0-1 所示。

图 0-1 “机器学习”搜索结果

从图 0-1 中我们可以看到，和机器学习相关的职位，即便没有经验的要求，年薪也达到了 24 万 ~48 万，而一个 2 年以上工作经验的算法工程师，薪酬更是达到了 36 万 ~72 万，绝对称得上是“钱途光明”。

看到这里，读者朋友可能已经跃跃欲试，希望能够尽快投身到人工智能的领域当中，但是如何迈出第一步呢？

要知道，人工智能是一个非常宽广的领域，它涵盖图像识别、自然语言处理、语音识别、数据挖掘等，究竟哪个方向的前景是最好的呢？

对于这个问题，笔者是这样考虑的：现在并不需要过分纠结未来深入研究的领域，现阶段最应该做的是开始打基础，进行入门知识的学习。在上述若干个领域中，不论应用的场景有多么大的区别，其背后的原理无外乎是使用机器学习算法对数据进行学习，并且得到分类、回归、聚类的结果，因此笔者强烈建议读者朋友从“机器学习”着手，然后向“深度学习”进发，再结合实际工作需求选择一个具体的应用方向进行深入的研究。

本书内容及体系结构

为了让读者的学习过程相对比较轻松愉快，本书写作力求语言生动，并且以实例来进行讲解。

本书第 1 章先用小 C 追求女神的故事阐述了什么是机器学习，然后用蝙蝠公司的业务单元展示了机器学习的应用场景，力图让读者对机器学习产生兴趣，并且参考本章给出的建议开始学习。

本章后面的内容会阐述机器学习的基本概念，包括有监督学习和无监督学习、分类与回归的基本概念、模型的泛化，以及什么是过拟合，什么是欠拟合。

本书第 2 章将会详细地指导读者配置机器学习的环境，这一章中读者将能够掌握 Python 的下载和安装，以及相关工具的安装和使用方法。

本书第 3 章 ~ 第 8 章将详细介绍机器学习中常见的一些算法，在这些章节中读者将会掌握常见算法的原理和使用方法。

在第 9 章和第 10 章中，读者将可以学习到如何对数据进行预处理和聚类，以便让复杂数据集中的关键点可以使人一目了然。

从第 11 章和第 12 章，读者将可以学习如何让算法能够有更良好的表现，以及如何找到模型的最优参数，还有怎样通过建立流水线让模型协同工作以便达到最好的效果。

本书第 14 章介绍了如何编写一个简单的爬虫来进行数据的获取，并且介绍了如何使用潜在狄利克雷分布进行文本数据的话题提取。

本书的最后——第 15 章，向读者简单介绍了目前“人工智能”领域的人才需求现状和未来的学习方向，以及如何使用常见的竞赛平台磨炼自己的技能。

注意：限于篇幅，本书不会详细介绍 Python 语言的基本语法和其在机器学习之外的应用。感兴趣的读者可以搜索 Python 的基础教程来进行学习。但是本书的学习并不要求读者对 Python 达到精通的水平。

本书特色

1. 内容实用实在、详略得当，讲授符合初学者的认知规律

本书内容涵盖了有监督学习、无监督学习、模型优化、自然语言处理等机器学习领域所必须掌握的知识，从内容结构上非常注重知识的实用性和可操作性。必须掌握的细节处绝不吝惜笔墨、手把手细致到每一次的鼠标点击；仅需要大致了解处绝不铺张浪费纸张、整体结构的描述提纲挈领。这样的安排注重了对初学阶段必备知识的深入了解，大致了解的知识也能够有所认识，这种由浅入深、循序渐进的讲授完全是遵循和尊重了初学者对机器学习知识的认知规律。

2. 行文幽默诙谐，以实例引导全程，特别适合初学者阅读

本书介绍的基本理论知识、用于分类的机器学习算法、用于回归的机器学习算法、数据预处理、数据表达与特征工程等，都是使用非常贴近生活场景的实例来引导的，这样就避免了知识讲述过于抽象，非常易于理解。同时，作者以幽默诙谐，贴近时代的语言对这些知识进行生动、通俗的一一讲解，犹如一位你的老朋友，帮助你缩短入门机器学习的时间。纵观全书，作者将大学生小 C 追求女神以及帮助他的朋友处理日常问题同机器学习的理论与操作进行对比介绍，这就使得整个学习过程变得简单、生动起来。

3. 配套的人才培养与引入计划，帮助读者将学习成果转化为真正的生产力

在笔者过去的工作当中，累积了数量可观的各大互联网公司招聘通道资源，以及诸多猎头资源，可以帮助学有所长的读者快速进入一个实际操作的场景中进一步提高自己的实操能力。除此之外，笔者和国内大部分相关的产业发展部门有着密切的联系，对于有志于在人工智能领域创业的创业者来说，也能够帮助其对接政策资源，帮助大家在创业过程中得到有关部门的支持，从而使得创业之路变得不那么坎坷。

本书读者对象

- 想要进入机器学习领域的初学者
- 企业中想要向机器学习的工程师、数据科学家转型的非开发岗人员
- 机器学习、人工智能方向的培训班学员
- 各计算机科学、非计算机科学专业的大中专院校学生
- 想要在人工智能领域创业的创业者
- 需要使用机器学习知识解决日常问题的人员
- 其他对机器学习、人工智能有兴趣爱好的各位自学者

最后，还要感谢各位编辑老师的辛勤劳动，使本书可以顺利出版。如果读者朋友在学习过程中有任何问题，或者单纯地想聊聊天，欢迎添加作者本人微信：dynhyper，谢谢大家！

作 者

2018 年 3 月

目 录

第 1 章 概 述

1.1 什么是机器学习——从一个小故事开始 / 002
1.2 机器学习的一些应用场景——蝙蝠公司的业务单元 / 003
1.3 机器学习应该如何入门——世上无难事 / 005
1.4 有监督学习与无监督学习 / 007
1.5 机器学习中的分类与回归 / 008
1.6 模型的泛化、过拟合与欠拟合 / 008
1.7 小结 / 009

第 2 章 基于 Python 语言的环境配置

2.1 Python 的下载和安装 / 012
2.2 Jupyter Notebook 的安装与使用方法 / 013
2.2.1 使用pip进行Jupyter Notebook的下载和安装 / 013
2.2.2 运行Jupyter Notebook / 014
2.2.3 Jupyter Notebook的使用方法 / 015
2.3 一些必需库的安装及功能简介 / 017
2.3.1 Numpy——基础科学计算库 / 017
2.3.2 Scipy——强大的科学计算工具集 / 018
2.3.3 pandas——数据分析的利器 / 019
2.3.4 matplotlib——画出优美的图形 / 020

2.4 scikit-learn——非常流行的 Python 机器学习库 / 021
2.5 小结 / 022

第 3 章 K 最近邻算法——近朱者赤，近墨者黑

3.1 K 最近邻算法的原理 / 024
3.2 K 最近邻算法的用法 / 025
3.2.1 K最近邻算法在分类任务中的应用 / 025
3.2.2 K最近邻算法处理多元分类任务 / 029
3.2.3 K最近邻算法用于回归分析 / 031
3.3 K 最近邻算法项目实战——酒的分类 / 034
3.3.1 对数据集进行分析 / 034
3.3.2 生成训练数据集和测试数据集 / 036
3.3.3 使用K最近邻算法进行建模 / 038
3.3.4 使用模型对新样本的分类进行预测 / 039
3.4 小结 / 041

第 4 章 广义线性模型——“耿直”的算法模型

4.1 线性模型的基本概念 / 044
4.1.1 线性模型的一般公式 / 044
4.1.2 线性模型的图形表示 / 045
4.1.3 线性模型的特点 / 049
4.2 最基本的线性模型——线性回归 / 050
4.2.1 线性回归的基本原理 / 050
4.2.2 线性回归的性能表现 / 051
4.3 使用 L2 正则化的线性模型——岭回归 / 053
4.3.1 岭回归的原理 / 053
4.3.2 岭回归的参数调节 / 054
4.4 使用 L1 正则化的线性模型——套索回归 / 058
4.4.1 套索回归的原理 / 058
4.4.2 套索回归的参数调节 / 059
4.4.3 套索回归与岭回归的对比 / 060

4.5 小结 / 062

第 5 章 朴素贝叶斯——打雷啦，收衣服啊

5.1 朴素贝叶斯基本概念 / 064
5.1.1 贝叶斯定理 / 064
5.1.2 朴素贝叶斯的简单应用 / 064
5.2 朴素贝叶斯算法的不同方法 / 068
5.2.1 贝努利朴素贝叶斯 / 068
5.2.2 高斯朴素贝叶斯 / 071
5.2.3 多项式朴素贝叶斯 / 072
5.3 朴素贝叶斯实战——判断肿瘤是良性还是恶性 / 075
5.3.1 对数据集进行分析 / 076
5.3.2 使用高斯朴素贝叶斯进行建模 / 077
5.3.3 高斯朴素贝叶斯的学习曲线 / 078
5.4 小结 / 080

第 6 章 决策树与随机森林——会玩读心术的算法

6.1 决策树 / 082
6.1.1 决策树基本原理 / 082
6.1.2 决策树的构建 / 082
6.1.3 决策树的优势和不足 / 088
6.2 随机森林 / 088
6.2.1 随机森林的基本概念 / 089
6.2.2 随机森林的构建 / 089
6.2.3 随机森林的优势和不足 / 092
6.3 随机森林实例——要不要和相亲对象进一步发展 / 093
6.3.1 数据集的准备 / 093
6.3.2 用get_dummies处理数据 / 094
6.3.3 用决策树建模并做出预测 / 096
6.4 小结 / 098

第 7 章　支持向量机 SVM——专治线性不可分

7.1　支持向量机 SVM 基本概念　/　100
7.1.1　支持向量机SVM的原理　/　100
7.1.2　支持向量机SVM的核函数　/　102
7.2　SVM 的核函数与参数选择　/　104
7.2.1　不同核函数的SVM对比　/　104
7.2.2　支持向量机的gamma参数调节　/　106
7.2.3　SVM算法的优势与不足　/　108
7.3　SVM 实例——波士顿房价回归分析　/　108
7.3.1　初步了解数据集　/　109
7.3.2　使用SVR进行建模　/　110
7.4　小结　/　114

第 8 章　神经网络——曾入“冷宫”，如今得宠

8.1　神经网络的前世今生　/　116
8.1.1　神经网络的起源　/　116
8.1.2　第一个感知器学习法则　/　116
8.1.3　神经网络之父——杰弗瑞・欣顿　/　117
8.2　神经网络的原理及使用　/　118
8.2.1　神经网络的原理　/　118
8.2.2　神经网络中的非线性矫正　/　119
8.2.3　神经网络的参数设置　/　121
8.3　神经网络实例——手写识别　/　127
8.3.1　使用MNIST数据集　/　128
8.3.2　训练MLP神经网络　/　129
8.3.3　使用模型进行数字识别　/　130
8.4　小结　/　131

第 9 章　数据预处理、降维、特征提取及聚类——快刀斩乱麻

9.1　数据预处理　/　134

9.1.1　使用StandardScaler进行数据预处理　/　134

9.1.2　使用MinMaxScaler进行数据预处理　/　135

9.1.3　使用RobustScaler进行数据预处理　/　136

9.1.4　使用Normalizer进行数据预处理　/　137

9.1.5　通过数据预处理提高模型准确率　/　138

9.2　数据降维　/　140

9.2.1　PCA主成分分析原理　/　140

9.2.2　对数据降维以便于进行可视化　/　142

9.2.3　原始特征与PCA主成分之间的关系　/　143

9.3　特征提取　/　144

9.3.1　PCA主成分分析法用于特征提取　/　145

9.3.2　非负矩阵分解用于特征提取　/　148

9.4　聚类算法　/　149

9.4.1　*K*均值聚类算法　/　150

9.4.2　凝聚聚类算法　/　153

9.4.3　DBSCAN算法　/　154

9.5　小结　/　157

第 10 章　数据表达与特征工程——锦上再添花

10.1　数据表达　/　160

10.1.1　使用哑变量转化类型特征　/　160

10.1.2　对数据进行装箱处理　/　162

10.2　数据“升维”　/　166

10.2.1　向数据集添加交互式特征　/　166

10.2.2　向数据集添加多项式特征　/　170

10.3　自动特征选择　/　173

10.3.1　使用单一变量法进行特征选择　/　173

10.3.2 基于模型的特征选择 / 178
10.3.3 迭代式特征选择 / 180
10.4 小结 / 182

第 11 章 模型评估与优化——只有更好，没有最好

11.1 使用交叉验证进行模型评估 / 184
11.1.1 scikit-learn中的交叉验证法 / 184
11.1.2 随机拆分和“挨个儿试试” / 186
11.1.3 为什么要使用交叉验证法 / 188
11.2 使用网格搜索优化模型参数 / 188
11.2.1 简单网格搜索 / 189
11.2.2 与交叉验证结合的网格搜索 / 191
11.3 分类模型的可信度评估 / 193
11.3.1 分类模型中的预测准确率 / 194
11.3.2 分类模型中的决定系数 / 197
11.4 小结 / 198

第 12 章 建立算法的管道模型——团结就是力量

12.1 管道模型的概念及用法 / 202
12.1.1 管道模型的基本概念 / 202
12.1.2 使用管道模型进行网格搜索 / 206
12.2 使用管道模型对股票涨幅进行回归分析 / 209
12.2.1 数据集准备 / 209
12.2.2 建立包含预处理和MLP模型的管道模型 / 213
12.2.3 向管道模型添加特征选择步骤 / 214
12.3 使用管道模型进行模型选择和参数调优 / 216
12.3.1 使用管道模型进行模型选择 / 216
12.3.2 使用管道模型寻找更优参数 / 217
12.4 小结 / 220

第 13 章　文本数据处理——亲，见字如“数”

13.1　文本数据的特征提取、中文分词及词袋模型　/　222
13.1.1　使用CountVectorizer对文本进行特征提取　/　222
13.1.2　使用分词工具对中文文本进行分词　/　223
13.1.3　使用词袋模型将文本数据转为数组　/　224
13.2　对文本数据进一步进行优化处理　/　226
13.2.1　使用*n*-Gram改善词袋模型　/　226
13.2.2　使用tf-idf模型对文本数据进行处理　/　228
13.2.3　删除文本中的停用词　/　234
13.3　小结　/　236

第 14 章　从数据获取到话题提取——从“研究员”到“段子手”

14.1　简单页面的爬取　/　238
14.1.1　准备Requests库和User Agent　/　238
14.1.2　确定一个目标网站并分析其结构　/　240
14.1.3　进行爬取并保存为本地文件　/　241
14.2　稍微复杂一点的爬取　/　244
14.2.1　确定目标页面并进行分析　/　245
14.2.2　Python中的正则表达式　/　247
14.2.3　使用BeautifulSoup进行HTML解析　/　251
14.2.4　对目标页面进行爬取并保存到本地　/　256
14.3　对文本数据进行话题提取　/　258
14.3.1　寻找目标网站并分析结构　/　259
14.3.2　编写爬虫进行内容爬取　/　261
14.3.3　使用潜在狄利克雷分布进行话题提取　/　263
14.4　小结　/　265

第 15 章　人才需求现状与未来学习方向——你是不是下一个“大牛”

15.1　人才需求现状　/　268

15.1.1　全球AI从业者达190万，人才需求3年翻8倍　/　268

15.1.2　AI人才需求集中于一线城市，七成从业者月薪过万　/　269

15.1.3　人才困境仍难缓解，政策支援亟不可待　/　269

15.2　未来学习方向　/　270

15.2.1　用于大数据分析的计算引擎　/　270

15.2.2　深度学习开源框架　/　271

15.2.3　使用概率模型进行推理　/　272

15.3　技能磨炼与实际应用　/　272

15.3.1　Kaggle算法大赛平台和OpenML平台　/　272

15.3.2　在工业级场景中的应用　/　273

15.3.3　对算法模型进行A/B测试　/　273

15.4　小结　/　274

参考文献　/　275

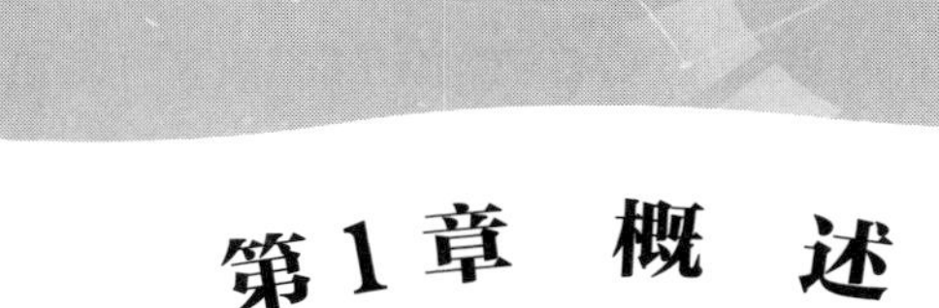

第1章 概 述

近年来，全球新一代信息技术创新浪潮迭起。作为全球信息领域产业竞争的新一轮焦点，人工智能的发展迎来了第三次浪潮，它正在推动工业发展进入新的阶段，掀起第四次工业革命的序幕。而作为人工智能的重要组成部分，机器学习也成了炙手可热的概念。本章将向读者介绍机器学习的基础知识，为后面的学习打好基础。

本章主要涉及的知识点有：

- 什么是机器学习
- 机器学习的主要应用场景
- 机器学习应该如何入门
- 有监督学习和无监督学习的概念
- 分类、回归、泛化、过拟合与欠拟合等概念

1.1 什么是机器学习——从一个小故事开始

要搞清楚什么是机器学习，我们可以从一个小故事开始。

小 C 是一个即将毕业的大学生、单身的小伙子，他一直在暗地里喜欢隔壁班的女神，可是又苦于没有机会接近她，于是在很长一段时间里，小 C 只能保持这种暗恋的状态。

突然有一天，在一个很偶然的机会下，小 C 得到了女神的微信号，并且添加了她。然后开始密切关注她的朋友圈，观察她的一举一动。

不久小 C 就有了重大发现，女神在朋友圈经常发三种类型的内容：书籍、电影和旅游。这可是个了不起的发现，对于小 C 来说，千载难逢的机会来了。

接下来，小 C 把女神喜欢的书名和特征（Features）保存在电脑上，做成一个数据集（Dataset），然后根据这个数据集用“算法（Algorithm）”建立了一个“模型（Model）”，并且通过这个模型预测出了女神会喜欢哪一本新书，之后小 C 买下了模型预测出来的书，作为礼物送给了女神。

收到新书的女神很开心，也对小 C 产生了好感。

后来小 C 又用同样的方法预测出了女神喜欢的电影，并买票请女神去看。不出所料，每次女神的观影体验都棒极了，两个人的关系也越来越近。

再后来，小 C 又预测了女神会喜欢的旅游地点，订好机票和酒店，对女神发出了邀请。当然，女神不会拒绝小 C 了，因为这次旅游的目的地可是她一直想去的地方呢！

整个旅途愉快极了，小 C 总能像手术刀一样精准地切到女神最感兴趣的话题上。女神觉得太不可思议了，她问小 C：“为什么你会这么了解我呢？”小 C 按捺住内心的喜悦，故作镇定地说道：“这是机器学习的力量。”

“什么是机器学习啊？”女神不解。

是时候让小 C 展现出扎实的学术底蕴了，他抬头 45° 仰望星空，深沉地说道：

“机器学习，最早是由一位人工智能领域的先驱，Arthur Samuel（见图 1-1），在 1959 年提出来的。本意指的是一种让计算机在不经过明显编程的情况下，对数据进行学习，并且做出预测的方法，属于计算机科学领域的一个子集。公认的世界上第一个自我学习项目，就是 Samuel 跳棋游戏。而我也是通过机器学习的方法，通过你在社交媒体的数据预测出你的喜好的。”

图 1-1 Arthur Samuel 和他的跳棋游戏

毫无悬念地，女神对小 C 产生了深深的崇拜感，并且芳心暗许。从此以后，两个人走在了一起，并过上了幸福的生活。

对于一部童话来说，故事到这里就可以结束了。可是对于一本机器学习的入门书来说，我们才刚刚开始。

有了女朋友的小 C 也要背负起自己的责任了，他需要一份工作，才能为两个人的生活提供经济来源。很幸运的是，他通过校园招聘进入了国内最大的互联网公司——蝙蝠公司，成为一名机器学习工程师，从此开始了他的职业生涯。

1.2 机器学习的一些应用场景——蝙蝠公司的业务单元

小 C 入职的蝙蝠公司，作为国内互联网行业的龙头企业，其业务覆盖面十分广泛，包括电子商务、社交网络、互联网金融以及新闻资讯等。每一个方向在内部都被称为一个 BU（业务单元）。每个 BU 相对独立运作，有自己完善的体系。但机器学习技术，在每个 BU 都有非常深入的应用。下面我们来大致了解一下。

1. 电子商务中的智能推荐

蝙蝠公司的电子商务 BU 是国内最大的在线零售平台，其用户接近 5 亿，每天在线商品数超过 8 亿，平均每分钟会售出 4.8 万件商品。正因此，电子商务 BU 拥有海量的用户和商品数据。当然，为了让平台的成交总额（Gross merchandise Volume，GMV）不断提高，电子商务 BU 必须精确地为用户提供商品优惠信息。和小 C 预测女神的喜好类似，电子商务 BU 要通过机器学习，来对用户的行为进行预测。但在如此海量的数据下，模型要比小 C 的模型复杂很多。

比如某个男性用户的浏览记录和购买记录中有大量的数码产品，而且系统识别出该用户访问平台时使用的设备是 iPhone 7，则算法很有可能会给该用户推荐 iPhone X 的购买链接。而另外一个女性用户浏览和购买最多的是化妆品和奢侈品，那么机器就会把最新款的 Hermès 或者 Chanel 产品推荐给她。

2. 社交网络中的效果广告

蝙蝠公司旗下的社交网络平台目前有超过 9 亿的月活跃用户（Monthly Active Users，MAU），其主要盈利模式是通过在社交网络中投放效果广告，从而为商家提供精准营销的服务。在这种盈利模式下，该 BU 需要保证广告的投放尽可能精准地到达目标受众，并转化为销售。因此需要机器学习算法来预测用户可能感兴趣的广告内容，并且将符合要求的内容展示给用户。

比如用户经常转发或点赞和汽车有关的信息，那么系统就会把某品牌新车上市的广告展示给用户，而如果用户经常转发或点赞的是和时尚相关的信息，那么系统推荐的广告就会是新一季的服装搭配潮流等。

3. 互联网金融中的风控系统

蝙蝠公司旗下另外一个业务单元——互联网金融事业部，主要是为用户提供小额贷款和投资理财服务。目前该 BU 拥有 4.5 亿用户，具有每秒处理近 9 万笔支付的能力。而且它的资产损失比率仅有 0.001%，这是一个非常恐怖的数字！要知道全球最老牌的在线支付工具资产损失比率也要 0.2%。要达到如此低的资产损失比率，必须要有强大的风控系统作为支撑，而风控系统背后，就是机器学习算法的应用。

例如，在这个场景中，风控系统要能够收集已知的用户欺诈行为，并对欺诈者的行为数据进行分析，再建立模型，在类似的欺诈行为再度发生之前就把它们扼杀在摇篮里，从而降低平台的资产损失比率。

4. 新闻资讯中的内容审查

蝙蝠公司旗下的新闻资讯业务单元的表现也同样让人眼前一亮。这个 BU 的产品主要是新闻客户端 APP，据称其激活用户数已经超过 6 亿，而平均每个用户使用时长达到了 76 分钟。而令人咂舌的是，这个业务单元下据说没有编辑人员，所有的内容处理都是通过机器学习算法自动完成的。

比如该产品的“精准辟谣”功能，就是主要依赖机器学习的算法，对内容进行识别。如果判断为是虚假信息，则会提交给审核团队，审核属实之后，虚假信息就会被系统屏蔽，不会给用户进行推送。

当然，蝙蝠公司的业务单元远远不止上述这几个，同时机器学习在这些业务单元中的应用也远远不止上述这几个方面。限于篇幅，本书就不再一一罗列了。

5. 机器学习在蝙蝠公司之外的应用

蝙蝠公司代表的是互联网行业，然而在互联网行业之外，机器学习也被广泛的应用。例如在医疗行业中所使用的专家系统，典型的案例就是诞生于 20 世纪 70 年代的 MYCIN 系统，该系统由斯坦福大学研制，它可以用患者的病史、症状和化验结果等作为原始数据，运用医疗专家的知识进行逆向推理，找出导致感染的细菌。若是多种细菌，则用 0 到 1 的数字给出每种细菌的可能性，并在上述基础上给出针对这些可能的细菌的药方。

此外，还有诸如智能物流、智能家居、无人驾驶等领域。可以说机器学习，已经非常深切地融入了我们的生活与工作当中。

6. 一些炫酷的“黑科技”

除了上述我们提到的已经广泛应用的领域，还有一些代表着未来发展趋势的案例，例如：2016 年，Google 旗下的 AI 程序 AlphaGo 首次战胜了人类围棋世界冠军。2017 年，埃隆·马斯克创办的 OpenAI 公司开发的人工智能程序在电子竞技游戏 DOTA 中战胜了人类世界冠军 Dendi。除此之外，还有很多诸如 AI 写新闻稿、画插画、写诗词等消息充斥着各大新闻网站的首页，仿佛用不了多久，AI 就会在各个方面全面替代人类，进而统治世界了。

本书并不想争论 AI 究竟会让人类生活得更美好，还是会成为地球的主宰者奴役我们。在这里只想和大家一起探究一下这些案例背后的原理。不管是 AlphaGo 还是 OpenAI，其背后的原理都是机器学习中的深度学习，它们的崛起在全球范围内掀起了一阵人工智能和深度学习的热潮。

实际上，人工智能这个概念并不是最近几年才出现的。早在 20 世纪 60 年代，人工智能就被提出，并且分为诸多学派。其中联结学派就是神经网络，或者说深度学习的代表。但受限于当时的计算能力，人工智能的发展也出现了停滞。

而随着时代的发展，现在的芯片计算能力越来越强，同时用户的数据量也越来越大，为人工智能的进一步发展提供了必要的先决条件，而机器学习、深度学习、神经网络等概念也随之火爆起来。同时在人才市场上，机器学习工程师、算法工程师、数据分析师等职位也呈现出了供不应求的场面，因此有更多的人开始投身到机器学习的研究当中。

1.3 机器学习应该如何入门——世上无难事

相信在看了上面的内容之后，一些读者朋友也已经动心，想要加入机器学习的领域当中了。保不齐能像故事中的小 C 一样，既能抱得美人归，又能找到一份心仪的工作。

但另外，又会担心自己基础薄弱，不知道从何入手。

不用担心！只要你肯多动脑，勤动手，相信很快就可以入门的。下面是我们给大家的一点学习方面的建议。

1. 从一种编程语言开始

如果你之前完全没有编程的基础，那么我们建议先从一门编程语言开始。目前市面上常用的编程语言有很多种，如 C++、Java、Python、R 等。那么该选择哪一种呢？不必纠结，编程语言并没有绝对的“好”和“不好”的区别，只是它们各自有各自的特点而已。而且如果你掌握了其中的一种，再学习其他的编程语言时，上手会快得多。

本书使用的语言是 Python，主要原因是：在数据科学领域，Python 已经成为了一门通用的编程语言。它既有通用编程语言的强大能力，同时还具有诸如 MATLAB 或者 R 之类针对某个专门领域语言的易用性。同时丰富和强大的库，让 Python 在数据挖掘、数据可视化、图像处理、自然语言处理等领域都有非常不俗的表现。

Python 还被称为“胶水语言”，因为它能够把用其他语言编写的各种模块轻松连接在一起。而它简洁清晰的语法和强制缩进的特点，都让 Python 对初学者非常友好。此外，它还是完全开源的，用户完全不需要支付任何费用。

由于 Python 语言的简洁性、易读性以及可扩展性，在国外用 Python 做科学计算的研究机构日益增多，一些知名大学已经采用 Python 来教授程序设计课程。众多开源的科学计算软件包都提供了 Python 的调用接口，如著名的计算机视觉库 OpenCV、三维可视化库 VTK、医学图像处理库 ITK。Google 的深度学习框架 TensorFlow 兼容得最好的语言之一，也是 Python。

2017 年 7 月 20 日，IEEE 发布 2017 年编程语言排行榜：Python 高居首位。

还有一个重要的原因，对于用户来说，Python 的学习成本是非常低的。哪怕是完全零基础的读者，在一个月左右的努力学习之后，也可以大致掌握它的基本语法和主要的功能模块。

因此我们推荐读者使用 Python 进行机器学习方面的研究与开发，在后面的章节我们会带大家配置基于 Python 的开发环境。

2. 熟悉机器学习中的基本概念

在对编程语言有了基本的掌握之后，读者朋友需要熟悉机器学习中的一些基本概念，比如什么是“有监督学习”，什么是“无监督学习”，它们之间的区别是什么，在应用方面有什么不同。另外，对机器学习的“分类”和“回归”有基本认知，清楚在什么场景下使用分类算法，在什么场景下使用回归算法。最后理解模型的“泛化”，明白在什么情况下模型会出现“过拟合”的现象，在什么情况下会出现“欠拟合”的现象。

3. 了解机器学习中最常见的算法

在了解了基本概念之后，读者朋友就可以开始了解机器学习中最常用的一些算法了。比如K最近邻算法、线性模型、朴素贝叶斯、决策树、随机森林、SVMs、神经网络等。

在这个过程中，读者需要了解每种算法的基本原理和用途，它们的特性分别是什么，在不同的数据集中表现如何，如何使用它们建模，模型的参数如何调整等。

4. 掌握对数据进行处理的技巧

读者朋友可根据前述内容，对小数据集进行建模并且做出一些预测。但是在真实世界中，数据往往比我们拿来实验的小数据集复杂很多倍。它们的特征变量会大很多，也就是说数据的维度会高很多，同时可能完全没有训练数据集供你使用，这时候读者就需要掌握一些数据处理的技能，比如如何对数据进行降维，或者聚类，从而让数据更容易被理解，并从中找到关键点，为建模奠定基础。

5. 学会让模型更好地工作

学会用算法建模和对数据进行处理之后，读者朋友要做的是如何让模型更好地工作。例如，怎样做可以让算法的效率更高，怎样找到最适合的模型，模型最优的参数是什么，以及如何打造一个流水线，让几个模型在其中共同协作，以解决你的问题等。

6. 动手，一定要动手操作

学习一门知识最好的办法就是使用它，因此建议读者朋友一定要自己动手实操。不要嫌麻烦，尽可能把本书中的代码全部自己敲一下这样才能对内容有更加深刻的理解。如果觉得不够过瘾，还可以到知名的Kaggle大赛平台，或者“天池”算法大赛平台上，使用那些来自真实世界的数据来磨炼自己的技能。

当然，还有个更好的方法，那就是去企业中寻找一个机器学习工程师或是算法工程师的职位，在工作中学习，效果是最好的了。

1.4 有监督学习与无监督学习

在机器学习领域，有监督学习和无监督学习是两种常用的方法。有监督学习是通过现有训练数据集进行建模，再用模型对新的数据样本进行分类或者回归分析的机器学习方法。在监督式学习中，训练数据集一般包含样本特征变量及分类标签，机器使用不同的算法通过这些数据推断出分类的方法，并用于新的样本中。目前有监督学习算法已经比较成熟，并且在很多领域都有很好的表现。

而无监督学习，或者说非监督式学习，则是在没有训练数据集的情况下，对没有标签的数据进行分析并建立合适的模型，以便给出问题解决方案的方法。在无监督学习当中，常见的两种任务类型是数据转换和聚类分析。

其中数据转换的目的是，把本来非常复杂的数据集通过非监督式学习算法进行转换，使其变得更容易理解。常见的数据转换方法之一便是数据降维，即通过对特征变量较多的数据集进行分析，将无关紧要的特征变量去除，保留关键特征变量（例如，把数据集降至二维，方便进行数据可视化处理）。

而聚类算法则是通过把样本划归到不同分组的算法，每个分组中的元素都具有比较接近的特征。目前，聚类算法主要应用在统计数据分析、图像分析、计算机视觉等领域。

1.5 机器学习中的分类与回归

分类和回归是有监督学习中两个最常见的方法。对于分类来说，机器学习的目标是对样本的类标签进行预测，判断样本属于哪一个分类，结果是离散的数值。而对于回归分析来说，其目标是要预测一个连续的数值或者是范围。

这样讲可能会有一点抽象，我们还是用小 C 的例子来理解一下这两个概念。

比如，小 C 在使用算法模型预测女神的电影喜好时，他可以将电影分为“女神喜欢的”和“女神不喜欢的”两种类型，这就是二元分类，如果他要把电影分为“女神特别喜欢的”“女神有点喜欢的”“女神不怎么喜欢的”以及“女神讨厌的”四种类型，那么这就属于多元分类。

但如果小 C 要使用算法模型预测女神对某部电影的评分，例如，女神会给“速度与激情 8”打多少分，从 0 到 100，分数越高说明女神越喜欢，最终模型预测女神会给这部电影打 88 分，这个过程就称为回归。小 C 需要将女神给其他电影的评分和相对应的电影特征作为训练数据集，通过建立回归模型，来给“速度与激情 8”打分。

1.6 模型的泛化、过拟合与欠拟合

在有监督学习中，我们会在训练数据集上建立一个模型，之后会把这个模型用于新的，之前从未见过的数据中，这个过程称为模型的泛化（generalization）。当然我们希望模型对于新数据的预测能够尽可能准确，这样才能说模型泛化的准确度比较高。

那么我们用什么样的标准来判断一个模型的泛化是比较好的，还是比较差的呢？

我们可以使用测试数据集对模型的表现进行评估。如果你在训练数据集上使用了一个非常复杂的模型，以至于这个模型在拟合训练数据集时表现非常好，但是在测试数据集的表现非常差，说明模型出现了过拟合（overfitting）的问题。

相反，如果模型过于简单，连训练数据集的特点都不能完全考虑到的话，那么这样的模型在训练数据集和测试数据集的得分都会非常差，这个时候我们说模型出现了欠拟合（underfitting）的问题。

而只有模型在训练数据集和测试数据集得分都比较高的情况下，我们才会认为模型对数据拟合的程度刚刚好，同时泛化的表现也会更出色。

1.7 小结

现在我们来对本章的内容进行一下总结。在本章开始的部分，我们通过一个小故事了解了机器学习的基本概念，之后又对机器学习的部分应用场景进行了初步的学习。

之所以说“部分”应用场景，是因为机器学习的应用范围实在太广，我们很难穷举，相信读者朋友日后还会接触到更多元化的案例。

当读者朋友对机器学习产生兴趣之后，还可以在本章中找到对于机器学习入门的步骤和一些建议。当然，每个人有自己独到的学习方法，本章所列的方法仅仅供读者朋友参考，你也完全可以根据自身的情况安排自己的学习计划。

同时，为了让读者朋友能够更加顺利地学习后面的章节，本章还初步介绍了一些机器学习领域的术语，如监督学习、无监督学习、过拟合和欠拟合等。但请读者朋友注意，这部分内容也并非是将所有的术语进行罗列，如半监督学习和强化学习的概念，本章还没有涉及。相信日后随着读者朋友学习进程的加深，还会解锁更多新的知识点。

在第 2 章，本书将用手把手的方式，和读者朋友一起搭建机器学习的开发环境，相信乐于动手的你会找到很多乐趣。

第2章 基于Python语言的环境配置

在看完第1章的内容后，相信有一部分读者朋友可能已经忍不住想要动手操作一下了。工欲善其事，必先利其器。本章将帮助读者朋友把实验环境配置好。

事实上，有一些第三方机构发行了一些已经集成好必要的库的Python开发工具，如Anaconda、Enthought Canopy、Python（x,y）等，它们的主要功能是用于进行科学计算和大规模数据处理。如果你不想自己去动手逐步配置环境，那么直接下载这些工具也是不错的选择。但是对于新手而言，我强烈建议下载Python的原始安装文件，并尝试自己安装这些库，这样可以充分锻炼自己的动手能力。

本章主要涉及的知识点有：

- Python的下载和安装
- Jupyter Notebook的安装及使用方法
- Numpy、Scipy、matplotlib、pandas、scikit-learn等库的安装和使用方法

2.1 Python 的下载和安装

首先，我们需要通过 Python 官方网站 http://www.python.org 下载 Python 安装包，目前最新的版本是 3.6.2。在官网首页的导航条上找到“Downloads”按钮，鼠标悬停在上面时会出现一个下拉菜单，如图 2-1 所示。

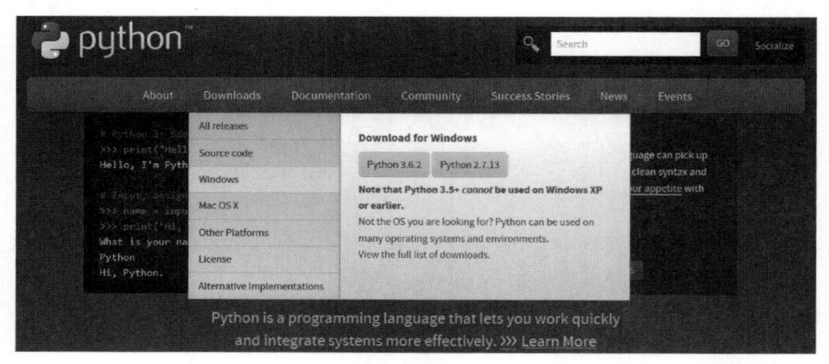

图 2-1　Python 官网下载入口

在下拉菜单中，根据自己的操作系统选择对应的 Python 版本，本书将以 Windows 为例进行讲解。

注意 苹果的 MAC OS 自带了 Python 2.7.X，需要另行安装 Python 3.6.2。但是由于系统运行依赖于自带的 Python 2.7.X，因此请务必不要删除系统自带的版本。

单击图 2-1 中所示的 Windows 按钮之后，将进入下载页面，在这里选择和自己系统匹配的安装文件。为了方便起见，我们选择 executable installer（可执行的安装程序），如果你的操作系统是 32 位的，请选择 Windows x86 executable installer；如果操作系统是 64 位的，请选择 Windows x86-64 executable installer，如图 2-2 所示。

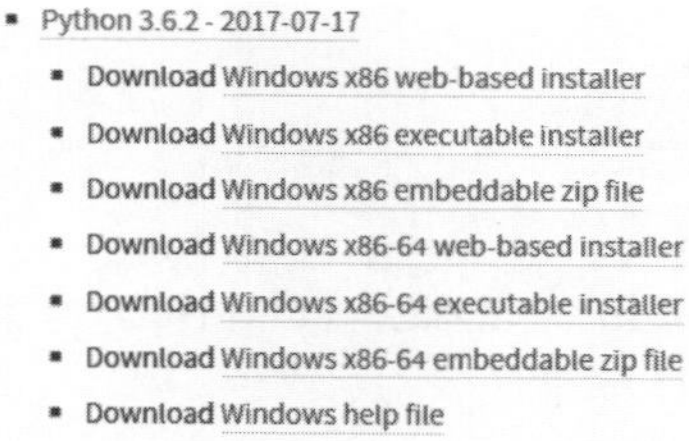

- Python 3.6.2 - 2017-07-17
  - Download Windows x86 web-based installer
  - Download Windows x86 executable installer
  - Download Windows x86 embeddable zip file
  - Download Windows x86-64 web-based installer
  - Download Windows x86-64 executable installer
  - Download Windows x86-64 embeddable zip file
  - Download Windows help file

图 2-2　Python 3.6.2 不同版本下载链接

下载完成后，双击安装文件，在打开的软件安装界面中选择 Install Now 即可进行默认安装，而选择 Customize installation 可以对安装目录和功能进行自定义。记得勾选 Add Python 3.6 to PATH 选项，以便把安装路径添加到 PATH 环境变量中，这样就可以在系统各种环境中直接运行 Python 了。

2.2　Jupyter Notebook 的安装与使用方法

在安装好 Python 后，使用其自带的 IDLE 编辑器就已经可以完成代码编写的功能了。但是自带的编辑器功能比较简单，所以可以考虑安装一款更强大的编辑器。本书推荐使用 Jupyter Notebook 作为开发工具。

Jupyter Notebook 是一款开源的 Web 应用，用户可以使用它编写代码、公式、解释性文本和绘图，并且可以把创建好的文档进行分享。目前，Jupyter Notebook 已经广泛应用于数据处理、数学模拟、统计建模、机器学习等重要领域。它支持四十余种编程语言，包括在数据科学领域非常流行的 Python、R、Julia 以及 Scala。用户还可以通过 E-mail、Dropbox、Github 等方式分享自己的作品。Jupyter Notebook 还有一个强悍之处在于，它可以实时运行代码并将运行结果显示在代码下方，给开发者提供了极大的便捷性。

时下最热门的 Kaggle 算法大赛中的文档几乎都是 Jupyter 格式，本书也使用了 Jupyter Notebook 进行创作。

下面我们来讲解一下 Jupyter Notebook 的安装和基本操作。

2.2.1　使用pip进行Jupyter Notebook的下载和安装

以管理员身份运行 Windows 系统自带的命令提示符，或者是 MAC OS X 的终端，输入下方的命令提示符如图 2-3 所示。

```
pip3 install jupyter
```

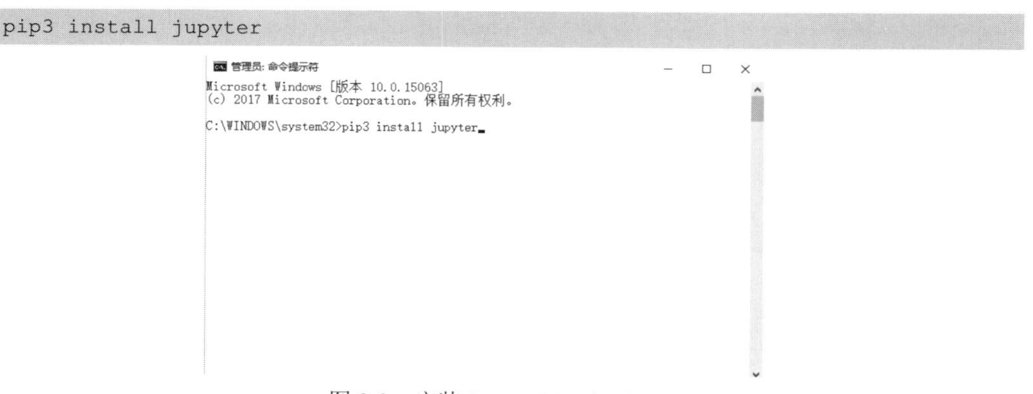

图 2-3　安装 Jupyter Notebook

稍等片刻，Jupyter Notebook 就会自动安装完成。在安装完成后，命令提示符会提示 Successfully installed jupyter-1.0.0，如图 2-4 中划线部分所示：

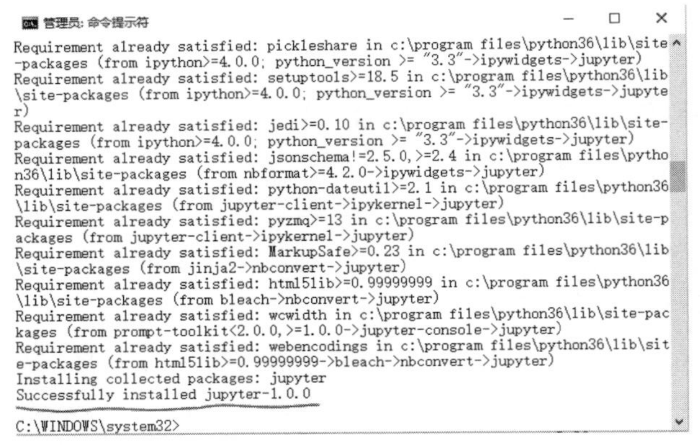

图 2-4 Windows 命令提示符提示 Jupyter Notebook 安装完成

2.2.2 运行Jupyter Notebook

在 Windows 的命令提示符或者是 MAC OS X 的终端中输入 jupyter notebook，就可以启动 Jupyter Notebook，如图 2-5 所示。

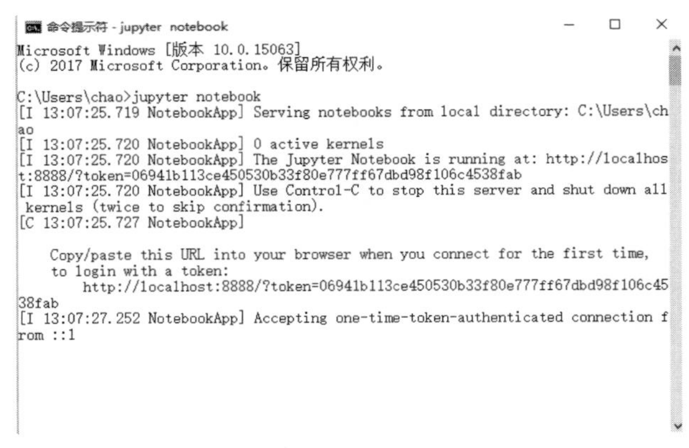

图 2-5 启动 Jupyter Notebook

这时电脑会自动打开默认的浏览器，并进入 Jupyter Notebook 的初始界面，如图 2-6 所示。

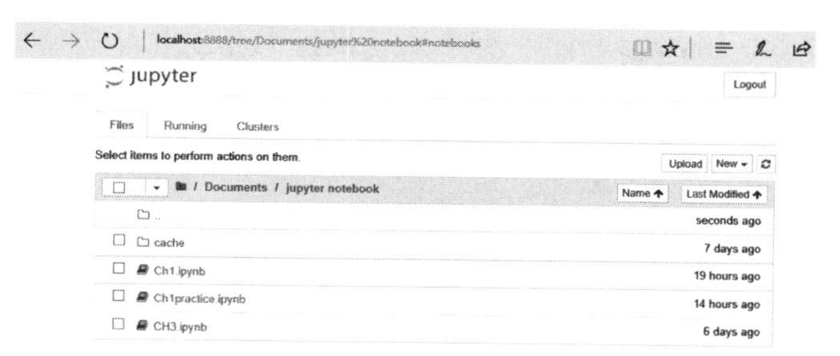

图 2-6　Jupyter Notebook 界面

2.2.3　Jupyter Notebook的使用方法

启动 Jupyter Notebook 之后，我们就可以使用它工作了。首先我们要先建立一个 notebook 文件，单击右上角的 New 按钮，在出现的菜单中选择 Python 3，如图 2-7 所示。

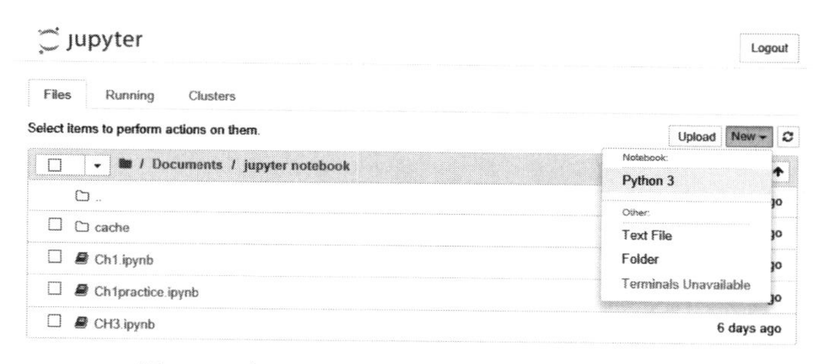

图 2-7　在 Jupyter Notebook 中新建一个文档

之后 Jupyter Notebook 会自动打开新建的文档，并出现一个空白的单元格（Cell）。现在我们试着在空白单元格中输入如下代码：

```
print('hello world')
```

按下 Shift + 回车键，你会发现 Jupyter Notebook 已经把代码的运行结果直接放在了单元格下方，并且在下面又新建了一个单元格，如图 2-8 所示。

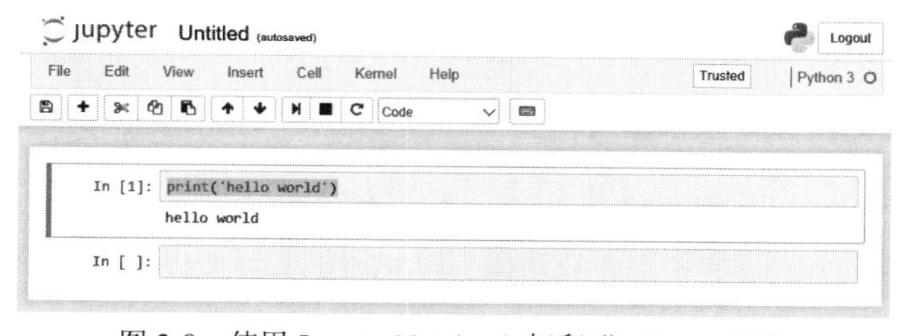

图 2-8　使用 Jupyter Notebook 打印“hello world”

注意 在 Jupyter Notebook 中，Shift + 回车表示运行代码并进入下一个单元格，而 Ctrl + 回车表示运行代码且不进入下一个单元格。

现在我们给这个文档重新命名为“hello world”，在 Jupyter Notebook 的 File 菜单中找到 Rename 选项，如图 2-9 所示。

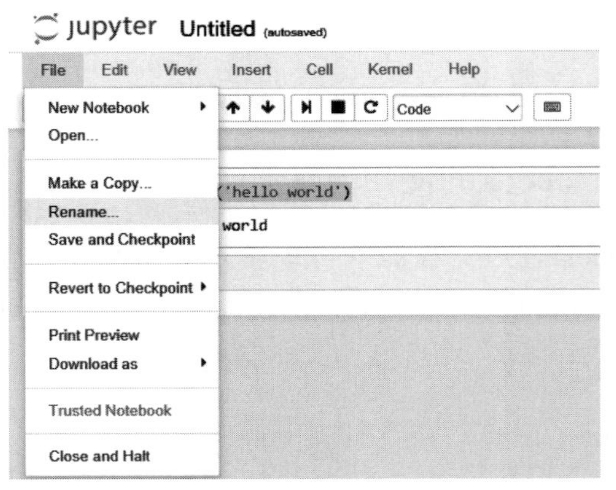

图 2-9 对文档进行重命名操作

之后在弹出的对话框中输入新名词“hello world”，单击 Rename 按钮确认，就完成了重命名操作。由于 Jupyter Notebook 会自动保存文档，此时我们已经可以在初始界面看到新建的“hello world.ipynb”文件了，如图 2-10 所示。

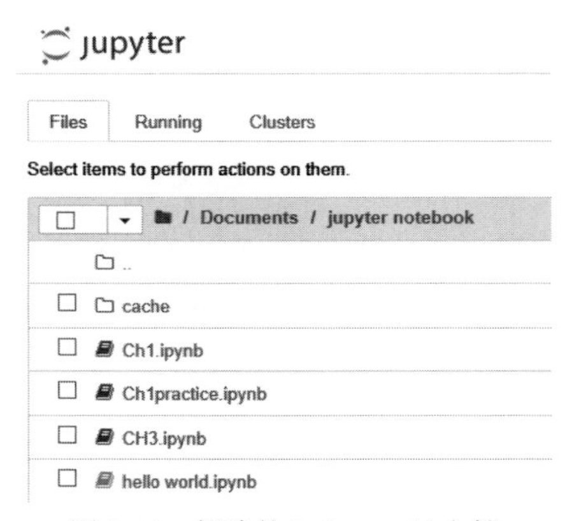

图 2-10 新建的 hello world 文档

Jupyter Notebook 还有很多奇妙的功能，我们留给读者慢慢探索。相信在熟悉之后，读者会对这个工具爱不释手的。

2.3　一些必需库的安装及功能简介

现在我们已经安装好了 Python 和 Jupyter Notebook，但是这还不够，我们还需要安装一些库，才能完成本书内容的学习与练习。这些库包括 Numpy、Scipy、matplotlib、pandas、IPython，以及非常核心的 scikit-learn。下面我们一起来安装这些库。

首先，如果你用的是 MAC OS X，那安装的过程会令人很舒服，你只需要在 MAC 的终端中输入一行命令：

```
sudo pip3 install numpy scipy matplotlib ipython pandas scikit-learn
```

然后安静地等待计算机把这些库逐一下载并安装好就可以了。

但如果是 Windows 系统，你可能会在安装 Scipy 这一步时遇到一些问题，解决方法是在下面这个链接中手动下载 Numpy + MKL 的安装文件和 Scipy 的安装文件。

http://www.lfd.uci.edu/ ~ gohlke/pythonlibs/

在这个链接的页面中分别找到和你的系统及 Python 版本相对应的 Numpy + MKL 安装文件和 Scipy 安装文件，并下载到本地计算机；然后以管理员身份运行 Windows 命令提示符，在命令提示符中进入两个安装文件所在的目录，输入命令如下：

```
pip install 安装文件全名
```

一定要先安装 Numpy + MKL 安装包，再安装 Scipy 才能成功。安装完成后，在 Python IDLE 中输入 import + 库名称来验证是否安装成功，例如，想知道 Scipy 是否安装成功，就在 IDLE 中输入如下代码：

```
import scipy
```

如果没有报错，则说明安装已经成功，可以使用了。现在我们一起来看一下这些库的主要功能。

注意 如果操作系统是 Windows 10，那么记得用管理员身份运行命令提示符，否则安装过程中可能会提示拒绝访问。

2.3.1　Numpy——基础科学计算库

Numpy 是一个 Python 中非常基础的用于进行科学计算的库，它的功能包括高维数组（array）计算、线性代数计算、傅里叶变换以及生产伪随机数等。Numpy 对于 scikit-learn 来说是至关重要的，因为 scikit-learn 使用 Numpy 数组形式的数据来进行处理，所以我们需要把数据都转化成 Numpy 数组的形式，而多维数组（n-dimensional array）也是

Numpy 的核心功能之一。为了让读者直观了解 Numpy 数组，下面我们在 Python 的 IDLE 中新建一个文件，然后输入几行代码来进行展示：

```
import numpy
#给变量i赋值为一个数组
i = numpy.array([[520,13,14],[25,9,178]])
#将i打印出来
print("i:\n{}".format(i))
```

将这三行代码保存成一个 py 文件，然后在编辑器窗口按 F5 运行，我们会得到如图 2-11 所示的结果。

```
代码运行结果：
i:
[[520  13  14]
 [ 25   9 178]]
```

图 2-11　一个简单的 numpy 数组

【结果分析】 这里 i 就是一个典型的 Numpy 数组，在本书中，我们会大量用到 Numpy。后面我们会用“np 数组”来指代 Numpy 数组。

注意 **对于零基础的读者来说，先不必纠结 Python 的 IDLE 编辑器用法，后面我们会主要使用 Jupyter Notebook 来进行代码的编写和运行。**

2.3.2　Scipy——强大的科学计算工具集

Scipy 是一个 Python 中用于进行科学计算的工具集，它有很多功能，如计算统计学分布、信号处理、计算线性代数方程等。scikit-learn 需要使用 Scipy 来对算法进行执行，其中用得最多的就是 Scipy 中的 sparse 函数了。sparse 函数用来生成稀疏矩阵，而稀疏矩阵用来存储那些大部分数值为 0 的 np 数组，这种类型的数组在 scikit-learn 的实际应用中也非常常见。

下面我们用几行代码来展示一下 sparse 函数的用法：

```
import numpy as np
from scipy import sparse

matrix = np.eye(6)
#上面用numpy的eye函数生成一个6行6列的对角矩阵
#矩阵中对角线上的元素数值为1，其余都是0

sparse_matrix = sparse.csr_matrix(matrix)
```

```
#这一行把np数组转化为CSR格式的Scipy稀疏矩阵（sparse matrix）
#sparse函数只会存储非0元素

print("对角矩阵：\n{}".format(matrix))
#将生成的对角矩阵打印出来
print ("\nsparse存储的矩阵：\n{}".format(sparse_matrix))
#将sparse函数生成的矩阵打印出来进行对比
```

运行代码得到结果如图 2-12 所示。

```
对角矩阵：
[[ 1.  0.  0.  0.  0.  0.]
 [ 0.  1.  0.  0.  0.  0.]
 [ 0.  0.  1.  0.  0.  0.]
 [ 0.  0.  0.  1.  0.  0.]
 [ 0.  0.  0.  0.  1.  0.]
 [ 0.  0.  0.  0.  0.  1.]]

sparse存储的矩阵：
  (0, 0)        1.0
  (1, 1)        1.0
  (2, 2)        1.0
  (3, 3)        1.0
  (4, 4)        1.0
  (5, 5)        1.0
```

图 2-12　对角矩阵和 sparse 存储的矩阵

【结果分析】在上面的代码中，我们使用了 numpy 的 eye 函数生成了一个 6 行 6 列的对角矩阵，所谓对角矩阵，即矩阵从左上角到右下角的对角线位置上的数值都是 1，而其他的位置都是 0。而用 sparse 进行转换后，我们可以看到矩阵的形式发生了一些变化。（0，0）表示矩阵的左上角，这个点对应的值是 1.0，而（1，1）代表矩阵的第 2 行第 2 列，这个点对应的数值也是 1.0，依此类推，直到右下角的点（5，5）。

从上面的代码和运行结果中，我们可以大致理解 sparse 函数的工作原理，在后面的内容中，我们还会接触到 Scipy 更多的功能。

2.3.3　pandas——数据分析的利器

pandas 是一个 Python 中用于进行数据分析的库，它可以生成类似 Excel 表格式的数据表，而且可以对数据表进行修改操作。pandas 还有个强大的功能，它可以从很多不同种类的数据库中提取数据，如 SQL 数据库、Excel 表格甚至 CSV 文件。pandas 还支持在不同的列中使用不同类型的数据，如整型数、浮点数，或是字符串。下面我们用一个例子来说明 pandas 的功能。在 Jupyter Notebook 中输入代码如下：

```
import pandas

#先创建一个同学个人信息的小数据集
```

```
data = {"Name":["小芋","小菡","小榆","小格"],
        "City":["北京","上海","广州","深圳"],
        "Age":["18","20","22","24"],
        "Height":["162","161","165","166"]}
data_frame = pandas.DataFrame(data)
display(data_frame)
```

运行上述代码，会得到一个数据表如图 2-13 所示。

	Age	City	Height	Name
0	18	北京	162	小芋
1	20	上海	161	小菡
2	22	广州	165	小榆
3	24	深圳	166	小格

图 2-13　pandas.Dataframe 生成的数据表

同时，我们还可以从数据表中进行查询操作，例如我们想把不在北京的同学信息显示出来，可以输入下面这一行代码：

```
display(data_frame[data_frame.City != "北京"])
#显示所有不在北京的同学信息
```

运行结果如图 2-14 所示。

	Age	City	Height	Name
1	20	上海	161	小菡
2	22	广州	165	小榆
3	24	深圳	166	小格

图 2-14　显示所有不在北京的同学信息

现在我们对 pandas 有了一些初步的了解，在本书后面的内容中，我们还将深入讲解 pandas 的功能和用法。

2.3.4　matplotlib——画出优美的图形

matplotlib 是一个 Python 的绘图库，它以各种硬拷贝格式和跨平台的交互式环境生成出版质量级别的图形，它能够输出的图形包括折线图、散点图、直方图等。在数据可视化方面，matplotlib 拥有数量众多的忠实用户，其强悍的绘图能力能够帮我们对数据形成非常清晰直观的认知。下面我们来简单展示一下 matplotlib 的能力，在 Jupyter Notebook 中输入如下代码：

```
%matplotlib inline
#激活matplotlib
import matplotlib.pyplot as plt
#下面先生成一个从-20到20，元素数为10的等差数列
x = np.linspace(-20,20,10)
#再令 y = x^3 + 2x^2 + 6x + 5
y = x**3 + 2*x**2 + 6*x + 5
#下面画出这条函数的曲线
plt.plot(x,y, marker = "o")
```

运行代码可以得到结果如图 2-15 所示。

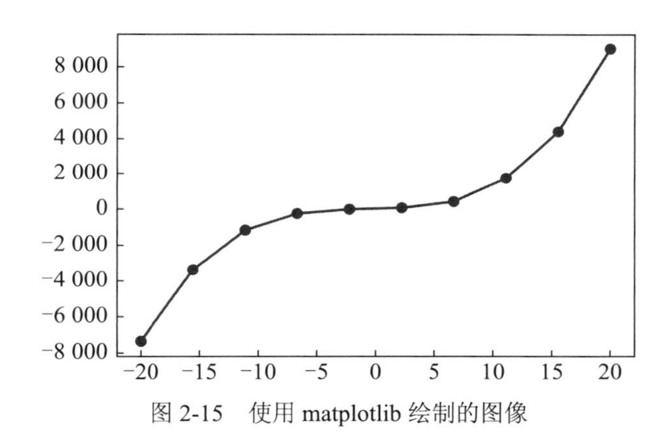

图 2-15　使用 matplotlib 绘制的图像

注意 **在代码开头的 %matplotlib inline 允许 Jupyter Notebook 进行内置实时绘图。如果不写这一行代码，则需要在最后加入 plt.show() 这一句，才能让图形显示出来。这两种方法在本书中都会涉及。**

2.4　scikit-learn——非常流行的 Python 机器学习库

scikit-learn 是如此重要，以至于我们需要单独对它进行一些介绍。scikit-learn 是一个建立在 Scipy 基础上的用于机器学习的 Python 模块。而在不同的应用的领域中，已经发展出为数众多的基于 Scipy 的工具包，它们被统一称为 Scikits。而在所有的分支版本中，scikit-learn 是最有名的。它是开源的，任何人都可以免费地使用它或者进行二次发行。

scikit-learn 包含众多顶级机器学习算法，它主要有六大类的基本功能，分别是分类、回归、聚类、数据降维、模型选择和数据预处理。scikit-learn 拥有非常活跃的用户社区，

基本上其所有的功能都有非常详尽的文档供用户查阅，我们也建议读者可以抽时间认真研究一下 scikit-learn 的用户指南以及文档，以便对其算法的使用有更充分了解。

2.5 小结

回顾一下，在这一章中，我们一起配置好了开发环境，并学习了 Numpy、Scipy、matplotlib、pandas、scikit-learn 等库的安装和基本使用方法，同时对 Jupyter Notebook 以及 Python 自带的 IDLE 编辑器也有了一定的了解。接下来在第 3 章中，我们将详细介绍 K 最近邻算法以及它的使用方法，希望读者能够从中学到对自己有用的知识。

第 3 章　K 最近邻算法——近朱者赤，近墨者黑

眼看没几天，就要到七夕佳节了，小 C 打算筹备个烛光晚餐，和女朋友浪漫一下。说到烛光晚餐，自然是得有瓶好酒助兴。可惜小 C 同学对酒实在没有什么研究，连最基本的酒的分类也说不清楚，看来又得求助机器学习了。

本章我们将介绍 K 最近邻算法（K-Nearest Neighbors，KNN）的原理和它的基本应用，并用它来帮助小 C 对酒进行分类。

本章主要涉及的知识点有：

- K最近邻算法的原理
- K最近邻算法在分类任务中的应用
- K最近邻算法在回归分析中的应用
- 使用K最近邻算法对酒的分类进行建模

3.1 K 最近邻算法的原理

K 最近邻算法的原理，正如我们本章标题所说——近朱者赤，近墨者黑。想象一下我们的数据集里面有一半是“朱”（图中浅色的点），另一半是“墨”（图中深色的点）。现在有了一个新的数据点，颜色未知，我们怎么判断它属于哪一个分类呢？如图 3-1 所示。

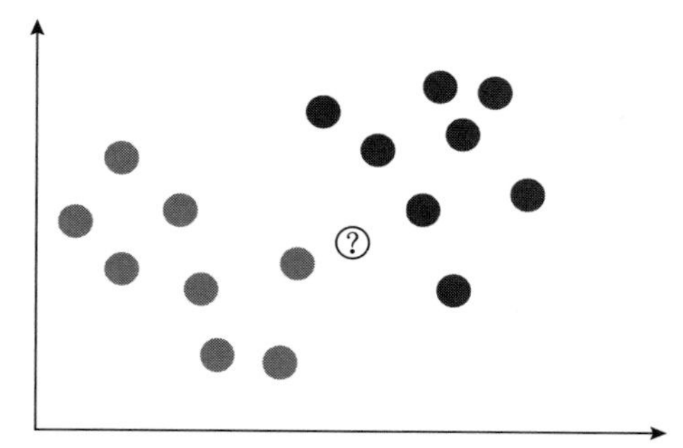

图 3-1　判断新数据点属于“朱”还是“墨”

对于 K 最近邻算法来说，这个问题就很简单：新数据点离谁最近，就和谁属于同一类，从图 3-1 中我们可以看出，新数据点距离它 8 点钟方向的浅色数据点最近，那么理所应当地，这个新数据点应该属于浅色分类了，如图 3-2 所示。

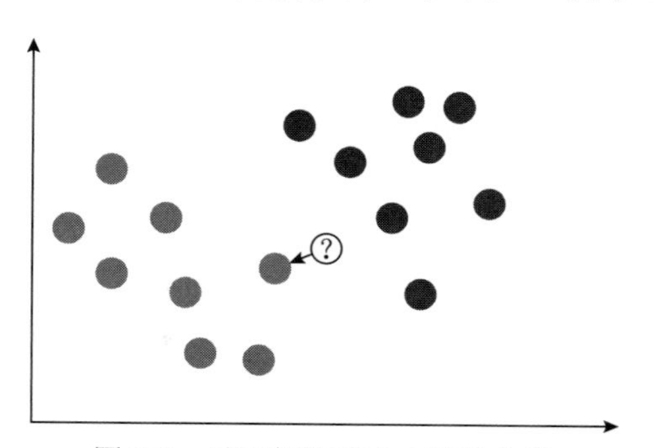

图 3-2　最近邻数等于 1 时的分类

看起来，K 最近邻算法真是够简单的，这么轻松就完成了分类的工作。别急，我们还没说完。刚才只是举的最简单的例子，选的最近邻数等于 1。但如果我们在模型训练过程中让最近邻数等于 1 的话，那么非常可能会犯了“一叶障目，不见泰山”的错误，试想一下，万一和新数据点最近的数据恰好是一个测定错误的点呢？

所以需要我们增加最近邻的数量，例如把最近邻数增加到 3，然后让新数据点的分类和3个当中最多的数据点所处的分类保持一致，如图3-3所示。

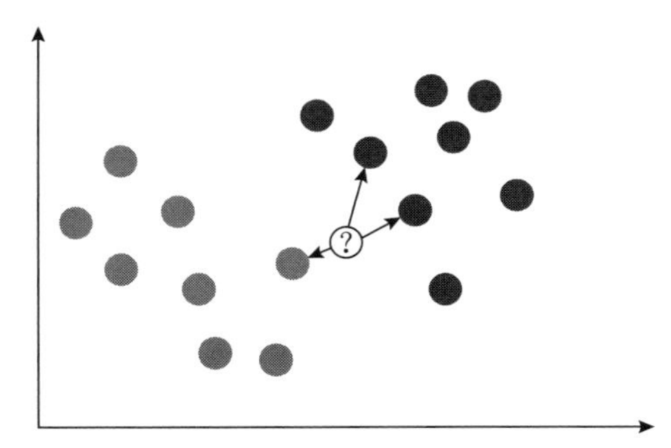

图3-3　最近邻数等于3时的分类

从图3-3中我们看到，当我们令新数据点的最近邻数等于3的时候，也就是找出离新数据点最近的3个点，这时我们发现与新数据点距离最近的3个点中，有2个是深色，而只有1个是浅色。这样一来，K最近邻算法就会把新数据点放进深色的分类当中。

以上就是K最近邻算法在分类任务中的基本原理，实际上K这个字母的含义就是最近邻的个数。在scikit-learn中，K最近邻算法的K值是通过n_neighbors参数来调节的，默认值是5。

注意 **K最近算法也可以用于回归，原理和其用于分类是相同的。当我们使用K最近邻回归计算某个数据点的预测值时，模型会选择离该数据点最近的若干个训练数据集中的点，并且将它们的y值取平均值，并把该平均值作为新数据点的预测值。**

3.2　K最近邻算法的用法

在这一小节中，我们会向大家展示K最近邻算法在分类和回归任务当中的应用，请大家准备好Jupyter notebook，和我们一起进行实验吧。

3.2.1　K最近邻算法在分类任务中的应用

在scikit-learn中，内置了若干个玩具数据集（Toy Datasets），还有一些API让我们可以自己动手生成一些数据集。接下来我们会使用生成数据集的方式来进行展示，请大家在Jupyter notebook中输入代码如下：

```
#导入数据集生成器
```

```
from sklearn.datasets import make_blobs
#导入KNN分类器
from sklearn.neighbors import KNeighborsClassifier
#导入画图工具
import matplotlib.pyplot as plt
#导入数据集拆分工具
from sklearn.model_selection import train_test_split
#生成样本数为200，分类为2的数据集
data = make_blobs(n_samples=200, centers =2,random_state=8)
X, y = data
#将生成的数据集进行可视化
plt.scatter(X[:,0], X[:,1], c=y, cmap=plt.cm.spring, edgecolor='k')
plt.show()
```

在这段代码中，我们使用了 scikit-learn 的 make_blobs 函数来生成一个样本数量为 200，分类数量为 2 的数据集，并将其赋值给 X 和 y，然后我们用 matplotlib 将数据用图形表示出来，运行代码，会得到如图 3-4 所示的结果。

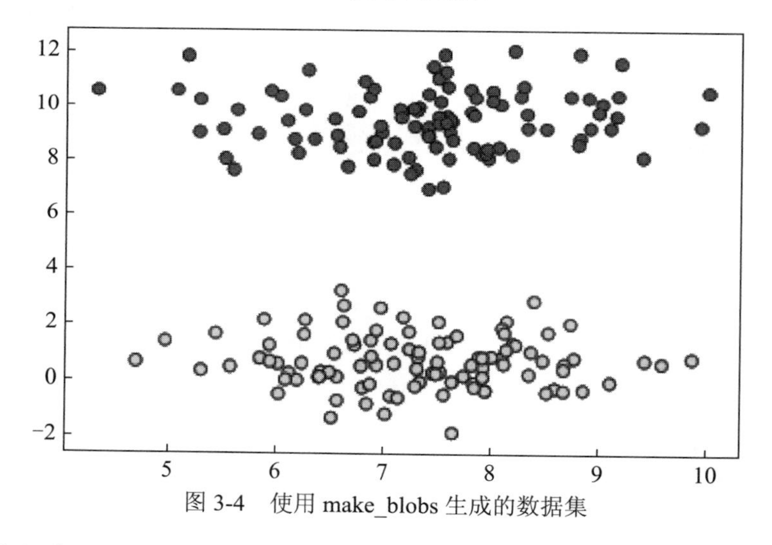

图 3-4　使用 make_blobs 生成的数据集

【结果分析】从图 3-4 中可以看出，make_blobs 生成的数据集一共有两类，其中一类用深色表示，而另外一类用浅色表示。读者朋友可能有点疑惑：这不是已经进行好分类了吗？我们还需要 K 最近邻算法做什么呢？

这确实是初学者非常容易提出的问题，答案是这样的——我们这里生成的数据集，可以看作机器学习的训练数据集，是已知的数据。我们就是基于这些数据用算法进行模型的训练，然后再对新的未知数据进行分类或者回归。

下面我们就使用 K 最近邻算法来拟合这些数据，输入代码如下：

```
import numpy as np
clf = KNeighborsClassifier()
clf.fit(X,y)

#下面的代码用于画图
x_min, x_max = X[:, 0].min() - 1, X[:, 0].max() + 1
y_min, y_max = X[:, 1].min() - 1, X[:, 1].max() + 1
xx, yy = np.meshgrid(np.arange(x_min, x_max, .02),
                     np.arange(y_min, y_max, .02))
Z = clf.predict(np.c_[xx.ravel(), yy.ravel()])
Z = Z.reshape(xx.shape)
plt.pcolormesh(xx, yy, Z, cmap=plt.cm.Pastel1)
plt.scatter(X[:, 0], X[:, 1], c=y, cmap=plt.cm.spring, edgecolor='k')
plt.xlim(xx.min(), xx.max())
plt.ylim(yy.min(), yy.max())
plt.title("Classifier:KNN")

plt.show()
```

运行代码，会得到如图 3-5 所示的结果。

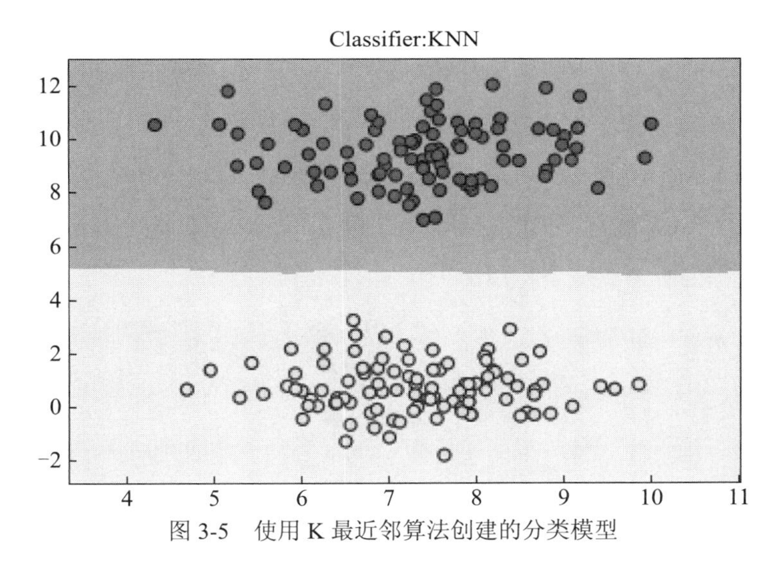

图 3-5　使用 K 最近邻算法创建的分类模型

【结果分析】从图 3-5 中我们可以看到，K 最近邻算法基于数据集创建了一个分类模型，就是图中粉色区域和灰色区域组成的部分。那么如果有新的数据输入的话，模型就会自动将新数据分到对应的分类中。

例如，我们假设有一个数据点，它的两个特征值分别是 6.75 和 4.82，我们来试验下模型能不能将它放到正确的分类中，首先我们可以在上面那段代码中，plt.show() 之前加一行代码如下：

```
#把新的数据点用五星表示出来
plt.scatter(6.75,4.82, marker='*', c='red', s=200)
```

再次运行代码，会得到结果如图 3-6 所示。

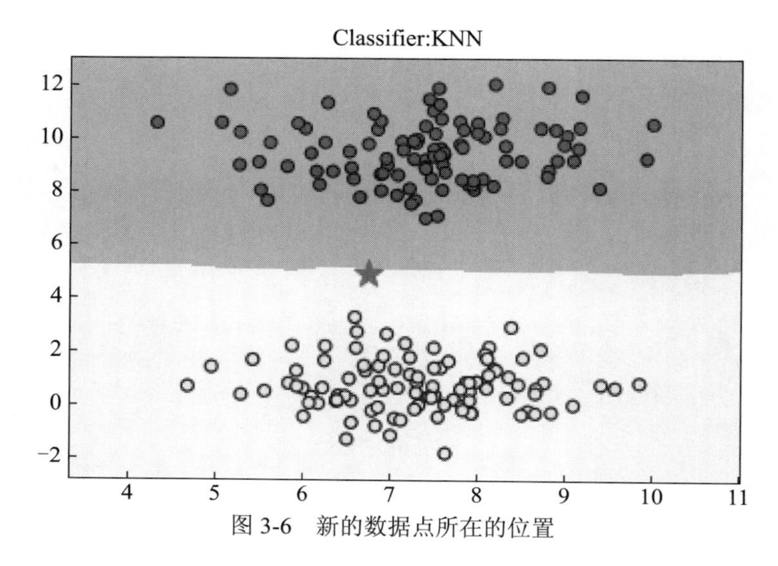

图 3-6　新的数据点所在的位置

【结果分析】图 3-6 中五角星就代表了新的数据点所在的位置，可以看到 K 最近邻算法将它放在了下方的区域，和浅色的数据点归为了一类。

下面我们再验证一下，输入代码如下：

```
#对新数据点分类进行判断
print('\n\n\n')#这一行代码主要是为了让截图好看一些
print('代码运行结果：')
print('==============================')#打印分隔符让结果美观一些
print('新数据点的分类是：',clf.predict([[6.75,4.82]]))
print('==============================')#同上
print('\n\n\n') #这一行代码主要是为了让截图好看一些
```

运行代码，我们将得到结果如图 3-7 所示。

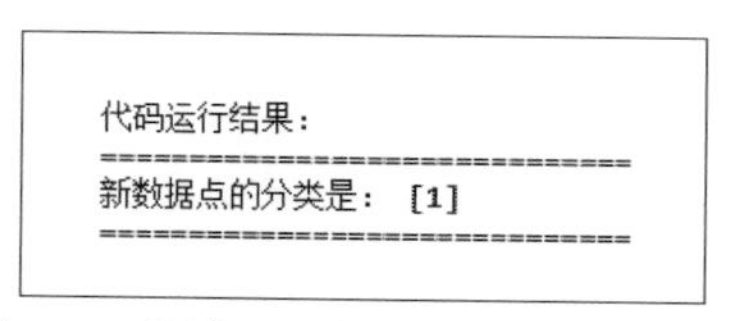

图 3-7　分类器对新数据点的分类判断

【结果分析】看起来，K 最近邻算法的工作成果还是很不错的，不过这可能是因为我们这次的任务有点太简单了。下面我们给它增加一点难度——处理多元分类任务。

3.2.2 K最近邻算法处理多元分类任务

接下来，我们要先生成多元分类任务所使用的数据集，为了让难度足够大，这次我们通过修改 make_blobs 的 centers 参数，把数据类型的数量增加到 5 个，同时修改 n_samlpes 参数，把样本量也增加到 500 个，输入代码如下：

```
#生成样本数为500，分类数为5的数据集
data2 = make_blobs(n_samples=500, centers=5,random_state=8)
X2,y2 = data2
#用散点图将数据集进行可视化
plt.scatter(X2[:,0],X2[:,1],c=y2, cmap=plt.cm.spring,edgecolor='k')
plt.show()
```

运行代码，会得到结果如图 3-8 所示的结果。

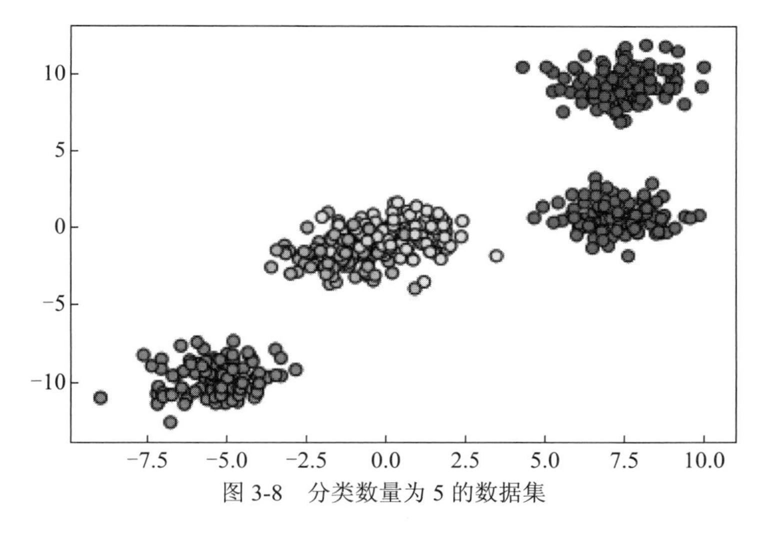

图 3-8 分类数量为 5 的数据集

【结果分析】从图 3-8 中我们可以看到，新的数据集的分类数量变成了 5 个，而其中有两类数据还有一些重合（图片中心位置的点），这下难度提高了不少。

让我们再次用 K 最近邻算法建立模型来拟合这些数据，输入代码如下：

```
clf = KNeighborsClassifier()
clf.fit(X2,y2)

#下面的代码用于画图
x_min, x_max = X2[:, 0].min() - 1, X2[:, 0].max() + 1
y_min, y_max = X2[:, 1].min() - 1, X2[:, 1].max() + 1
xx, yy = np.meshgrid(np.arange(x_min, x_max, .02),
                     np.arange(y_min, y_max, .02))
Z = clf.predict(np.c_[xx.ravel(), yy.ravel()])
Z = Z.reshape(xx.shape)
plt.pcolormesh(xx, yy, Z, cmap=plt.cm.Pastel1)
```

```
plt.scatter(X2[:, 0], X2[:, 1], c=y2, cmap=plt.cm.spring, edgecolor='k')
plt.xlim(xx.min(), xx.max())
plt.ylim(yy.min(), yy.max())
plt.title("Classifier:KNN")
plt.show()
```

运行代码，将会得到如图 3-9 所示的结果。

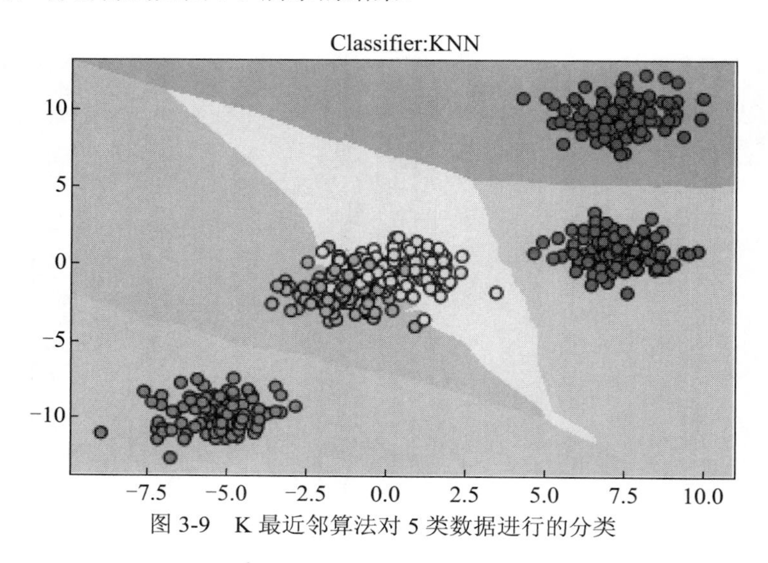

图 3-9　K 最近邻算法对 5 类数据进行的分类

【结果分析】从图 3-9 中我们可以看到，K 最近邻算法仍然可以把大部分数据点放置于正确的分类中，但有一小部分数据还是进入了错误的分类中，这些分类错误的数据点基本都是互相重合的位于图像中心位置的数据点。

那么模型的正确率究竟有多高呢？我们用下面的代码来进行一下评分：

```
#将模型的评分进行打印
print('\n\n\n')
print('代码运行结果：')
print('==============================')
print('模型正确率：{:.2f}'.format(clf.score(X2,y2)))
print('==============================')
print('\n\n\n')
```

运行代码，可以得到结果如图 3-10 所示。

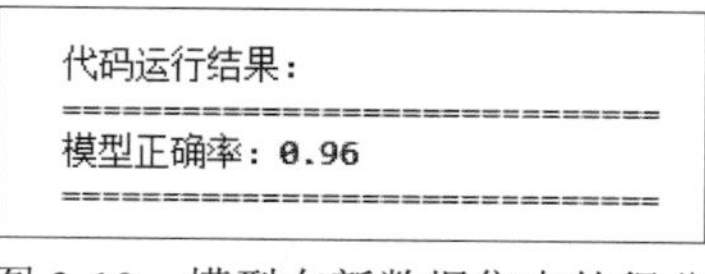

图 3-10　模型在新数据集中的得分

【结果分析】看来虽然我们故意刁难了 K 最近邻算法一下，但它仍然能够将 96% 的数据点放进正确的分类中，这个结果可以说还是相当不错的。

接下来，我们再试试使用 K 最近邻算法来进行回归分析，看看结果如何。

3.2.3　K最近邻算法用于回归分析

在 scikit-learn 的数据集生成器中，有一个非常好的用于回归分析的数据集生成器，make_regression 函数，这里我们使用 make_regression 生成数据集来进行实验，演示 K 最近邻算法在回归分析中的表现。

首先我们还是先来生成数据集，输入代码如下：

```
#导入make_regression数据集生成器
from sklearn.datasets import make_regression
#生成特征数量为1，噪音为50的数据集
X, y = make_regression(n_features=1,n_informative=1, noise=50,random_state=8)
#用散点图将数据点进行可视化
plt.scatter(X,y,c='orange',edgecolor='k')
plt.show()
```

为了方便画图，我们选择样本的特征数量仅为 1 个，同时为了增加难度。我们添加标准差为 50 的 noise，运行代码，将会得到如图 3-11 所示的结果。

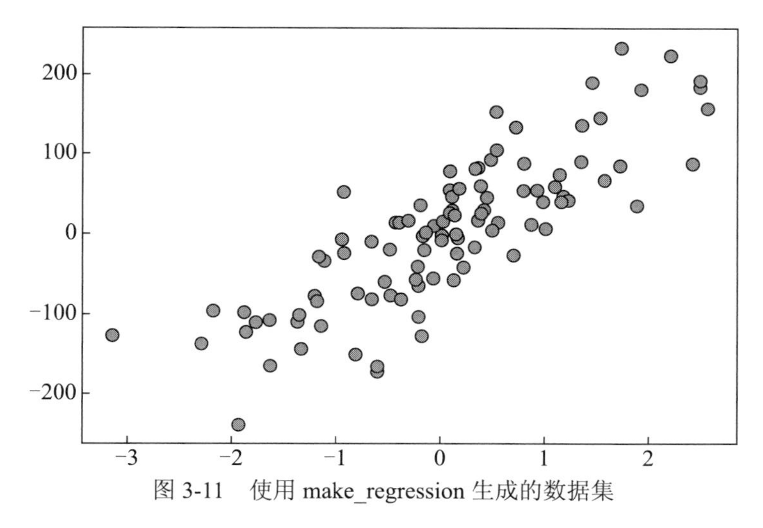

图 3-11　使用 make_regression 生成的数据集

【结果分析】从图 3-11 中我们可以看到，横轴代表的是样本特征的数值，范围大概在 −3 ～ 3；纵轴代表样本的测定值，范围大致在 −250 ～ 250。

下面我们使用 K 最近邻算法来进行回归分析，输入代码如下：

```
#导入用于回归分析的KNN模型
from sklearn.neighbors import KNeighborsRegressor
reg = KNeighborsRegressor()
#用KNN模型拟合数据
reg.fit(X,y)
#把预测结果用图像进行可视化
z = np.linspace(-3,3,200).reshape(-1,1)
plt.scatter(X,y,c='orange',edgecolor='k')
plt.plot(z, reg.predict(z),c='k',linewidth=3)
#向图像添加标题
plt.title('KNN Regressor')
plt.show()
```

运行代码，将会得到如图 3-12 所示的结果。

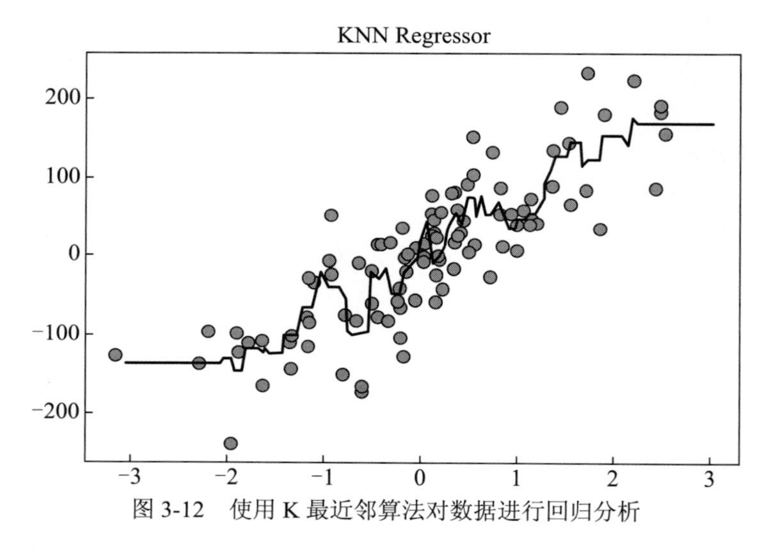

图 3-12　使用 K 最近邻算法对数据进行回归分析

【结果分析】图 3-12 中黑色的曲线代表的就是 K 最近邻算法拟合 make_regression 生成数据所进行的模型。直观来看，模型的拟合程度并不是很好，有大量的数据点都没有被模型覆盖到。

现在我们尝试给模型进行评分，看看结果如何，输入代码如下：

```
print('\n\n\n')
print('代码运行结果：')
print('==============================')
print('模型评分：{:.2f}'.format(reg.score(X,y)))
print('==============================')
print('\n\n\n')
```

运行代码，会得到结果如图 3-13 所示。

```
代码运行结果：
================================
模型评分：0.77
================================
```

图 3-13　最近邻数为 5 时 KNN 回归模型的得分

【结果分析】模型的得分只有 0.77，这是一个差强人意的结果，和我们目测的情况基本一致，为了提高模型的分数，我们将 K 最近邻算法的近邻数进行调整。由于在默认的情况下，K 最近邻算法的 n_neighbors 为 5，我们尝试将它减少。

输入代码如下：

```
from sklearn.neighbors import KNeighborsRegressor
#减少模型的n_neighbors参数为2
reg2 = KNeighborsRegressor(n_neighbors=2)
reg2.fit(X,y)
#重新进行可视化
plt.scatter(X,y,c='orange',edgecolor='k')
plt.plot(z, reg2.predict(z),c='k',linewidth=3)
plt.title('KNN Regressor: n_neighbors=2')
plt.show()
```

在这段代码中，我们将 K 最近邻算法的 n_neighbors 参数降低为 2，再次运行代码，将会得到如图 3-14 所示的结果。

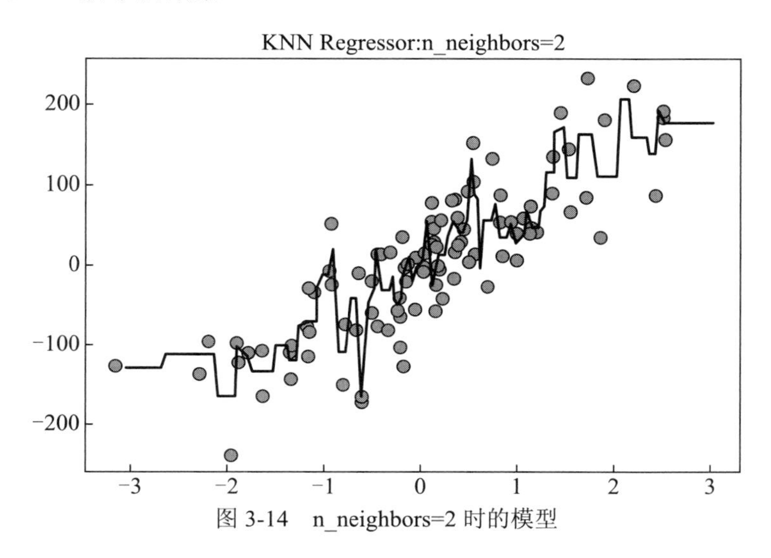

图 3-14　n_neighbors=2 时的模型

【结果分析】从图 3-14 中我们可以看到，相对于图 3-10 来说，黑色曲线更加积极地试图覆盖更多的数据点，也就是说，模型变得更复杂了。看起来比 n_neighbors 等于 5

的时候更加准确了，我们再次进行评分，看看分数是否有了提高。

输入代码如下：

```
print('\n\n\n')
print('代码运行结果：')
print('==============================')
print('模型评分：{:.2f}'.format(reg2.score(X,y)))
print('==============================')
print('\n\n\n')
```

运行代码，会得到如图 3-15 所示的结果。

```
代码运行结果：
==============================
模型评分：0.86
==============================
```

图 3-15　降低 n_neighbors 参数数值后的模型得分

【结果分析】和我们预料的一样，模型的评分从 0.77 提升到了 0.86，可以说是有显著的提升。不过以上都是基于我们虚构的数据所进行的实验，接下来我们用一个来自真实世界的数据集来进行 K 最近邻算法的实战。

3.3　K 最近邻算法项目实战——酒的分类

在看完上面的内容之后，我们和大家一起动手，用 K 最近邻算法帮助小 C 对酒的分类进行建模。这里建议读者一定要跟着书本的内容自己把代码敲一遍，这样可以对 Python 中几个用于机器学习的功能库有更加直观的体会。

3.3.1　对数据集进行分析

在本节中，我们将使用 scikit-learn 内置的酒数据集来进行实验，这个数据集也包含在 scikit-learn 的 datasets 模块当中。下面我们在 Jupyter Notebook 中新建一个 Python 3 的记事本，从头开始完成这个小项目。

首先，我们要把酒的数据集载入项目中，在 Jupyter Notebook 中输入代码如下：

```
from sklearn.datasets import load_wine
#从sklearn的datasets模块载入数据集
wine_dataset = load_wine()
```

现在读者朋友可能会比较好奇这个酒数据集中的数据都包含些什么。实际上，使用

load_wine 函数载入的酒数据集，是一种 Bunch 对象，它包括键（keys）和数值（values），下面我们来检查一下酒数据集都有哪些键，在 Jupyter Notebook 中输入代码如下：

```
#打印酒数据集中的键
print('\n\n\n')
print('代码运行结果：')
print('==============================')
print("红酒数据集中的键:\n{}".format(wine_dataset.keys()))
print('==============================')
print('\n\n\n')
```

运行代码，会得到结果如图 3-16 所示。

```
代码运行结果:
==============================
红酒数据集中的键:
dict_keys(['data', 'target', 'target_names', 'DESCR', 'feature_names'])
==============================
```

图 3-16　酒的数据集中的键

【结果分析】从结果中我们可以看出，酒数据集中包括数据“data”，目标分类“target”，目标分类名称“target_names”，数据描述“DESCR”，以及特征变量的名称“features_names”。

那么这个数据集中究竟有多少样本（samples），又有多少变量（features）呢？可以使用 .shape 语句来让 Python 告诉我们数据的大概轮廓，在 Jupyter Notebook 中输入代码如下：

```
#使用.shape来打印数据的概况
print('\n\n\n')
print('代码运行结果：')
print('==============================')
print('数据概况：{}'.format(wine_dataset['data'].shape))
print('==============================')
print('\n\n\n')
```

运行代码，会得到结果如图 3-17 所示。

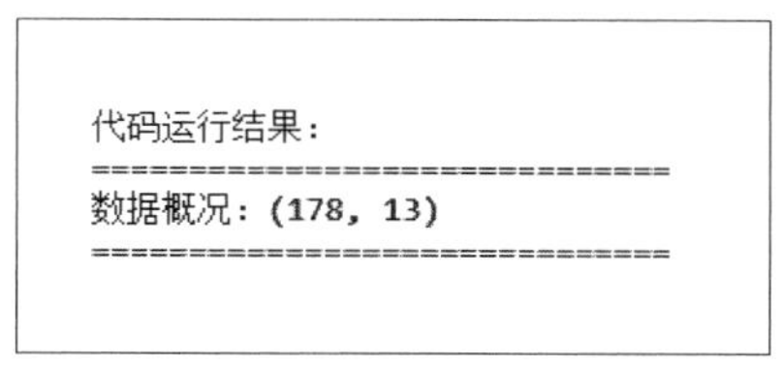

图 3-17　酒的数据集的概况

【结果分析】从图 3-17 中我们可以看出，酒数据集中共有 178 个样本，每条数据有 13 个特征变量。

更细节的信息，我们可以通过打印 DESCR 键来获得，下面我们输入代码如下：

```
#打印酒的数据集中的简短描述
print(wine_dataset['DESCR'])
```

运行代码，我们将会看到一段很长的描述，如图 3-18 所示。

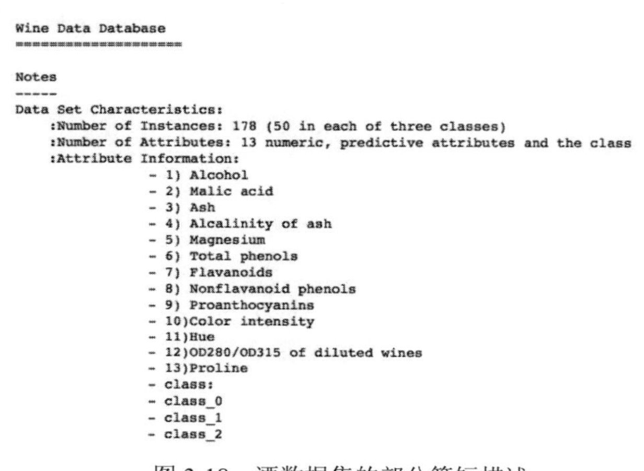

图 3-18　酒数据集的部分简短描述

【结果分析】从结果中我们可以看出，酒数据集中的 178 个样本被归入 3 个类别中，分别是 class_0，class_1 和 class_2，其中 class_0 中包含 59 个样本，class_1 中包含 71 个样本，class_2 中包含 48 个样本。而从 1）至 13）分别是 13 个特征变量，包括酒精含量、苹果酸、镁含量、青花素含量、色彩饱和度等。我们先不用管每一个变量具体的含义，接下来先对数据进行一些处理。

3.3.2　生成训练数据集和测试数据集

在我们创建一个能够自动将酒进行分类的机器学习的算法模型之前，先要能够对模型的可信度进行评判，否则我们无法知道它对于新的酒所进行的分类是否准确。那么问题来了，如果我们用生成模型的数据去评估算法模型，那得分肯定是满分，这就好像我们按照一个体重 75kg 的人的身材数据缝制了一件衣服，那么这件衣服对于这个人肯定是百分之一百合身的，但如果换了一个体重 85kg 的人，这件衣服就不一定合适了。

所以我们现在要做的工作是，把数据集分为两个部分：一部分称为训练数据集；另一部分称为测试数据集。训练数据集就好比我们缝制衣服时所用到的模特的身材，而测试数据集则是用来测试这件衣服，对于别人来说究竟有多合身的模特。

在scikit-learn中，有一个train_test_split函数，它是用来帮助用户把数据集拆分的工具。其工作原理是：train_test_split函数将数据集进行随机排列，在默认情况下将其中75%的数据及所对应的标签划归到训练数据集，并将其余25%的数据和所对应的标签划归到测试数据集。

注意 我们一般用大写的X表示数据的特征，而用小写的y表示数据对应的标签。这是因为X是一个二维数组，也称为矩阵；而y是一个一维数组，或者说是一个向量。

接下来，我们使用train_test_split函数将酒的数据集中的数据分为训练数据集和测试数据集。在Jupyter Notebook中输入代码如下：

```
#导入数据集拆分工具
from sklearn.model_selection import train_test_split
#将数据集拆分为训练数据集和测试数据集
X_train, X_test, y_train, y_test = train_test_split(
wine_dataset['data'], wine_dataset['target'], random_state=0)
```

此时，我们已经对酒数据集完成了拆分。在上述代码中，我们看到了一个参数称为random_state，并且我们将它指定为0。这是因为train_test_split函数会生成一个伪随机数，并根据这个伪随机数对数据集进行拆分。而我们有时候需要在一个项目中，让多次生成的伪随机数相同，方法就是通过固定random_state参数的数值，相同的random_state参数会一直生成同样的伪随机数，但当这个值我们设为0，或者保持缺省的时候，则每次生成的伪随机数均不同。

下面我们看一看train_test_split函数拆分后的数据集大概是什么情况，在Jupyter Notebook中输入代码如下：

```
print('\n\n\n')
print('代码运行结果：')
print('==============================\n')
#打印训练数据集中特征向量的形态
print('X_train shape:{}'.format(X_train.shape))
#打印测试数据集中的特征向量的形态
print('X_test shape:{}'.format(X_test.shape))
#打印训练数据集中目标的形态
print('y_train shape:{}'.format(y_train.shape))
#打印测试数据集中目标的形态
print('y_test shape:{}'.format(y_test.shape))
print('\n==============================')
print('\n\n\n')
```

运行代码，得到结果如图3-19所示。

```
代码运行结果:
==============================

X_train shape:(133, 13)
X_test shape:(45, 13)
y_train shape:(133,)
y_test shape:(45,)

==============================
```

图 3-19　经过拆分的训练集与测试集的数据形态

【结果分析】此刻我们可以看到在训练数据集中，样本 X 数量和其对应的标签 y 数量均为 133 个，约占样本总量的 74.7%，而测试数据集中的样本 X 数量和标签 y 数量均为 45 个，约占样本总数的 25.3%。同时，不论是在训练数据集中，还是在测试数据集中，特征变量都是 13 个。

3.3.3　使用K最近邻算法进行建模

在获得训练数据集和测试数据集之后，就可以机器学习的算法进行建模了。scikit-learn 中整合了众多的分类算法，究竟应该使用哪一种呢？这里选择了 K 最近邻算法，因为我们在接下来的一章当中会详细介绍 K 最近邻算法，所以提前给读者们展示一下它的用法。

K 最近邻算法根据训练数据集进行建模，在训练数据集中寻找和新输入的数据最近的数据点，然后把这个数据点的标签分配给新的数据点，以此对新的样本进行分类。现在我们在 Jupyter Notebook 中输入代码如下：

```
#导入KNN分类模型
from sklearn.neighbors import KNeighborsClassifier
#指定模型的n_neighbors参数值为1
knn = KNeighborsClassifier(n_neighbors = 1)
```

到这里读者可能会发现，我们给 KNeighborsClassifier 指定了一个参数，n_neighbors=1。正如我们在前文中所说，在 scikit-learn 中，机器学习模块都是在其固定的类中运行的，而 K 最近邻分类算法是在 neighbors 模块中的 KNeighborsClassifier 类中运行。而我们从一个类中创建对象的时候，就需要给模型指定一个参数。对于 KNeighborsClassifier 类来说，最关键的参数就是近邻的数量，也就是 n_neighbors。而 knn 则是我们在 KNeighborsClassifier 类中创建的一个对象。

接下来我们要使用这个叫作 knn 的对象中称为“拟合（fit）”的方法来进行建模，建模的依据就是训练数据集中的样本数据 X_train 和其对应的标签 y_train，所以我们输入代码如下：

```
print('\n\n\n')
print('代码运行结果：')
print('================================\n')
#用模型对数据进行拟合
knn.fit(X_train, y_train)
print(knn)
print('\n================================')
print('\n\n\n')
knn.fit(X_train, y_train)
```

运行上述代码，可得到结果如图 3-20 所示。

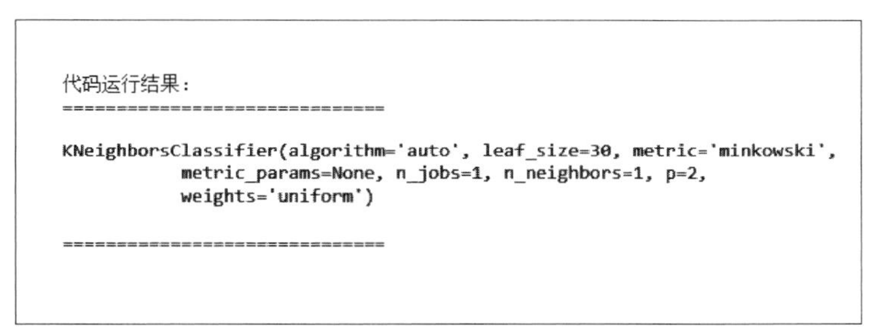

图 3-20　程序返回的模型参数

【结果分析】从图 3-20 中我们可以看到 knn 的拟合方法把自身作为结果返回给了我们。从结果中我们能够看到模型全部的参数设定，当然了，除了我们指定的 n_neighbors=1 之外，其余参数都保持默认值即可。

3.3.4　使用模型对新样本的分类进行预测

现在我们可以使用刚刚建好的模型对新的样本分类进行预测了，不过在这之前，可以先用测试数据集对模型进行打分，这就是我们创建测试数据集的目的。测试数据集并不参与建模，但是我们可以用模型对测试数据集进行分类，然后和测试数据集中的样本实际分类进行对比，看吻合度有多高。吻合度越高，模型的得分越高，说明模型的预测越准确，满分是 1.0。

下面开始评分，在 Jupyter Notebook 中输入代码如下：

```
print('\n\n\n')
print('代码运行结果：')
print('================================\n')
#打印模型的得分
print('测试数据集得分：{:.2f}'.format(knn.score(X_test, y_test)))
print('\n================================')
print('\n\n\n')
```

运行代码，得到评分如图 3-21 所示。

```
代码运行结果：
==============================

测试数据集得分：0.76

==============================
```

图 3-21　模型在测试数据集中的得分

【**结果分析**】我们看到，这个模型在预测测试数据集的样本分类上得分并不高，只有 0.76，也就是说，模型对于新的样本数据做出正确分类预测的概率是 76%。这个结果确实差强人意，不过我们只是用来演示 K 最近邻算法，所以可以先不用太纠结分数的问题。

下面假设我们得到了一瓶新的酒，它的特征变量值经测定如表 3-1 所列。

表 3-1　对新酒测定的特征变量

1）Alcohol	13.2
2）Malic acid	2.77
3）Ash	2.51
4）Alcalinity of ash	18.5
5）Magnesium	96.6
6）Total phenols	1.04
7）Flavanoids	2.55
8）Nonflavanoid phenols	0.57
9）Proanthocyanins	1.47
10）Color intensity	6.2
11）Hue	1.05
12）OD280/OD315 of diluted wines	3.33
13）Proline	820

现在我们用建好的模型对新酒做出分类预测，在 Jupyter Notebook 中输入代码如下：

```
import numpy as np
#输入新的数据点
X_new = np.array([[13.2,2.77,2.51,18.5,96.6,1.04,2.55,0.57,
                   1.47,6.2,1.05,3.33,820]])
#使用.predict进行预测
prediction = knn.predict(X_new)
print('\n\n\n')
print('代码运行结果：')
```

```
print('==============================\n')
print("预测新红酒的分类为：{}".format(wine_dataset['target_names'][prediction]))
print('\n==============================')
print('\n\n\n')
```

运行代码，得到结果如图 3-22 所示。

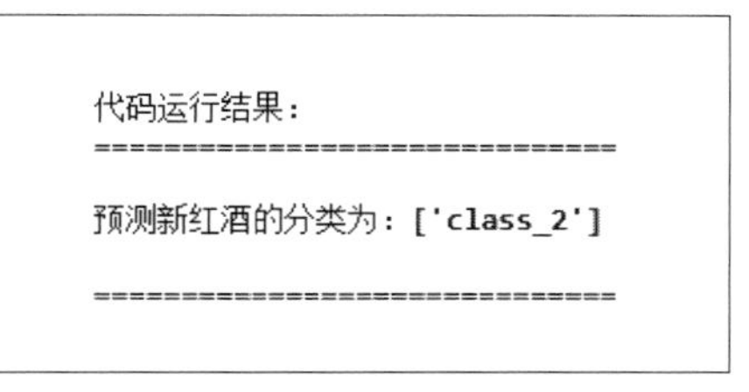

图 3-22　模型对于新酒数据进行的分类判断

【结果分析】模型把新酒的分类预测为 class_2，虽然准确率只有 76%，但对于我们的第一个机器学习的实战项目来说，还是相当不错的。

3.4　小结

在本章中，我们介绍了 K 最近邻算法的原理和它的使用方法，包括 K 最近邻分类和 K 最近邻回归，并且使用 K 最近邻算法帮助小 C 对酒的分类进行了分析。不过我们也看到，对于这个 13 维的数据集来说，K 最近邻算法的表现，并不能用优异来形容。这也确实是 K 最近邻算法的一大软肋。

K 最近邻算法可以说是一个非常经典而且原理十分容易理解的算法，作为第一个算法来进行学习是可以帮助大家在未来能够更好地理解其他的算法模型。不过 K 最近邻算法在实际使用当中会有很多问题，例如它需要对数据集认真地进行预处理、对规模超大的数据集拟合的时间较长、对高维数据集拟合欠佳，以及对于稀疏数据集束手无策等。所以在当前的各种常见的应用场景中，K 最近邻算法的使用并不多见。

接下来，我们会开始学习同样经典，而且在高维数据集中表现良好的算法——广义线性模型。

第 4 章　广义线性模型——“耿直”的算法模型

别看小 C 对女朋友体贴得无微不至，但朋友们都知道他其实是一个“直男”，说话直，做事直，连最常用的算法都很“直”——也就是我们在这一章要介绍的线性模型。

线性模型是一类广泛应用于机器学习领域的预测模型，在过去的几十年里有众多学者都对其进行了深入的研究。线性模型是使用输入数据集的特征的线性函数进行建模，并对结果进行预测的方法。在这一章中，我们会介绍几种常见的线性模型。

本章主要涉及的知识点有：

- 线性模型的基本概念
- 线性回归模型
- 岭回归模型
- 套索回归模型
- 二元分类器中的逻辑回归和线性SVC模型

4.1 线性模型的基本概念

线性模型原本是一个统计学中的术语，近年来越来越多地应用在机器学习领域。实际上线性模型并不是特指某一个模型，而是一类模型。在机器学习领域，常用的线性模型包括线性回归、岭回归、套索回归、逻辑回归和线性 SVC 等。下面我们先来研究一下线性模型的公式及特点。

4.1.1 线性模型的一般公式

在回归分析当中，线性模型的一般预测公式如下：

$$\hat{y} = w[0] \cdot x[0] + w[1] \cdot x[1] + \cdots + w[p] \cdot x[p] + b$$

式中：$x[0]$，$x[1]$，…，$x[p]$ 为数据集中特征变量的数量（这个公式表示数据集中的数据点一共有 p 个特征）；w 和 b 为模型的参数；$\hat{y}$ 为模型对于数据结果的预测值。对于只有一个特征变量的数据集，公式可以简化为

$$\hat{y} = w[0] \cdot x[0] + b$$

是不是觉得这个公式看上去像是一条直线的方程的解析式？没错，$w[0]$ 是直线的斜率，b 是 y 轴偏移量，也就是截距。如果数据的特征值增加的话，每个 w 值就会对应每个特征直线的斜率。如果换种方式来理解的话，那么模型给出的预测可以看作输入特征的加权和，而 w 参数就代表了每个特征的权重，当然，w 也可以是负数。

注意 **$\hat{y}$ 读作“y hat”，代表 y 的估计值。**

假设我们有一条直线，其方程是 $y = 0.5x+3$，我们可以使用 Jupyter Notebook 将它画出来，在 Jupyter Notebook 中输入代码如下：

```
import numpy as np
import matplotlib.pyplot as plt
#令x为-5到5之间，元素数为100的等差数列
x = np.linspace(-5,5,100)
#输入直线方程
y = 0.5*x + 3
plt.plot(x,y,c='orange')
#图题设为"Straight Line"
plt.title('Straight Line')
plt.show()
```

运行代码，我们可以得到如图 4-1 所示的结果。

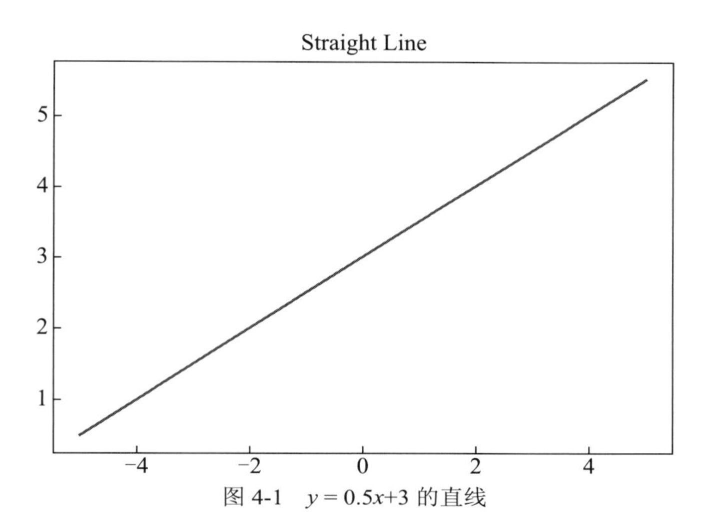

图 4-1　$y = 0.5x+3$ 的直线

【结果分析】图 4-1 中的直线，便是直线方程 $y = 0.5x+3$ 的图像，而线性模型正是通过训练数据集确定自身的系数（斜率）和截距的。

下面我们来看一下线性模型的工作原理。

4.1.2　线性模型的图形表示

大家肯定还记得，我们在初中数学（也可能是小学数学）中学过，两个点可以确定一条直线。假设有两个点，它们的坐标是（1，3）和（4，5），那么我们可以画一条直线来穿过这两个点，并且计算出这条直线的方程。下面我们在 Jupyter Notebook 中输入代码如下：

```
#导入线性回归模型
from sklearn.linear_model import LinearRegression
#输入两个点的横坐标
X = [[1],[4]]
#输入两个点的纵坐标
y = [3,5]
#用线性模型拟合这个两个点
lr = LinearRegression().fit(X,y)
#画出两个点和直线的图形
z = np.linspace(0,5,20)
plt.scatter(X,y,s=80)
plt.plot(z, lr.predict(z.reshape(-1,1)),c='k')
#设定图题为Straight Line
plt.title('Straight Line')
#将图片显示出来
plt.show()
```

运行代码，将会得到如图 4-2 所示的结果。

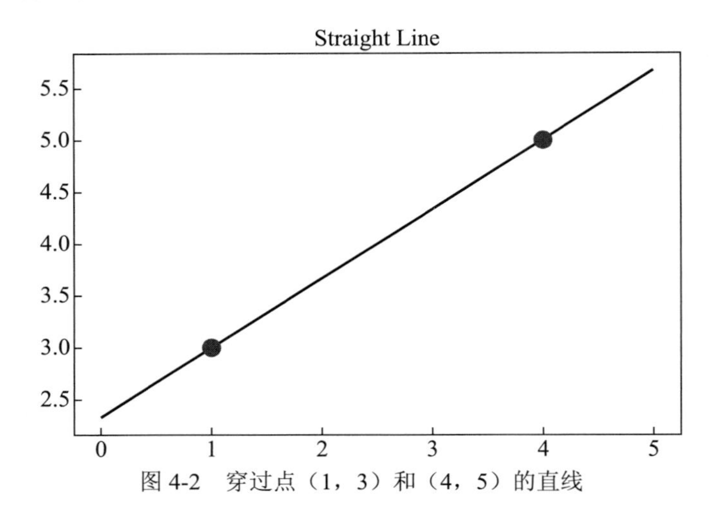

图 4-2　穿过点（1，3）和（4，5）的直线

【结果分析】图 4-2 表示的就是穿过上述两个数据点的直线，现在我们可以确定这条直线的方程。

在 Jupyter Notebook 中输入代码如下：

```
print('\n\n\n直线方程为：')
print('==========\n')
#打印直线方程
print('y = {:.3f}'.format(lr.coef_[0]),'x','+ {:.3f}'.format(lr.intercept_))
print('\n==========')
print('\n\n\n')
```

运行代码，将会得到如图 4-3 所示的结果。

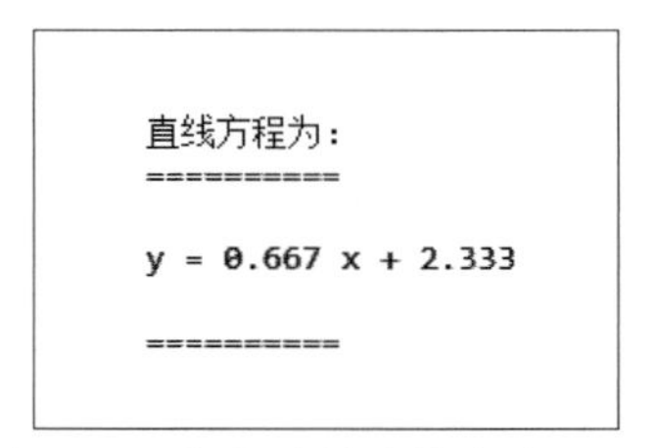

图 4-3　程序计算出的直线方程

【结果分析】通过程序的计算，我们很容易就可以得到这条直线的方程为

$$y = 0.667x + 2.333$$

这是数据中只有2个点的情况，那如果是3个点会是怎样的情况呢？我们来实验一下，

假设现在有第 3 个点，坐标是（3，3），我们把这个点添加进去，看会得到怎样的结果。输入代码如下：

```
#输入3个点的横坐标
X = [[1],[4],[3]]
#输入3个点的纵坐标
y = [3,5,3]
#用线性模型拟合这3个点
lr = LinearRegression().fit(X,y)
#画出2个点和直线的图形
z = np.linspace(0,5,20)
plt.scatter(X,y,s=80)
plt.plot(z, lr.predict(z.reshape(-1,1)),c='k')
#设定图题为Straight Line
plt.title('Straight Line')
#将图片显示出来
plt.show()
```

运行代码，会得到如图 4-4 所示的结果。

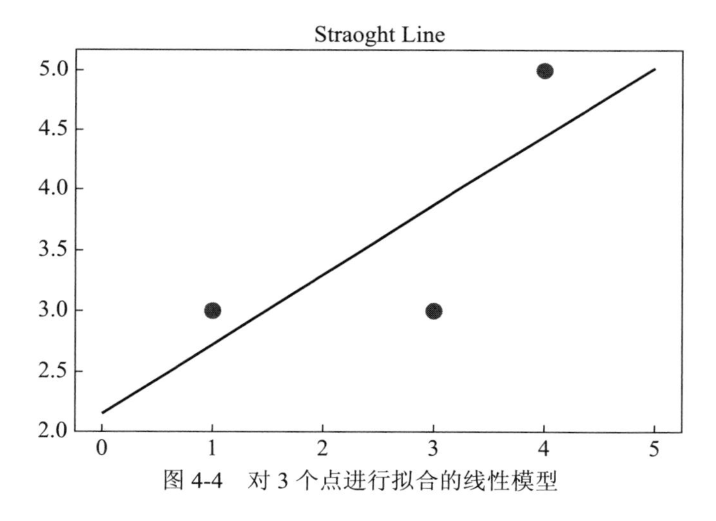

图 4-4　对 3 个点进行拟合的线性模型

【结果分析】从图 4-4 中我们可以看到，这次直线没有穿过任何一个点，而是位于一个和 3 个点的距离相加最小的位置。

下面我们可以在计算出这条直线的方程，输入代码如下：

```
print('\n\n\n新的直线方程为：')
print('==========\n')
#打印直线方程
print('y = {:.3f}'.format(lr.coef_[0]),'x','+ {:.3f}'.format(lr.intercept_))
print('\n==========')
print('\n\n\n')
```

运行代码，将会得到结果如图 4-5 所示。

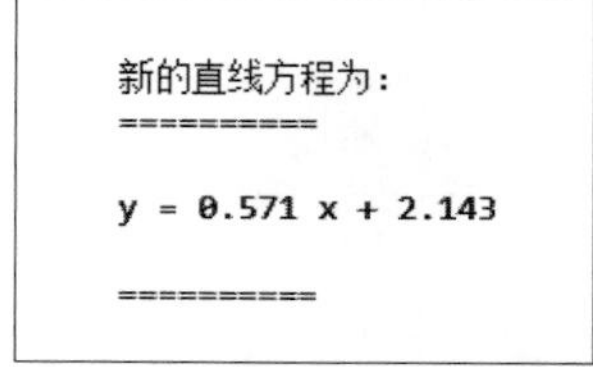

图 4-5　对 3 个点进行拟合的线性模型方程

【结果分析】从图 4-5 中我们可以看到，新的直线方程和只有 2 个数据点的直线方程已经发生了变化。线性模型让自己距离每个数据点的加和为最小值。这也就是线性回归模型的原理。

当然，在实际应用中，数据量要远远大于 2 个或是 3 个，下面我们就用数量更多的数据来进行实验。

现在我们以 scikit-klearn 生成的 make_regression 数据集为例，用 Python 语句绘制一条线性模型的预测线，更加清晰地反映出线性模型的原理。在 jupyter notebook 中输入代码如下：

```
from sklearn.datasets import make_regression
#生成用于回归分析的数据集
X, y = make_regression(n_samples=50, n_features=1, n_informative=1,
                       noise=50,random_state=1)
#使用线性模型对数据进行拟合
reg = LinearRegression()
reg.fit(X,y)
#z是我们生成的等差数列，用来画出线性模型的图形
z = np.linspace(-3,3,200).reshape(-1,1)
plt.scatter(X,y,c='b',s=60)
plt.plot(z, reg.predict(z),c='k')
plt.title('Linear Regression')
```

按下 shift+ 回车键后，会得到结果如图 4-6 所示的结果。

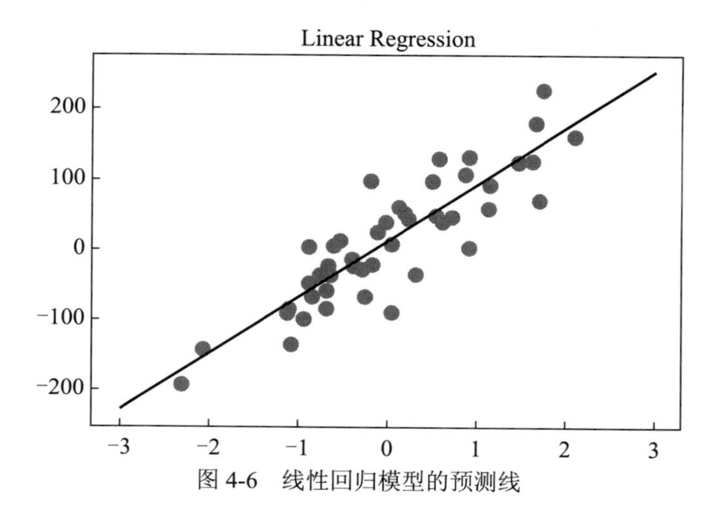

图 4-6　线性回归模型的预测线

【结果分析】从图 4-1 中我们可以看出，黑色直线是线性回归模型在 make_regression 数据集中生成的预测线。接下来我们来看一下这条直线所对应的斜率和截距。

输入代码如下：

```
print('\n\n\n代码运行结果：')
print('==========\n')
#打印直线的系数和截距
print('直线的系数是：{:.2f}'.format(reg.coef_[0]))
print('直线的截距是：{:.2f}'.format(reg.intercept_))
print('\n==========')
print('\n\n\n')
```

运行代码，会得到结果如图 4-7 所示。

```
代码运行结果：
==========

直线的系数是：79.52
直线的截距是：10.92

==========
```

图 4-7　直线的系数和截距

【结果分析】从图 4-7 中我们可以看到，在我们手工生成的数据集中，线性模型的方程为

$$y = 79.52\,x + 10.92$$

而这条直线距离 50 个数据点的距离之和，是最小的。这便是一般线性模型的原理。

注意 细心的读者可能注意到 coef_ 和 intercept_ 这两个属性非常奇怪，它们都是以下划线 _ 结尾。这是 sciki-learn 的一个特点，它总是用下划线作为来自训练数据集的属性的结尾，以便将它们与由用户设置的参数区分开。

4.1.3　线性模型的特点

在上面的内容中，我们使用的都是特征数只有 1 个的数据集。用于回归分析的线性模型在特征数为 1 的数据集中，是使用一条直线来进行预测分析，而当数据的特征数量达到 2 个时则是一个平面，而对于更多特征数量的数据集来说，则是一个高维度的超平面。

如果和 *K* 最近邻模型生成的预测进行比较的话，你会发现线性模型的预测方法是非常有局限性的——很多数据都没有体现在这条直线上。从某种意义上说，这是一个问题。

因为使用线性模型的前提条件，是假设目标 y 是数据特征的线性组合。但需要特别注意的是，使用一维数据集进行验证会让我们有一点偏颇，而对于特征变量较多的数据集来说，线性模型就显得十分强大。尤其是，当训练数据集的特征变量大于数据点的数量的时候，线性模型可以对训练数据做出近乎完美的预测。

用于回归分析的线性模型也有很多种类。这些模型之间的区别在于如何从训练数据中确定模型参数 w 和 b，以及如何控制模型复杂度。下面的小节我们来看看几种回归分析中最流行的线性模型。

4.2 最基本的线性模型——线性回归

线性回归，也称为普通最小二乘法（OLS），是在回归分析中最简单也是最经典的线性模型。本节中我们将介绍线性回归的原理和在实践中的表现。

4.2.1 线性回归的基本原理

线性回归的原理是，找到当训练数据集中 y 的预测值和其真实值的平方差最小的时候，所对应的 w 值和 b 值。线性回归没有可供用户调节的参数，这是它的优势，但也代表我们无法控制模型的复杂性。接下来我们继续使用 make_regression 函数，生成一个样本数量为 100，特征数量为 2 的数据集，并且用 train_test_split 函数将数据集分割成训练数据集和测试数据集，再用线性回归模型计算出 w 值和 b 值。现在我们在 jupyter notebook 中输入代码如下：

```
#导入数据集拆分工具
from sklearn.model_selection import train_test_split
from sklearn.linear_model import LinearRegression
X, y = make_regression(n_samples=100,n_features=2,n_informative=2,random_
state=38)
X_train, X_test, y_train, y_test = train_test_split(X, y, random_state=8)
lr = LinearRegression().fit(X_train, y_train)
```

在 4.1 节我们已经学过，方程的斜率 w，也被称为权重或者系数，被存储在 coef_ 属性中，而截距 b 被存储在 intercept_ 属性中，我们可以通过“print”函数将它们打印出来看一下：

```
print('\n\n\n代码运行结果：')
print('==========\n')
print("lr.coef_: {}".format(lr.coef_[:]))
print("lr.intercept_: {}".format(lr.intercept_))
print('\n==========')
```

```
print('\n\n\n')
```

按下 shift+ 回车键后，可以看到结果如图 4-8 所示。

```
代码运行结果：
==========

lr.coef_: [ 70.38592453    7.43213621]
lr.intercept_: -1.4210854715202004e-14

==========
```

图 4-8　模型的系数和截距

【结果分析】 intercept_ 属性一直是一个浮点数，而 coef_ 属性则是一个 NumPy 数组，其中每个特征对应数据中的一个数值，由于我们这次使用 make_regression 生成的数据集中数据点有 2 个特征，所以 lr.coef_ 是一个二维数组。也就是说，在本例中线性回归模型的方程可以表示为

$$y = 70.385\,9 \times X_1 + 7.4321 \times X_2 - 1.42\mathrm{e}^{-14}$$

4.2.2　线性回归的性能表现

下面我们来看看线性回归在 make_regression 生成的训练数据集和测试数据集中的性能如何，在 jupyter notebook 中输入如下代码：

```
print('\n\n\n代码运行结果：')
print('==========\n')
print("训练数据集得分：{:.2f}".format(lr.score(X_train, y_train)))
print("测试数据集得分：{:.2f}".format(lr.score(X_test, y_test)))
print('\n==========')
print('\n\n\n')
```

按下 shift+ 回车键，就会得到如图 4-9 所示的结果。

```
代码运行结果：
==========

训练数据集得分：1.00
测试数据集得分：1.00

==========
```

图 4-9　线性回归模型在训练集和测试集中的得分

【结果分析】这是一个令人振奋的分数，模型在训练集和测试中分别取得了满分，也就是 1.00 分的好成绩！不过不要高兴太早，这是因为我们这次没有向数据集添加 noise，所以分数自然会打到满分了。不过真实世界的数据集可就没有那么简单了。

真实世界的数据集，往往特征要多得多，而且 noise 也不少，这会给线性模型带来不少的困扰，下面我们就来生成一个来自真实世界的数据集——糖尿病情数据集，再来测试一下。在 jupyter notebook 中输入代码如下：

```
from sklearn.datasets import load_diabetes
#载入糖尿病情数据集
X, y = load_diabetes().data, load_diabetes().target
#将数据集拆分成训练集和测试集
X_train, X_test, y_train, y_test = train_test_split(X, y, random_state=8)
使用线性回归模型进行拟合
lr = LinearRegression().fit(X_train, y_train)
```

然后我们来看下这个模型针对训练数据集和测试数据集的得分如何，在 jupyter notebook 中输入代码如下：

```
print('\n\n\n代码运行结果：')
print('==========\n')
print("训练数据集得分：{:.2f}".format(lr.score(X_train, y_train)))
print("测试数据集得分：{:.2f}".format(lr.score(X_test, y_test)))
print('\n==========')
print('\n\n\n')
```

按下 shift+ 回车键之后，得到结果如图 4-10 所示。

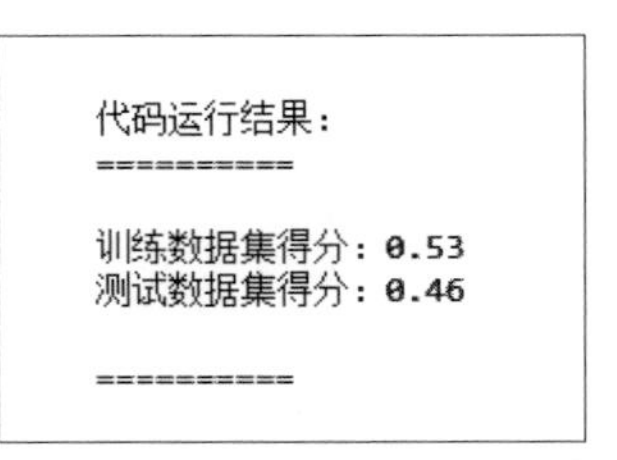

图 4-10　线性回归模型在糖尿病数据集中的得分

【结果分析】对比这两个分数，你会发现这次模型的分数降低了很多，模型在训练数据集中分数只有 0.53，而测试数据集的得分就只有 0.46 了。

由于真实世界的数据复杂程度要比我们手工合成的数据高得多，使得线性回归的表现大幅下降了。此外，由于线性回归自身的特点，非常容易出现过拟合的现象。在训练集的得分和测试集的得分之间存在的巨大差异是出现过拟合问题的一个明确信号，因此，我们应该找到一个模型，使我们能够控制模型的复杂度。标准线性回归最常用的替代模型之一是岭回归，我们将在下一小节中进行探讨。

4.3　使用 L2 正则化的线性模型——岭回归

岭回归也是回归分析中常用的线性模型，它实际上是一种改良的最小二乘法。本节中我们将介绍岭回归的原理及在实践中的性能表现。

4.3.1　岭回归的原理

从实用的角度来说，岭回归实际上是一种能够避免过拟合的线性模型。在岭回归中，模型会保留所有的特征变量，但是会减小特征变量的系数值，让特征变量对预测结果的影响变小，在岭回归中是通过改变其 alpha 参数来控制减小特征变量系数的程度。而这种通过保留全部特征变量，只是降低特征变量的系数值来避免过拟合的方法，我们称之为 L2 正则化。

岭回归在 scikit-learn 中是通过 linear_model.Ridge 函数来调用的，下面我们继续使用波士顿房价的扩展数据集为例，看看岭回归的表现如何。现在在 jupyter notebook 里输入代码如下：

```
#导入岭回归
from sklearn.linear_model import Ridge
#使用岭回归对数据进行拟合
ridge = Ridge().fit(X_train, y_train)
print('\n\n\n代码运行结果：')
print('==========\n')
print("岭回归的训练数据集得分：{:.2f}".format(ridge.score(X_train, y_train)))
print("岭回归的测试数据集得分：{:.2f}".format(ridge.score(X_test, y_test)))
print('\n==========')
print('\n\n\n')
```

按下 shift+ 回车键，将会得到结果如图 4-11 所示。

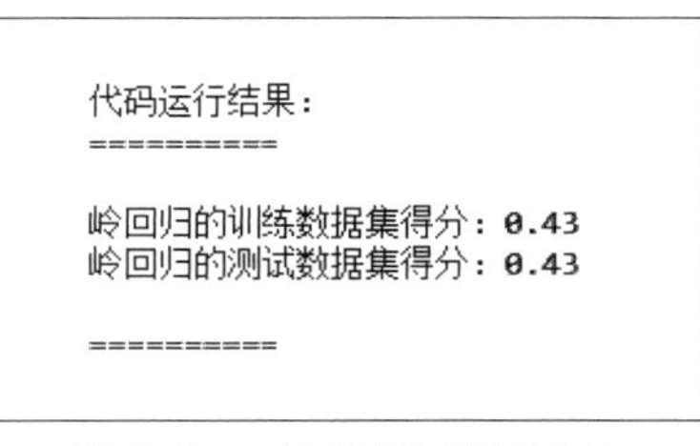
代码运行结果：
==========
岭回归的训练数据集得分：0.43
岭回归的测试数据集得分：0.43
==========

图 4-11　岭回归的模型评分

【结果分析】现在我们看到，使用岭回归后，训练数据集的得分比线性回归要稍微低一些，而测试数据集的得分却出人意料地和训练集的得分一致，这和我们的预期基本是一致的。在线性回归中，我们的模型出现了轻微的过拟合现象。但由于岭回归是一个相对受限的模型，所以我们发生过拟合的可能性大大降低了。可以说，复杂度越低的模型，在训练数据集上的表现越差，但是其泛化的能力会更好。如果我们更在意模型在泛化方面的表现，那么我们就应该选择岭回归模型，而不是线性回归模型。

4.3.2 岭回归的参数调节

岭回归是在模型的简单性（使系数趋近于零）和它在训练集上的性能之间取得平衡的一种模型。用户可以使用 alpha 参数控制模型更加简单性还是在训练集上的性能更高。在上一个示例中，我们使用默认参数 alpha = 1。

注意 alpha 的取值并没有一定之规。alpha 的最佳设置取决于我们使用的特定数据集。增加 alpha 值会降低特征变量的系数，使其趋于零，从而降低在训练集的性能，但更有助于泛化。

下面我们再看一个例子，仍然使用糖尿病数据集，但是把正则项参数 alpha 设置为 10，在 jupyter notebook 中输入如下代码：

```
#修改alpha参数为10
rigde10 = Ridge(alpha=10).fit(X_train, y_train)
print('\n\n\n代码运行结果：')
print('==========\n')
print("训练数据集得分：{:.2f}".format(ridge10.score(X_train, y_train)))
print("测试数据集得分：{:.2f}".format(ridge10.score(X_test, y_test)))
print('\n==========')
print('\n\n\n')
```

按下 shift+ 回车键，得到结果如图 4-12 所示。

```
代码运行结果：
==========

训练数据集得分：0.15
测试数据集得分：0.16

==========
```

图 4-12　alpha 值等于 10 时模型的得分

【结果分析】提高了 alpha 值之后，我们看到模型的得分大幅降低了，然而有意思的是，模型在测试集的得分超过了在训练集的得分。这说明，如果我们的模型出现了过拟合的现象，那么我们可以提高 alpha 值来降低过拟合的程度。

同时，降低 alpha 值会让系数的限制变得不那么严格，如果我们用一个非常小的

alpha 值，那么系统的限制几乎可以忽略不计，得到的结果也会非常接近线性回归。比如下面这个例子：

在 jupyter notebook 中输入：

```
#修改alpha值为0.1
ridge01 = Ridge(alpha=0.1).fit(X_train, y_train)
print('\n\n\n代码运行结果：')
print('==========\n')
print("训练数据得分：{:.2f}".format(ridge01.score(X_train, y_train)))
print("测试数据得分：{:.2f}".format(ridge01.score(X_test, y_test)))
print('\n==========')
print('\n\n\n')
```

代码运行的结果如图 4-13 所示。

```
代码运行结果：
==========

训练数据得分：0.52
测试数据的分：0.47

==========
```

图 4-13　alpha 值等于 0.1 时的模型得分

【结果分析】现在我们看到，把参数 alpha 设置为 0.1 似乎让模型的在训练集的得分比线性回归模型略低，但在测试集的得分却有轻微的提升。我们还可以尝试不断降低 alpha 值来进一步改善模型的泛化表现。现在需要记住 alpha 值是如何影响模型的复杂性的。在后面的章节我们还会具体讨论设置参数的方法。

为了更清晰地看出 alpha 值对于模型的影响，我们用图像来观察不同 alpha 值对应的模型的 coef_ 属性。较高的 alpha 值代表模型的限制更加严格，所以我们认为在较高的 alpha 值下，coef_ 属性的数值会更小，反之 coef_ 属性的数值更大。下面用 jupyter notebook 把图形画出来。

在 jupyter notebook 中输入代码：

```
#绘制alpha=1时的模型系数
plt.plot(ridge.coef_, 's', label = 'Ridge alpha=1')
#绘制alpha=10时的模型系数
plt.plot(ridge10.coef_, '^', label = 'Ridge alpha=10')
#绘制alpha=0.1时的模型系数
plt.plot(ridge01.coef_, 'v', label = 'Ridge alpha=0.1')
#绘制线性回归的系数作为对比
plt.plot(lr.coef_, 'o', label = 'linear regression')
plt.xlabel("coefficient index")
```

```
plt.ylabel("coefficient magnitude")
plt.hlines(0,0, len(lr.coef_))
plt.legend()
```

按下 shift+ 回车键运行代码，jupyter notebook 会绘制一张图像如图 4-14 所示。

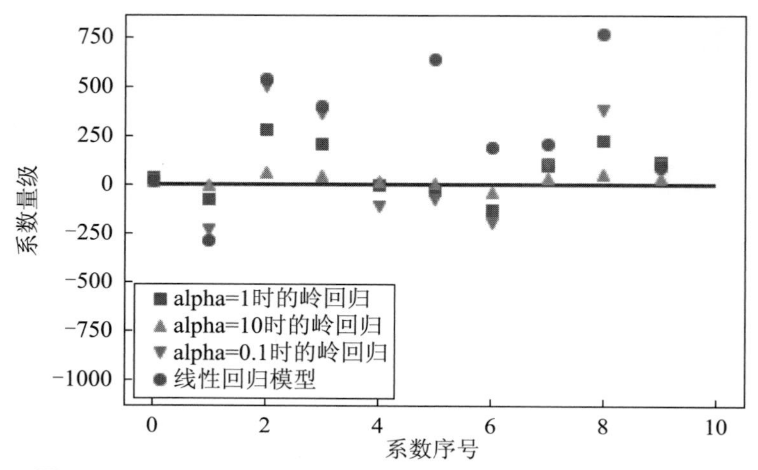

图 4-14　不同 alpha 值对应岭回归的参数大小及线性回归参数对比

【结果分析】在图 4-14 中，横轴代表的是 coef_ 属性：$x = 0$ 显示第一个特征变量的系数，$x = 1$ 显示的是第二个特征变量的系数，依此类推，直到 $x = 10$。纵轴显示特征变量的系数量级。从图中我们不难看出，当 alpha = 10 时，特征变量系数大多在 0 附近；而当 alpha = 1 时，岭模型的特征变量系数普遍增大了。而当 alpha = 0.1 时，特征变量的系数就更大了，甚至大部分与线性回归的点重合了，而线性回归模型由于没有经过任何正则化处理，其所对应的特征变量系数值就会非常大，其中有一些都快跑到图表之外了。

还有一个能够帮助我们更好理解正则化对模型影响的方法，那就是取一个固定的 alpha 值，然后改变训练数据集的数据量。比如我们在糖尿病数据集中采样，然后用这些采样的子集对线性回归模型和 alpha 值等于 1 的岭回归模型进行评估，并用 jupyter notebook 进行绘图，得到一个随数据集大小而不断改变的模型评分折线图，其中的折线我们也称之为学习曲线（learning curves）。下面我们来初步画一下两个模型在糖尿病数据集中的学习曲线，输入代码如下：

```
from sklearn.model_selection import learning_curve,KFold
#定义一个绘制学习曲线的函数
def plot_learning_curve(est, X, y):
#将数据进行20次拆分用来对模型进行评分
    training_set_size,train_scores, test_scores = learning_curve(
     est,X, y,train_sizes=np.linspace(.1, 1, 20), cv=KFold(20,shuffle=True,
```

```
                                                    random_state=1))
    estimator_name = est.__class__.__name__
    line = plt.plot(training_set_size, train_scores.mean(axis=1), '--',
                    label="training " + estimator_name)
    plt.plot(training_set_size, test_scores.mean(axis=1), '-',
             label="test " + estimator_name, c=line[0].get_color())
    plt.xlabel('Training set size')
    plt.ylabel('Score')
    plt.ylim(0, 1.1)

plot_learning_curve(Ridge(alpha=1), X, y)
plot_learning_curve(LinearRegression(), X, y)
plt.legend(loc=(0, 1.05), ncol=2, fontsize=11)
```

运行代码，会得到如图 4-15 所示的结果。

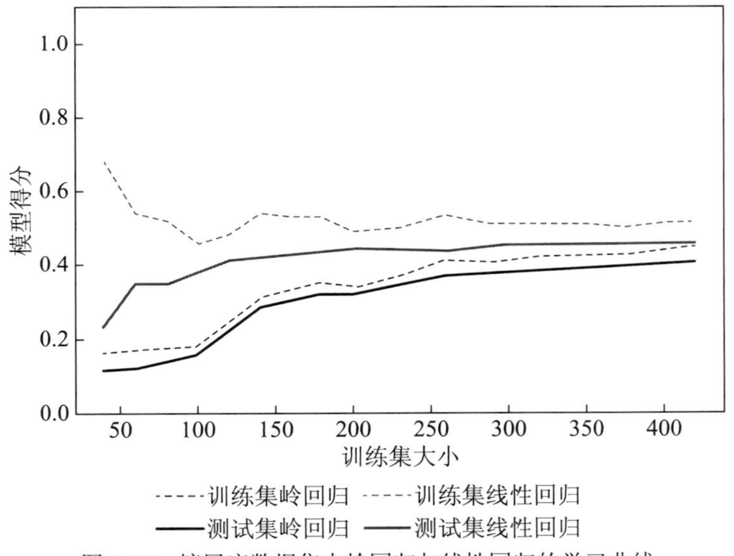

图 4-15　糖尿病数据集中岭回归与线性回归的学习曲线

【结果分析】毫无疑问，不论是在岭回归中还是在线性回归中，训练数据集的得分都比测试数据集的得分要高。而由于岭回归是经过正则化的模型，因此它在整个图像中训练数据集的得分要比线性回归的得分低。然而，岭回归在测试数据集的得分与训练数据集的得分差异就要小一些，尤其是在数据子集比较小的情况下。在数据量小于 50 条的情况下，线性回归几乎不能让机器学到任何东西。随着数据集的规模越来越大，两个模型的表现也越来越好，最后线性回归的得分赶上了岭回归的得分。不难看出，如果有足够多的数据，那么正则化就显得不是那么重要了，岭回归和线性回归的表现也相差无几。

注意 读者可能会发现，随着数据量的增加，线性回归在训练数据集的得分是下降的，这说明随着数据增加，线性回归模型就越不容易产生过拟合的现象，或者说越难记住这些数据。

4.4 使用 L1 正则化的线性模型——套索回归

除了岭回归之外，还有一个对线性回归进行正则化的模型，即套索回归（lasso）。本节我们重点探讨套索回归的原理及其在实际应用中的表现。

4.4.1 套索回归的原理

和岭回归一样，套索回归也会将系数限制在非常接近 0 的范围内，但它进行限制的方式稍微有一点不同，我们称之为 L1 正则化。与 L2 正则化不同的是，L1 正则化会导致在使用套索回归的时候，有一部分特征的系数会正好等于 0。也就是说，有一些特征会彻底被模型忽略掉，这也可以看成是模型对于特征进行自动选择的一种方式。把一部分系数变成 0 有助于让模型更容易理解，而且可以突出体现模型中最重要的那些特征。

让我们再用糖尿病数据集来验证一下套索回归，在 jupyter notebook 中输入代码如下：

```
#导入套索回归
from sklearn.linear_model import Lasso
#使用套索回归拟合数据
lasso = Lasso().fit(X_train, y_train)
print('\n\n\n代码运行结果：')
print('==========\n')
print("套索回归在训练数据集的得分：{:.2f}".format(lasso.score(X_train, y_train)))
print("套索回归在测试数据集的得分：{:.2f}".format(lasso.score(X_test, y_test)))
print("套索回归使用的特征数：{}".format(np.sum(lasso.coef_ != 0)))
```

代码运行的结果如图 4-16 所示。

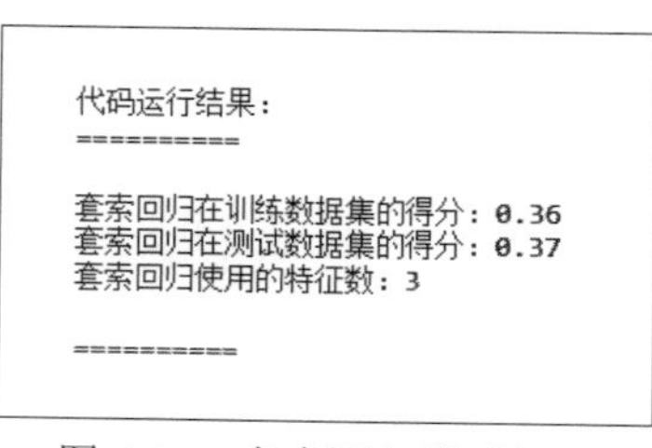

图 4-16　套索回归模型得分

【结果分析】这里我们看到，套索回归在训练数据集和测试数据集的得分都相当糟糕。

这意味着我们的模型发生了欠拟合的问题，而且你会发现，在 10 个特征里面，套索回归只用了 3 个。与岭回归类似，套索回归也有一个正则化参数 alpha，用来控制特征变量系数被约束到 0 的强度。

4.4.2 套索回归的参数调节

在上面的例子里，我们用了 alpha 的默认值 1.0。为了降低欠拟合的程度，我们可以试着降低 alpha 的值。与此同时，我们还需要增加最大迭代次数（max_iter）的默认设置。让我们来看下面的代码：

```
#增加最大迭代次数的默认设置
#否则模型会提示我们增加最大迭代次数
lasso01 = Lasso(alpha=0.1, max_iter=100000).fit(X_train, y_train)
print('\n\n\n代码运行结果：')
print('==========\n')
print("alpha=0.1时套索回归在训练数据集的得分：{:.2f}".format(lasso001.score(X_train, y_train)))
print("alpha=0.1时套索回归在测试数据集的得分：{:.2f}".format(lasso001.score(X_test, y_test)))
print("alpha=0.1时套索回归使用的特征数：{}".format(np.sum(lasso001.coef_ != 0)))
print('\n==========')
print('\n\n\n')
```

运行代码，得到结果如图 4-17 所示。

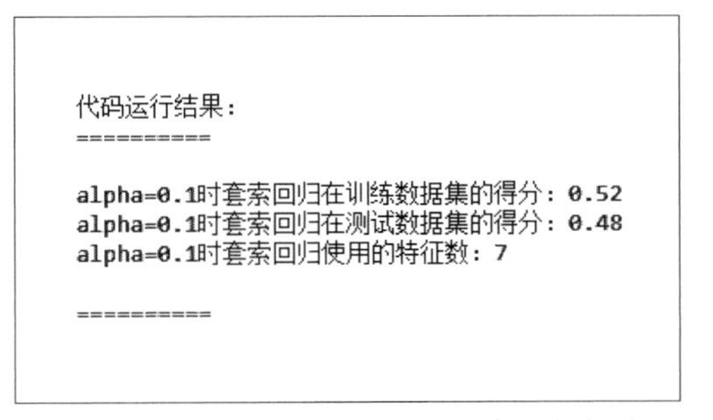

图 4-17 alpha 等于 0.1 时的套索回归得分

【结果分析】从结果来看，降低 alpha 值可以拟合出更复杂的模型，从而在训练数据集和测试数据集都能获得良好的表现。相对岭回归，套索回归的表现还要稍好一点，而且它只用了 10 个特征中的 7 个，这一点也会使模型更容易被人理解。

但是，如果我们把 alpha 值设置得太低，就等于把正则化的效果去除了，那么模型就可能会像线性回归一样，出现过拟合的问题。比如我们把 alpha 值设为 0.000 1，试着运行下面的代码：

```
#修改alpha值为0.0001
lasso00001 = Lasso(alpha=0.0001, max_iter=100000).fit(X_train, y_train)
print('\n\n\n代码运行结果：')
print('==========\n')
print("alpha=0.0001时套索回归在训练数据集的得分：{:.2f}".format(
    lasso00001.score(X_train, y_train)))
print("alpha=0.0001时套索回归在测试数据集的得分：{:.2f}".format(
    lasso00001.score(X_test, y_test)))
print("alpha=0.0001时套索回归使用的特征数：{}".format(np.sum(
    lasso00001.coef_ != 0)))
print('\n==========')
print('\n\n\n')
```

代码运行的结果如图 4-18 所示。

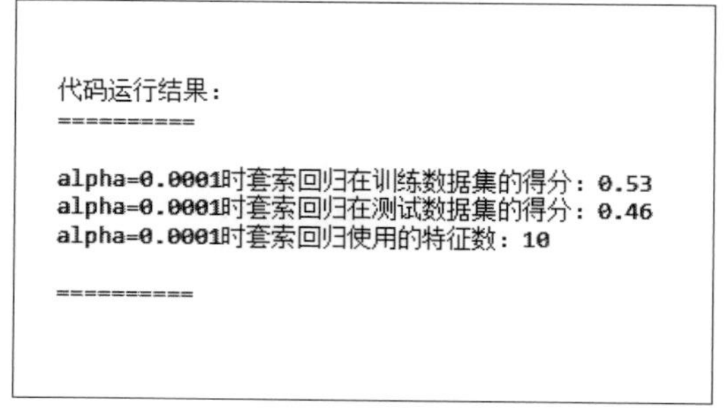
```
代码运行结果：
==========

alpha=0.0001时套索回归在训练数据集的得分：0.53
alpha=0.0001时套索回归在测试数据集的得分：0.46
alpha=0.0001时套索回归使用的特征数：10

==========
```

图 4-18　alpha 等于 0.000 1 时套索回归的模型评分

【结果分析】从结果中我们看到，套索回归使用了全部的特征，而且在测试数据集中的得分稍微低于在 alpha 等于 0.1 时的得分，这说明降低 alpha 的数值会让模型倾向于出现过拟合的现象。

4.4.3　套索回归与岭回归的对比

接下来，我们继续用图像的方式来对不同 alpha 值的套索回归和岭回归进行系数对比，运行下面的代码：

```
#绘制alpha值等于1时的模型系数
plt.plot(lasso.coef_, 's', label="Lasso alpha=1")
#绘制alpha值等于0.11时的模型系数
plt.plot(lasso01.coef_, '^', label="Lasso alpha=0.1")
#绘制alpha值等于0.0001时的模型系数
plt.plot(lasso00001.coef_, 'v', label="Lasso alpha=0.0001")
#绘制alpha值等于0.1时的岭回归模型系数作为对比
plt.plot(ridge01.coef_, 'o', label="Ridge alpha=0.1")
plt.legend(ncol=2,loc=(0,1.05))
plt.ylim(-25,25)
plt.xlabel("Coefficient index")
```

```
plt.ylabel("Coefficient magnitude")
```

运行代码，我们会得到结果如图 4-19 所示。

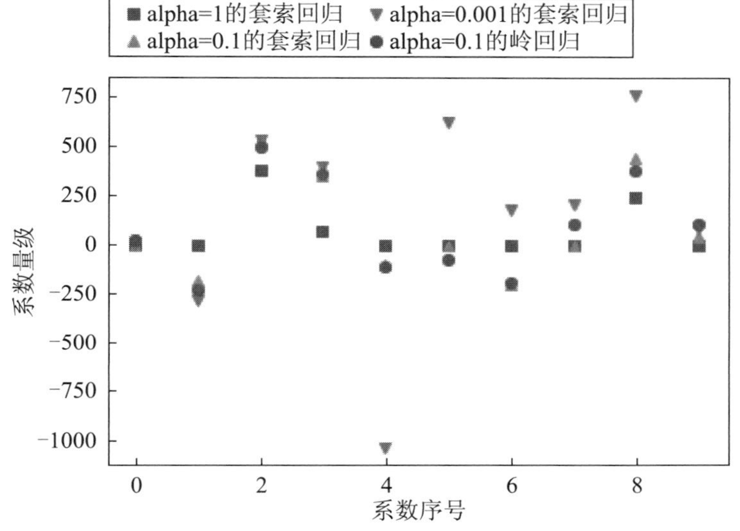

图 4-19 不同 alpha 值对应的套索回归系数值与岭回归系数值对比

【结果分析】从图中我们不难看出，当 alpha 值等于 1 的时候，不仅大部分系数为 0，而且仅存的几个非零系数数值也非常小。把 alpha 值降低到 0.01 时，如图中正三角形所示，大部分系数也是 0，但是等于 0 的系数已经比 alpha 等于 1 的时候少了很多。而当我们把 alpha 值降低到 0.000 1 的时候，整个模型变得几乎没有被正则化，大部分系数都是非零的，并且数值变得相当大。作为对比，我们能看到圆点代表的是岭回归中的系数值。alpha 值等于 0.1 的岭回归模型在预测能力方面基本与 alpha 值等于 0.1 的套索回归模型一致，但你会发现，使用岭回归模型的时候，几乎所有的系数都是不等于 0 的。

在实践当中，岭回归往往是这两个模型中的优选。但是如果你的数据特征过多，而且其中只有一小部分是真正重要的，那么套索回归就是更好的选择。同样如果你需要对模型进行解释的话，那么套索回归会让你的模型更容易被人理解，因为它只是使用了输入的特征值中的一部分。

注意 **scikit-learn 还提供了一种模型，称为弹性网模型（Elastic Net）。弹性网模型综合了套索回归和岭回归的惩罚因子。在实践中这两个模型的组合是效果最好的，然而代价是用户需要调整两个参数，一个是 L1 正则化参数，另一个是 L2 正则化参数。**

4.5 小结

在本章中，我们介绍了几种常用的线性模型，包括线性回归、岭回归和套索回归。实际上，线性模型并不止这三种，还有比较知名的逻辑斯谛回归（Logistic Regression）、线性支持向量机（Linear SVM）等，它们不仅仅可以用来进行回归分析，在分类任务中也相当常见。对于线性模型来说，最主要的参数就是正则化参数（Regularization Parameter）。在线性回归、岭回归和套索回归中，是通过 alpha 参数来进行调节的，而对于逻辑斯谛回归和线性支持向量机来说，则是通过调节参数 C 来实现的。当然在实际应用中，我们常常要先决定是使用 L1 正则化的模型还是 L2 正则化的模型。大体的原则是这样，如果你的数据集有很多特征，而这些特征中并不是每一个都对结果有重要的影响，那么就应该使用 L1 正则化的模型，如套索回归；但如果数据集中的特征本来就不多，而且每一个都有重要作用的话，那么就应该使用 L2 正则化的模型，如岭回归。

虽然线性模型是一个存在历史相当悠久的算法模型，但目前它们的应用依然非常普遍，这主要是因为线性模型的训练速度非常快，尤其是对于那些超大型数据集来讲。而且其过程非常容易被人理解——基本上学过初中数学的人都能明白线性模型的原理。但是它也有一定的局限性，当数据集的特征比较少的时候，线性模型的表现就会相对偏弱一些。

在第 5 章当中，我们将带大家一起学习另外一种非常流行的算法——朴素贝叶斯算法。这是一种基于概率理论的算法，它的效率比线性模型还要更高一些。请大家做好准备，和我们一起向下一站出发。

第 5 章　朴素贝叶斯——打雷啦，收衣服啊

朴素贝叶斯（Naïve Bayes）算法是一种基于贝叶斯理论的有监督学习算法。之所以说“朴素”，是因为这个算法是基于样本特征之间互相独立的“朴素”假设。正因为如此，由于不用考虑样本特征之间的关系，朴素贝叶斯分类器的效率是非常高的。这一章将向大家介绍朴素贝叶斯算法的基本概念和用法。

本章主要涉及的知识点有：

- 贝叶斯定理简介
- 朴素贝叶斯的简单应用
- 贝努利朴素贝叶斯、高斯朴素贝叶斯和多项式朴素贝叶斯
- 朴素贝叶斯实例——判断肿瘤是良性还是恶性

5.1 朴素贝叶斯基本概念

贝叶斯（Thomas Bayes）是一位英国数学家，1701 年生于伦敦，曾是一位神父。后于 1742 年成为英国皇家学会会员。贝叶斯在数学方面主要研究概率论，他创立了贝叶斯统计理论，该理论对现代概率论和数理统计又有很重要的作用，在数学和工程领域都得到了广泛的应用，本节将介绍贝叶斯定理和朴素贝叶斯分类器的基本概念。

5.1.1 贝叶斯定理

那是一个 7 月的傍晚，临近下班，小 C 收拾东西准备去接女朋友。问题来了，小 C 要不要带伞呢？

已知：

天气预报说今日降水概率为 50%——P（A）

晚高峰堵车的概率是 80%——P（B）

如果下雨，晚高峰堵车的概率是 95%——P（$B|A$）

小 C 向窗外望去，看到堵车了，则根据贝叶斯定理：

$$P(A|B)=\frac{P(B|A)\cdot P(A)}{P(B)}$$

求得下雨的概率为 0.5×0.95÷0.8=0.593 75。

小 C 果断地拿起雨伞冲了出去……

5.1.2 朴素贝叶斯的简单应用

过去的 7 天当中，有 3 天下雨，4 天没有下雨。用 0 代表没有下雨，而 1 代表下雨，我们可以用一个数组来表示：

$$y = [0, 1, 1, 0, 1, 0, 0]$$

而在这 7 天当中，还有另外一些信息，包括刮北风、闷热、多云，以及天气预报给出的信息，如表 5-1 所列。

表 5-1 过去 7 天中和气象有关的信息

	刮北风	闷 热	多 云	天气预报有雨
第 1 天	否	是	否	是
第 2 天	是	是	是	否
第 3 天	否	是	是	否

续表

	刮北风	闷　热	多　云	天气预报有雨
第 4 天	否	否	否	是
第 5 天	否	是	是	否
第 6 天	否	是	否	是
第 7 天	是	否	否	是

同样地，我们用 0 代表否，1 代表是，可以得到另外一个数组：

X = [0, 1, 0, 1], [1, 1, 1, 0], [0, 1, 1, 0], [0, 0, 0, 1], [0, 1, 1, 0], [0, 1, 0, 1], [1, 0, 0, 1]

现在我们用 Jupyter Notebook 来看一下数据的关系，在 Jupyter Notebook 中输入代码如下：

```
#导入numpy
import numpy as np
#将X，y赋值为np数组
X = np.array([[0, 1, 0, 1],
              [1, 1, 1, 0],
              [0, 1, 1, 0],
              [0, 0, 0, 1],
              [0, 1, 1, 0],
              [0, 1, 0, 1],
              [1, 0, 0, 1]])
y = np.array( [0, 1, 1, 0, 1, 0, 0])
#对不同分类计算每个特征为1的数量
counts = {}
for label in np.unique(y):
counts[label] = X[y == label].sum(axis=0)
#打印计数结果
print("feature counts:\n{}".format(counts))
```

运行代码，会得到如图 5-1 所示的结果。

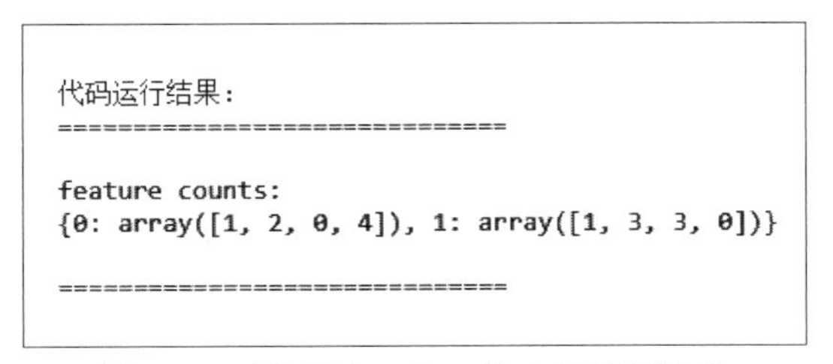

图 5-1　对数组中 0 和 1 的个数进行计数

【结果分析】下面我们来解释一下这个结果的意思，当 y 为 0 时，也就在没有下雨的 4 天当中，有 1 天刮了北风，有 2 天比较闷热，而没有出现多云的情况，但这 4 天天气预报全部播报有雨。同时，在 y 为 1 时，也就是在下雨的 3 天当中，有 1 天刮了北风，

3 天全都比较闷热，且 3 天全部出现了多云的现象，有意思的是，这 3 天的天气预报都没有播报有雨。

那么对于朴素贝叶斯来说，它会根据上述的计算来进行推理。它会认为，如果某一天天气预报没有播报有雨，但出现了多云的情况，它会倾向于把这一天放到“下雨”这一个分类中。

下面我们来验证一下，在 Jupyter Notebook 里输入代码如下：

```
#导入贝努利贝叶斯
from sklearn.naive_bayes import BernoulliNB
#使用贝努利贝叶斯拟合数据
clf = BernoulliNB()
clf.fit(X, y)
#要进行预测的这一天，没有刮北风，也不闷热
#但是多云，天气预报没有说有雨
Next_Day = [[0, 0, 1, 0]]
pre = clf.predict(Next_Day)
print('\n\n\n')
print('代码运行结果：')
print('===============================\n')
if pre == [1]:
    print("要下雨啦，快收衣服啊！")
else:
print("放心，又是一个艳阳天")
print('\n===============================')
print('\n\n\n')
```

运行代码的结果如图 5-2 所示。

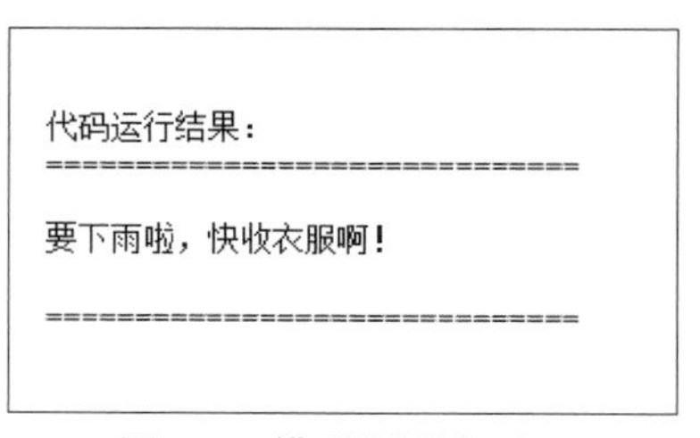

图 5-2　模型预测会下雨

【结果分析】可以看出，朴素贝叶斯分类器把这一天放到了会下雨的分类当中。

那么如果有另外一天，刮了北风，而且很闷热，但云量不多，同时天气预报说有雨，会怎样呢？我们输入代码如下：

```
#假设另外一天的数据如下
Another_day = [[1, 1, 0, 1]]
#使用训练好的模型进行预测
pre2 = clf.predict(Another_day)
print('\n\n\n')
```

```
print('代码运行结果：')
print('================================\n')
if pre2 == [1]:
    print("要下雨啦，快收衣服啊！")
else:
print("放心，又是一个艳阳天")
print('\n================================')
print('\n\n\n')
```

运行代码，会得到如图 5-3 所示的结果。

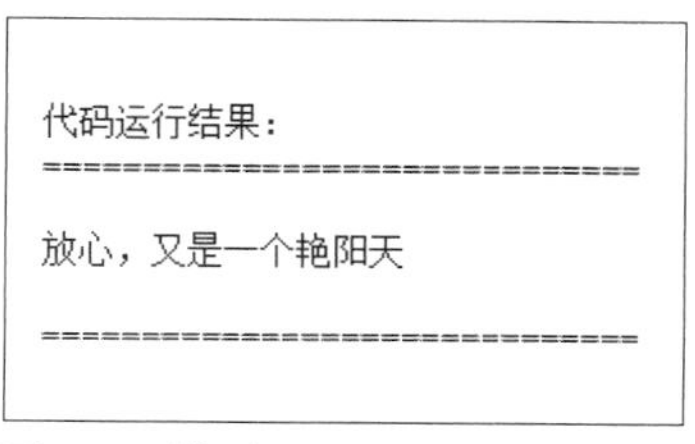

图 5-3　模型预测这一天不会下雨

【结果分析】可以看到，这次分类器把这一天归为不会下雨的分类中了。

现在大家可能很想知道朴素贝叶斯给出的预测准确率怎么样，我们可以用 predict_proba 方法来测试一下，输入代码如下：

```
print('\n\n\n')
print('代码运行结果：')
print('================================\n')
#模型预测分类的概率
print(clf.predict_proba(Next_Day))
print('\n================================')
print('\n\n\n')
```

运行代码，会得到如图 5-4 所示的结果。

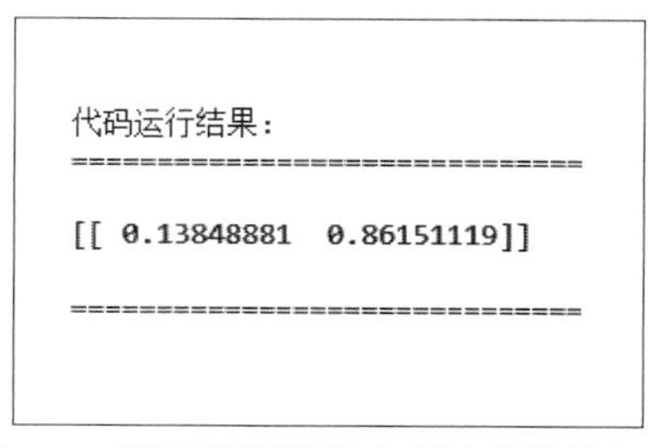

图 5-4　模型预测数据点所述分类的概率

【结果分析】这个意思是说，我们所预测的第一天，不下雨的概率大约是 13.8%，而下雨的概率是 86.2%，看起来还是很不错的。

再看一下第二天的预测情况。输入代码如下：

```
print('\n\n\n')
print('代码运行结果：')
print('===============================\n')
#打印另外一天模型预测的分类概率
print(clf.predict_proba(Another_day))
print('\n\n\n')
print('代码运行结果：')
print('===============================\n')
```

运行代码，将得到如图 5-5 所示的结果。

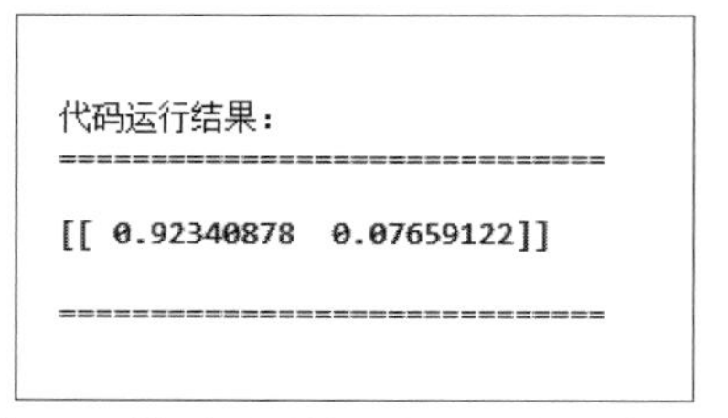

图 5-5　模型预测的另外一天的分类概率

【结果分析】也就是说，第二天不下雨的概率是 92.3%，下雨的概率只有 7.7%，这样看起来，朴素贝叶斯做出的预测还不错。

注意 **不要太乐观！如果大家在 scikit-learn 官网上查看文档，会发现一段很搞笑的描述——虽然朴素贝叶斯是相当好的分类器，但对于预测具体的数值并不是很擅长，因此 predict_proba 给出的预测概率，大家也不要太当真。**

5.2　朴素贝叶斯算法的不同方法

朴素贝叶斯算法包含多种方法，在 scikit-learn 中，朴素贝叶斯有三种方法，分别是贝努利朴素贝叶斯（Bernoulli Naïve Bayes）、高斯贝叶斯（Gaussian Naïve Bayes）和多项式朴素贝叶斯（Multinomial Naïve Bayes），本节将对这几种方法进行介绍。

5.2.1　贝努利朴素贝叶斯

在上面的例子当中，我们使用了朴素贝叶斯算法中的一种方法，称为贝努利朴素贝叶斯（Bernoulli Naïve Bayes），这种方法比较适合于符合贝努利分布的数据集，贝努利分布也被称为“二项分布”或者是“0-1 分布”，比如我们进行抛硬币的游戏，硬币落下来只有两种可能的结果：正面或者反面，这种情况下，我们就称抛硬币的结果是贝努利分布的。

在刚才我们举的例子当中，数据集中的每个特征都只有0和1两个数值，在这种情况下，贝努利贝叶斯的表现还不错。但如果我们用更复杂的数据集，结果可能就不一样了，下面我们动手来试一试，输入代码如下：

```
#导入数据集生成工具
from sklearn.datasets import make_blobs
#导入数据集拆分工具
from sklearn.model_selection import train_test_split
#生成样本数量为500，分类数为5的数据集
X, y = make_blobs(n_samples=500, centers=5,random_state=8)
#将数据集拆分成训练集和训练集
X_train,X_test,y_train,y_test=train_test_split(X,y,random_state=8)
#使用贝努利贝叶斯拟合数据
nb = BernoulliNB()
nb.fit(X_train,y_train)
print('\n\n\n')
print('代码运行结果：')
print('==============================\n')
#打印模型得分
print('模型得分：{:.3f}'.format(nb.score(X_test, y_test)))
print('\n==============================')
print('\n\n\n')
```

这里我们还是使用了非常熟悉的make_blobs来生成手工数据集，为了加大难度，我们令样本数量为500，而分类的数量为5个，也就是centers参数等于5，运行代码，会得到如图5-6所示的结果。

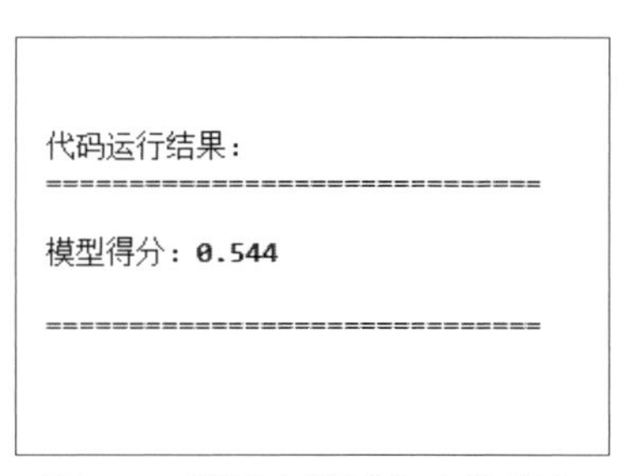

图5-6 模型在测试集中的得分

【结果分析】可以看到，在我们手工生成的相对复杂的数据集中，贝努利朴素贝叶斯的得分相当糟糕，只有大约一半的数据被放进了正确的分类，这是为什么呢？

下面我们通过图像来了解一下贝努利朴素贝叶斯的工作过程，输入代码如下：

```
#导入画图工具
import matplotlib.pyplot as plt
```

```
#限定横轴与纵轴的最大值
x_min, x_max = X[:,0].min()-0.5, X[:,0].max()+0.5
y_min, y_max = X[:,1].min()-0.5, X[:,1].max()+0.5
#用不同的背景色表示不同的分类
xx,yy = np.meshgrid(np.arange(x_min, x_max,.02),
                    np.arange(y_min, y_max, .02))
z = nb.predict(np.c_[(xx.ravel(),yy.ravel())]).reshape(xx.shape)
plt.pcolormesh(xx,yy,z,cmap=plt.cm.Pastel1)
#将训练集和测试集用散点图表示
plt.scatter(X_train[:,0],X_train[:,1],c=y_train,cmap=plt.cm.cool,edgecolor='k')
plt.scatter(X_test[:,0],X_test[:,1],c=y_test,cmap=plt.cm.cool,marker='*',
            edgecolor='k')
plt.xlim(xx.min(),xx.max())
plt.ylim(yy.min(),yy.max())
#定义图题
plt.title('Classifier: BernoulliNB')
#现实图片
plt.show()
```

运行代码，将会得到如图 5-7 所示的结果。

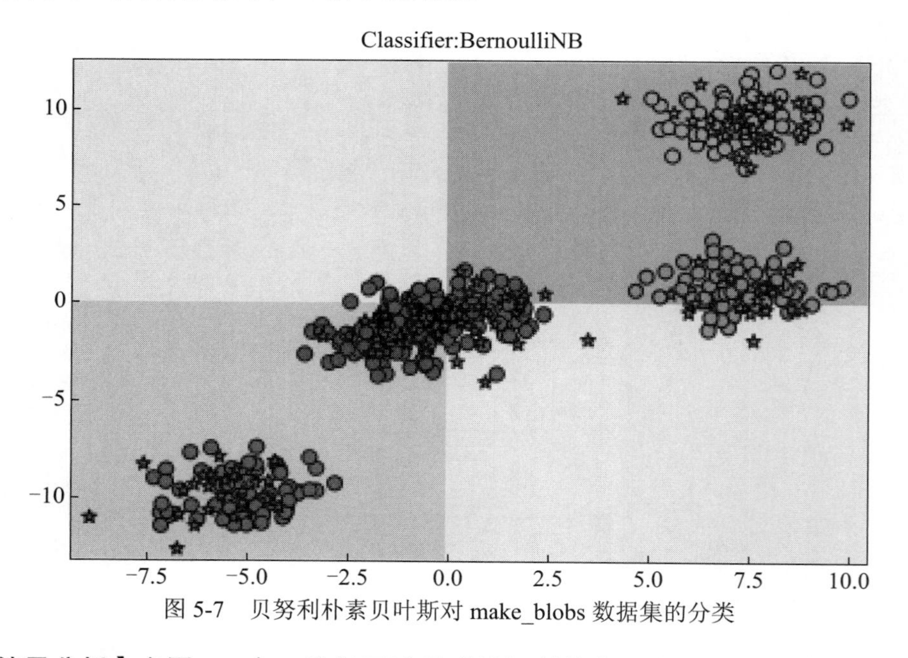

图 5-7　贝努利朴素贝叶斯对 make_blobs 数据集的分类

【结果分析】在图 5-7 中，我们可以看到贝努利朴素贝叶斯的模型十分简单，它分别在横轴等于 0 和纵轴等于 0 的位置画了两条直线，再用这两条直线形成的 4 个象限对数据进行分类。这是因为我们使用了贝努利朴素贝叶斯的默认参数 binarize=0.0，所以模型对于数据的判断是，如果特征 1 大于或等于 0，且特征 2 大于或等于 0，则将数据归为一类；如果特征 1 小于 0，且特征 2 也小于 0，则归为另一类而其余的数据全部归为第三类，难怪模型的得分这么差了。

所以在这种情况下，我们就不能再使用贝努利朴素贝叶斯，而要用其他的方法，例如下面要讲到的高斯朴素贝叶斯方法。

5.2.2　高斯朴素贝叶斯

高斯朴素贝叶斯，顾名思义，是假设样本的特征符合高斯分布，或者说符合正态分布时所用的算法。接下来我们尝试用高斯朴素贝叶斯对刚刚生成的数据集进行拟合，看看结果如何，输入代码如下：

```
#导入高斯贝叶斯
from sklearn.naive_bayes import GaussianNB
#使用高斯贝叶斯拟合数据
gnb = GaussianNB()
gnb.fit(X_train, y_train)
print('\n\n\n')
print('代码运行结果：')
print('==============================\n')
#打印模型得分
print('模型得分：{:.3f}'.format(gnb.score(X_test, y_test)))
print('\n==============================')
print('\n\n\n')
```

运行代码，会得到如图 5-8 所示的结果。

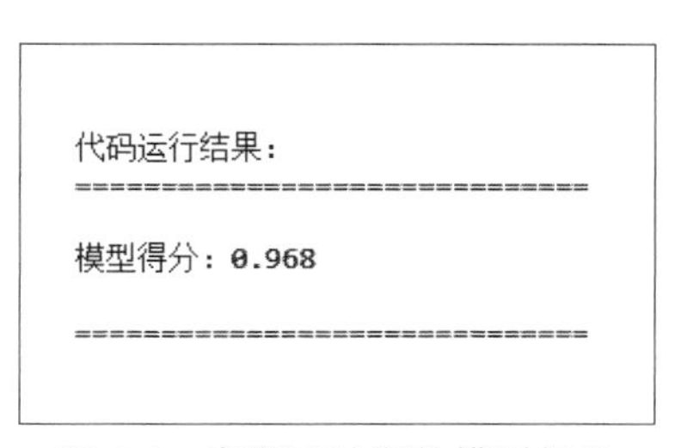

图 5-8　高斯贝叶斯的模型得分

【结果分析】看起来，使用高斯朴素贝叶斯方法建立的模型得分要好了很多，准确率达到了 96.8%，这说明我们生成的手工数据集的特征基本上符合正态分布的情况。

下面我们再次用图像来进行演示，以便了解高斯朴素贝叶斯的工作工程，输入代码如下：

```
#用不同色块来表示不同的分类
z = gnb.predict(np.c_[(xx.ravel(),yy.ravel())]).reshape(xx.shape)
plt.pcolormesh(xx,yy,z,cmap=plt.cm.Pastel1)
#用散点图画出训练集和测试集数据
```

```
plt.scatter(X_train[:,0],X_train[:,1],c=y_train,cmap=plt.cm.cool,edgecolor='k')
plt.scatter(X_test[:,0],X_test[:,1],c=y_test,cmap=plt.cm.cool,marker='*',
            edgecolor='k')
#设定横轴纵轴的范围
plt.xlim(xx.min(),xx.max())
plt.ylim(yy.min(),yy.max())
#设定图题
plt.title('Classifier: GaussianNB')
#画出图形
plt.show()
```

运行代码，会得到如图 5-9 所示的结果。

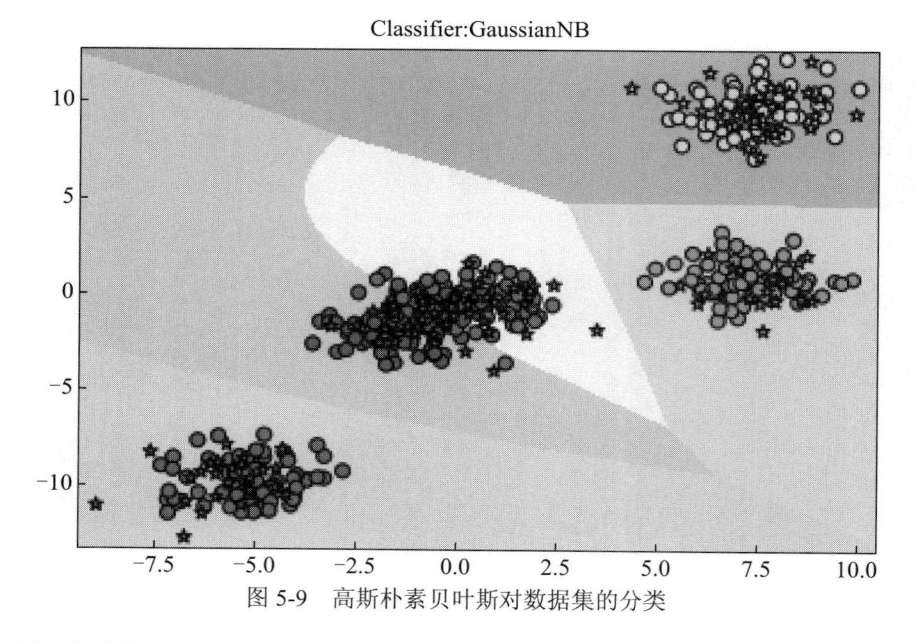

图 5-9 高斯朴素贝叶斯对数据集的分类

【结果分析】从图 5-9 中我们可以看到，高斯朴素贝叶斯的分类边界比贝努利朴素贝叶斯的分类边界要复杂得多，也基本上把数据点都放进了正确的分类当中了。

事实上，高斯朴素贝叶斯也确实是能够胜任大部分的分类任务，这是因为在自然科学和社会科学领域，有大量的现象都是呈现出正态分布的状态。接下来，我们要介绍第三种方法——多项式朴素贝叶斯。

5.2.3 多项式朴素贝叶斯

多项式朴素贝叶斯，从名字也可以推断出它主要是用于拟合多项式分布的数据集。可能多项式分布相对于二项式分布和高斯分布来说，我们会接触得少一些。但如果我们可以理解二项式分布，那么理解多项式分布也会非常简单。二项式分布可以通过抛硬币的例子来进行理解，那么多项式分布都可以用掷骰子来理解。

我们知道硬币只有两个面，正面和反面，而骰子有 6 个面，因此每掷一次骰子，结果都可能是从 1 ～ 6 这 6 个数字，如果我们掷 n 次骰子，而每个面朝上的次数的分布情况，就是一个多项式分布。

现在我们继续使用生成的手工数据集来对多项式朴素贝叶斯进行实验，输入代码如下：

```
#导入多项式朴素贝叶斯
from sklearn.naive_bayes import MultinomialNB
#用多项式朴素贝叶斯拟合数据
mnb = MultinomialNB()
mnb.fit(X_train, y_train)
mnb.score(X_test, y_test)
```

注意 上面这段代码和我们使用贝努利朴素贝叶斯或是高斯朴素贝叶斯看起来没有什么区别，但是这样使用多项式朴素贝叶斯是错误的。

运行代码，程序会报错，并且给出提示信息如图 5-10 所示。

```
---------------------------------------------------------------------------
ValueError                                Traceback (most recent call last)
<ipython-input-17-acfb4658330f> in <module>()
      3 #用多项式朴素贝叶斯拟合数据
      4 mnb = MultinomialNB()
----> 5 mnb.fit(X_train, y_train)
      6 mnb.score(X_test, y_test)

c:\program files\python36\lib\site-packages\sklearn\naive_bayes.py in fit(self,
X, y, sample_weight)
    602         self.feature_count_ = np.zeros((n_effective_classes, n_feature
s),
    603                                        dtype=np.float64)
--> 604         self._count(X, Y)
    605         alpha = self._check_alpha()
    606         self._update_feature_log_prob(alpha)

c:\program files\python36\lib\site-packages\sklearn\naive_bayes.py in _count(se
lf, X, Y)
    706         """Count and smooth feature occurrences."""
    707         if np.any((X.data if issparse(X) else X) < 0):
--> 708             raise ValueError("Input X must be non-negative")
    709         self.feature_count_ += safe_sparse_dot(Y.T, X)
    710         self.class_count_ += Y.sum(axis=0)

ValueError: Input X must be non-negative
```

图 5-10　程序报错，提示 X 值必须是非负的

【结果分析】提示信息告诉我们，输入的 X 值必须是非负的，这样的话，我们需要对数据进行一下预处理才行。

所以我们需要把代码改成如下的样子：

```
#导入多项式朴素贝叶斯
from sklearn.naive_bayes import MultinomialNB
#导入数据预处理工具MinMaxScaler
from sklearn.preprocessing import MinMaxScaler
#使用MinMaxScaler对数据进行预处理，使数据全部为非负值
```

```
scaler = MinMaxScaler()
scaler.fit(X_train)
X_train_scaled = scaler.transform(X_train)
X_test_scaled = scaler.transform(X_test)
#使用多项式朴素贝叶斯拟合经过预处理之后的数据
mnb = MultinomialNB()
mnb.fit(X_train_scaled, y_train)
print('\n\n\n')
print('代码运行结果：')
print('==============================\n')
#打印模型得分
print('模型得分：{:.3f}'.format(mnb.score(X_test_scaled, y_test)))
print('\n==============================')
print('\n\n\n')
```

重新运行代码，程序不再报错，并且给出模型的分数如图 5-11 所示。

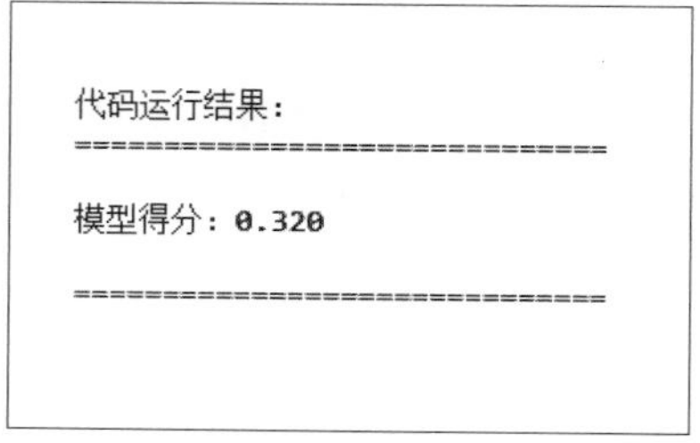

图 5-11　多项式朴素贝叶斯的模型得分

【结果分析】从结果中可以看出，虽然经过了预处理将所有特征值转化为非负的，但是多项式朴素贝叶斯还是不能获得较高的分数，32% 的准确率甚至比贝努利朴素贝叶斯的得分还要更糟糕一点。

如果我们用图形来表示的话，也可以直观地看出多项式朴素贝叶斯并不适合用来拟合这个数据集，输入代码如下：

```
#用不同颜色区分不同的分类
z = mnb.predict(np.c_[(xx.ravel(),yy.ravel())]).reshape(xx.shape)
plt.pcolormesh(xx,yy,z,cmap=plt.cm.Pastel1)
#用散点图表示训练集和测试集
plt.scatter(X_train[:,0],X_train[:,1],c=y_train,cmap=plt.cm.cool,edgecolor='k')
plt.scatter(X_test[:,0],X_test[:,1],c=y_test,cmap=plt.cm.cool,marker='*',
            edgecolor='k')
#设定横纵轴范围
plt.xlim(xx.min(),xx.max())
plt.ylim(yy.min(),yy.max())
#设定图题
plt.title('Classifier: MultinomialNB')
#显示图片
plt.show()
```

运行代码，将会得到结果如图 5-12 所示。

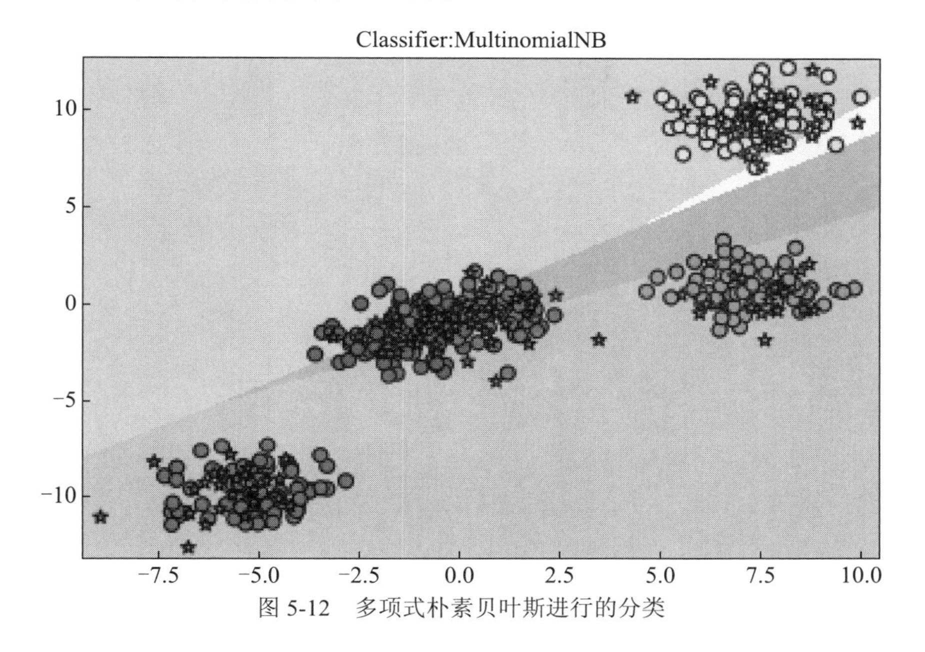

图 5-12　多项式朴素贝叶斯进行的分类

【结果分析】从图 5-12 中可以看出多项式朴素贝叶斯所进行的分类确实比贝努利朴素贝叶斯的还要差一些，大部分数据点都被放到了错误的分类中。

这是因为，多项式朴素贝叶斯只适合用来对非负离散数值特征进行分类，典型的例子就是对转化为向量后的文本数据进行分类。文本数据的处理我们将会在第 13 章中向大家介绍，这里我们暂时略过。

注意　在本例中，我们使用了 MinMaxScaler 对数据进行预处理，MinMaxScaler 的作用是将数据集中的特征值全部转化为 0 ～ 1。更多关于数据预处理的内容，我们将在后面的章节进行讲解。

5.3　朴素贝叶斯实战——判断肿瘤是良性还是恶性

接下来，我们将使用朴素贝叶斯算法来进行一个小的项目实战——判断一个患者的肿瘤是良性还是恶性。这里我们会用到一个来自真实世界的数据集——威斯康星乳腺肿瘤数据集。

5.3.1 对数据集进行分析

威斯康星乳腺肿瘤数据集是一个非常经典的用于医疗病情分析的数据集，它包括 569 个病例的数据样本，每个样本具有 30 个特征值，而样本共分为两类：分别是恶性（Malignant）和良性（Benign）。下面我们就载入这个数据集并了解一下它的样子，输入代码如下：

```
#导入威斯康星乳腺肿瘤数据集
from sklearn.datasets import load_breast_cancer
cancer = load_breast_cancer()
print('\n\n\n')
print('代码运行结果：')
print('==============================\n')
#打印数据集键值
print(cancer.keys())
print('\n==============================')
print('\n\n\n')
```

运行代码，会得到该数据集的键值如图 5-13 所示。

```
代码运行结果：
==============================

dict_keys(['data', 'target', 'target_names', 'DESCR', 'feature_names'])

==============================
```

图 5-13 乳腺肿瘤数据集中的键值

【结果分析】从这个结果中可以看到，数据集包含的信息有特征数据 data、分类值 target、分类名称 target_names、数据描述 DESCR，以及特征名称 feature_names。

下面我们来看一下分类的名称和特征的名称，输入代码如下：

```
#打印数据集中标注好的肿瘤分类
print('肿瘤的分类：',cancer['target_names'])
#打印数据集中的肿瘤特征名称
print('\n肿瘤的特征：\n',cancer['feature_names'])
```

运行代码，会得到如图 5-14 的结果。

```
肿瘤的分类： ['malignant' 'benign']

肿瘤的特征：
 ['mean radius' 'mean texture' 'mean perimeter' 'mean area'
 'mean smoothness' 'mean compactness' 'mean concavity'
 'mean concave points' 'mean symmetry' 'mean fractal dimension'
 'radius error' 'texture error' 'perimeter error' 'area error'
 'smoothness error' 'compactness error' 'concavity error'
 'concave points error' 'symmetry error' 'fractal dimension error'
 'worst radius' 'worst texture' 'worst perimeter' 'worst area'
 'worst smoothness' 'worst compactness' 'worst concavity'
 'worst concave points' 'worst symmetry' 'worst fractal dimension']
```

图 5-14 数据集中肿瘤的分类与特征名称

【结果分析】就像我们之前所说，该数据集中肿瘤的分类包括恶性（Malignant）和良性（Benign），而特征值就多了很多，如半径、表面纹理的灰度值、周长值、表面积值、平滑度等。当然这些都涉及一定的医学知识，我们就不逐一展开了。

下面我们开始使用朴素贝叶斯算法进行建模。

5.3.2　使用高斯朴素贝叶斯进行建模

用我们的直觉来分析的话，这个数据集的特征值并不属于二项式分布，也不属于多项式分布，所以这里我们选择使用高斯朴素贝叶斯（GaussianNB）。不过首先，我们要将数据集拆分为训练集和测试集，输入代码如下：

```
#将数据集的数值和分类目标赋值给x和y
X, y = cancer.data, cancer.target
#使用数据集拆分工具拆分为训练集和测试集
X_train, X_test, y_train, y_test = train_test_split(X, y, random_state=38)
print('\n\n\n')
print('代码运行结果：')
print('==============================\n')
#打印训练集和测试集的数据形态
print('训练集数据形态：',X_train.shape)
print('测试集数据形态：',X_test.shape)
print('\n==============================')
print('\n\n\n')
```

运行代码，会得到结果如图 5-15 所示。

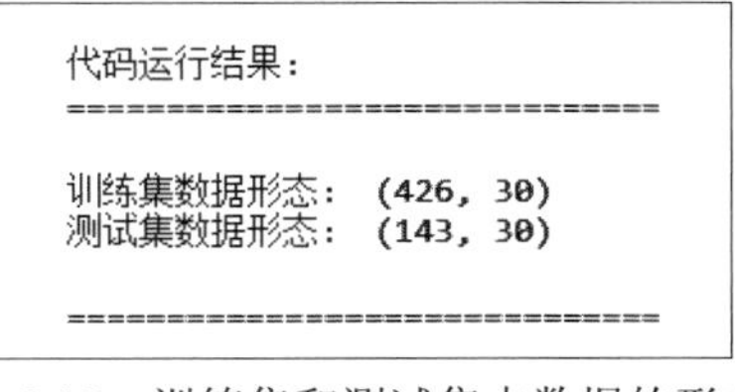
代码运行结果：
==============================
训练集数据形态： (426, 30)
测试集数据形态： (143, 30)
==============================

图 5-15　训练集和测试集中数据的形态

【结果分析】从结果中我们可以看到，通过使用 train_test_split 工具进行拆分，现在的训练集中有 426 个样本，而测试集中有 143 个样本，当然，特征数量都是 30 个。

下面我们开始用高斯朴素贝叶斯对训练数据集进行拟合，输入代码如下：

```
#使用高斯朴素贝叶斯拟合数据
gnb = GaussianNB()
gnb.fit(X_train, y_train)
print('\n\n\n')
print('代码运行结果：')
print('==============================\n')
#打印模型评分
```

```
print('训练集得分：{:.3f}'.format(gnb.score(X_train, y_train)))
print('测试集得分：{:.3f}'.format(gnb.score(X_test, y_test)))
print('\n==============================')
print('\n\n\n')
```

运行代码，将得到如图 5-16 所示的结果。

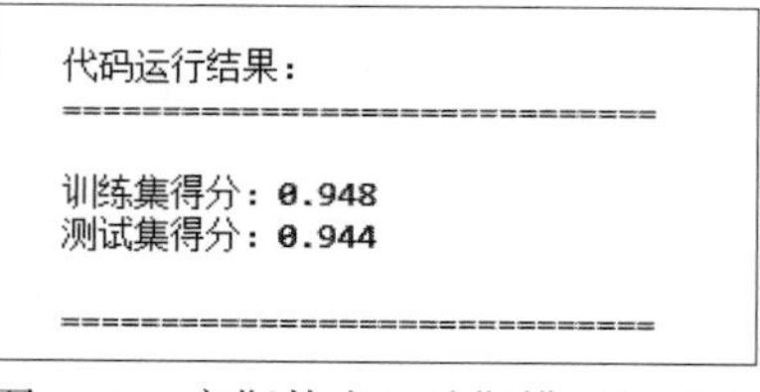
代码运行结果：
==============================

训练集得分：0.948
测试集得分：0.944

==============================

图 5-16　高斯朴素贝叶斯模型的得分

【结果分析】从结果中可以看到，GaussianNB 在训练集和测试集的得分都非常不错，均在 95% 左右。

下面我们随便用其中一个样本（如第 312 个样本）让模型进行一下预测，看是否可以分到正确的分类中，输入代码如下：

```
print('\n\n\n')
print('代码运行结果：')
print('==============================\n')
#打印模型预测的分类和真实的分类
print('模型预测的分类是：{}'.format(gnb.predict([X[312]])))
print('样本的正确分类是：',y[312])
print('\n==============================')
print('\n\n\n')
```

运行代码，会得到如图 5-17 所示的结果。

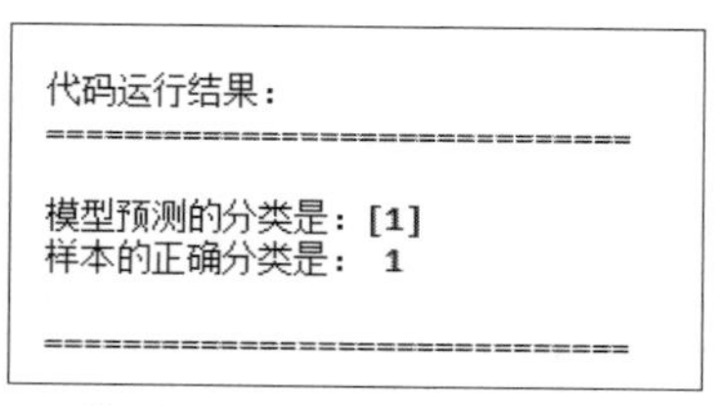
代码运行结果：
==============================

模型预测的分类是：[1]
样本的正确分类是： 1

==============================

图 5-17　模型预测的分类与其真实分类的对比

【结果分析】从结果中我们看到，模型对第 312 个样本所进行的分类和正确的分类完全一致，都是分类 1，也就是说，这个样本的肿瘤是一个良性的肿瘤。

5.3.3　高斯朴素贝叶斯的学习曲线

在机器学习中，有一个概念称为学习曲线（learning curve），指的是随着数据集样本数量的增加，模型的得分变化情况。下面我们一起来绘制一下高斯朴素贝叶斯在威斯康星乳腺肿瘤数据集中的学习曲线，输入代码如下：

```
#导入学习曲线库
from sklearn.model_selection import learning_curve
#导入随机拆分工具
from sklearn.model_selection import ShuffleSplit
#定义一个函数绘制学习曲线
def plot_learning_curve(estimator, title, X, y, ylim=None, cv=None,
                        n_jobs=1, train_sizes=np.linspace(.1, 1.0, 5)):
    plt.figure()
    plt.title(title)
    if ylim is not None:
        plt.ylim(*ylim)
#设定横轴标签
plt.xlabel("Training examples")
#设定纵轴标签
    plt.ylabel("Score")
    train_sizes, train_scores, test_scores = learning_curve(
        estimator, X, y, cv=cv, n_jobs=n_jobs, train_sizes=train_sizes)
    train_scores_mean = np.mean(train_scores, axis=1)
    test_scores_mean = np.mean(test_scores, axis=1)
    plt.grid()

    plt.plot(train_sizes, train_scores_mean, 'o-', color="r",
             label="Training score")
    plt.plot(train_sizes, test_scores_mean, 'o-', color="g",
             label="Cross-validation score")

    plt.legend(loc="lower right")
    return plt

#设定图题
title = "Learning Curves (Naive Bayes)"
#设定拆分数量
cv = ShuffleSplit(n_splits=100, test_size=0.2, random_state=0)
#设定模型为高斯朴素贝叶斯
estimator = GaussianNB()
#调用我们定义好的函数
plot_learning_curve(estimator, title, X, y, ylim=(0.9, 1.01), cv=cv, n_jobs=4)
#显示图片
plt.show()
```

运行代码，会得到如图 5-18 所示的结果。

【结果分析】从图 5-18 中可以看到，在训练数据集中，随着样本量的增加，模型的得分是逐渐降低的。这是因为随着样本数量增加，模型要拟合的数据越来越多，难度也越来越大。而模型的交叉验证得分的变化相对没有那么明显，从 10 个样本左右一直到接近 500 个样本为止，分数一直在 0.94 左右浮动。这说明高斯朴素贝叶斯在预测方面，对于样本数量的要求并没有那么苛刻。所以如果你的样本数量比较少的话，应该可以考虑使用朴素贝叶斯算法来进行建模。

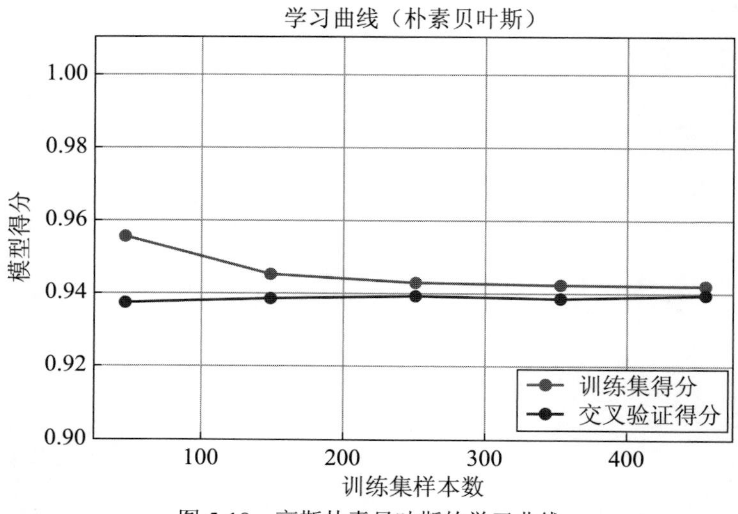

图 5-18　高斯朴素贝叶斯的学习曲线

5.4　小结

在本章中，我们一起学习了朴素贝叶斯算法和它的几种变体——贝努利朴素贝叶斯、高斯朴素贝叶斯和多项式朴素贝叶斯。贝努利朴素贝叶斯适合与二项式分布的数据集，而多项式朴素贝叶斯适合计数类型的数据集，即非负、离散数值的数据集，而高斯朴素贝叶斯适用的面就要广得多，它可以应用于任何连续数值型的数据集当中，当然如果是符合正态分布的数据集的话，高斯朴素贝叶斯模型的得分会更高。

相比起线性模型算法来说，朴素贝叶斯算法的效率要高一些，这是因为朴素贝叶斯算法会把数据集中的各个特征看作完全独立的，而不考虑特征之间的关联关系。但同时模型泛化的能力会稍微弱一点，不过一般情况下并不太影响实际的使用。尤其是在现在这个大数据时代，很多数据集的样本特征可能成千上万，这种情况下，模型的效率要比模型泛化性能多零点几个百分点的得分重要得多。在这种超高维度的数据集中，训练一个线性模型的时间可能会非常长，因此在这种情况下，朴素贝叶斯算法往往是一个更好的选择。

在第 6 章中，我们会一起学习决策树和随机森林算法，它们也是目前非常流行的算法之一，接下来我们马上开启新的旅程。

第 6 章　决策树与随机森林——会玩读心术的算法

按照惯例，我们还是用一个小故事来引入本章的内容：某天，小 C 的表妹小 Q 来找小 C，说她遇到了一点困扰——小 Q 的同事给她介绍了一个对象 Mr. Z，Mr. Z 现年 37 岁，在某省机关做文员工作。但是小 Q 的择偶标准是需要对方月薪在 5 万以上（不要骂小 Q 拜金，我们只是为了引入后面的内容），但是又不好直接问 Mr. Z，所以拿不定主意要不要和 Mr. Z 深入交往，想让小 C 帮忙做个决策。说到决策，小 C 自然想到决策树算法，而说到决策树算法，又自然会想到随机森林。

本章主要涉及的知识点有：

- 决策树的基本原理和构造
- 决策树的优势和不足
- 随机森林的基本原理和构造
- 随机森林的优势和不足
- 实例演示：小Q要不要和相亲对象进一步发展

6.1 决策树

决策树是一种在分类与回归中都有非常广泛应用的算法，它的原理是通过对一系列问题进行 if/else 的推导，最终实现决策。

6.1.1 决策树基本原理

记得有个在公司团建时候经常玩的游戏，称为“读心术”——在一组人里选出一个出题者，出题者在心中默想一个人或事物，其余的人可以提问题，但是出题者只能回答“是”或者“否”，游戏限定提问者一共只能提出 20 个问题。在 20 个问题内，如果有人猜中了出题者心里想的人或事物，则出题者输掉游戏；如果 20 个问题问完还没有人猜中，则出题者胜利。这个游戏就可以使用决策树的算法来进行表达。

举个例子：假设出题者心里想的是斯嘉丽•约翰逊、泰勒斯威夫特、吴彦祖、威尔•史密斯 4 个人中的一个，则提问决策树如图 6-1 所示。

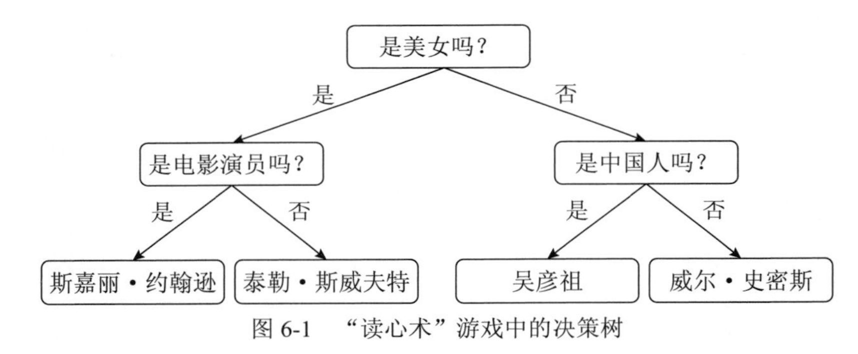

图 6-1 “读心术”游戏中的决策树

图 6-1 中，最终的 4 个节点，也就是 4 个人物的名字，被称为决策树的树叶。例子中的这棵决策树只有 4 片树叶，所以通过手动的方式就可以进行建模。但是如果样本的特征特别多，就不得不使用机器学习的办法来进行建模了。

6.1.2 决策树的构建

下面我们再次使用酒的数据集来演示一下决策树的构建，还记得在第 2 章做的实验吗？下面我们先载入酒的数据集，然后将它做成训练集和数据集，输入代码如下：

```
#导入numpy
import numpy as np
#导入画图工具
import matplotlib.pyplot as plt
```

```
from matplotlib.colors import ListedColormap
#导入tree模型和数据集加载工具
from sklearn import tree, datasets
#导入数据集拆分工具
from sklearn.model_selection import train_test_split
wine = datasets.load_wine()
#只选取数据集的前两个特征
X = wine.data[:,:2]
y = wine.target
#将数据集拆分为训练集和测试集
X_train, X_test, y_train, y_test = train_test_split(X,y)
```

现在完成了数据集的准备，开始用决策树分类器进行分类。

注意 **为了便于用图形进行演示，我们仍然只选取了数据集中样本的前两个特征。**

接下来，输入代码如下：

```
#设定决策树分类器最大深度为1
clf = tree.DecisionTreeClassifier(max_depth=1)
#拟合训练数据集
clf.fit(X_train,y_train)
```

运行代码，会得到如图 6-2 所示的结果。

```
DecisionTreeClassifier(class_weight=None, criterion='gini', max_depth=1,
            max_features=None, max_leaf_nodes=None,
            min_impurity_decrease=0.0, min_impurity_split=None,
            min_samples_leaf=1, min_samples_split=2,
            min_weight_fraction_leaf=0.0, presort=False, random_state=None,
            splitter='best')
```

图 6-2　决策树模型的全部参数

【结果分析】Jupyter Notebook 把分类器的参数返回，这些参数中，我们先关注其中之一，就是 max_depth 参数。这个参数指的是决策树的深度，也就是我们在玩“读心术”游戏的时候，所问的问题的数量，问题数量越多，就代表决策树的深度越深。现在我们使用的最大深度是 1，所以 max_depth = 1。

现在看看分类器的表现如何，我们把图形画出来，输入代码如下：

```
#定义图像中分区的颜色和散点的颜色
cmap_light = ListedColormap(['#FFAAAA', '#AAFFAA', '#AAAAFF'])
cmap_bold = ListedColormap(['#FF0000', '#00FF00', '#0000FF'])

#分别用样本的两个特征值创建图像和横轴和纵轴
x_min, x_max = X_train[:, 0].min() - 1, X_train[:, 0].max() + 1
y_min, y_max = X_train[:, 1].min() - 1, X_train[:, 1].max() + 1
xx, yy = np.meshgrid(np.arange(x_min, x_max, .02),
                     np.arange(y_min, y_max, .02))
Z = clf.predict(np.c_[xx.ravel(), yy.ravel()])
```

```
#给每个分类中的样本分配不同的颜色
Z = Z.reshape(xx.shape)
plt.figure()
plt.pcolormesh(xx, yy, Z, cmap=cmap_light)

#用散点把样本表示出来
plt.scatter(X[:, 0], X[:, 1], c=y, cmap=cmap_bold, edgecolor='k', s=20)
plt.xlim(xx.min(), xx.max())
plt.ylim(yy.min(), yy.max())
plt.title("Classifier:(max_depth = 1)")

plt.show()
```

运行代码，会得到结果如图 6-3 所示。

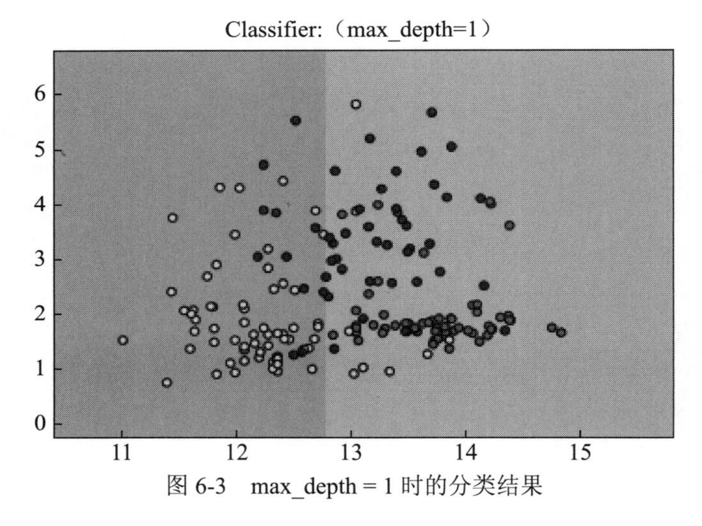

图 6-3　max_depth = 1 时的分类结果

【结果分析】很显然，最大深度等于 1 时分类器的表现肯定不会太好，分类器只分了两类。我们需要加大深度试试看结果会有什么变化。

输入代码如下：

```
#设定决策树最大深度为3
clf2 = tree.DecisionTreeClassifier(max_depth=3)
#重新拟合数据
clf2.fit(X_train,y_train)
```

这次我们让 max_depth = 3，同样再进行绘图，输入代码如下：

```
#定义图像中分区的颜色和散点的颜色
cmap_light = ListedColormap(['#FFAAAA', '#AAFFAA', '#AAAAFF'])
cmap_bold = ListedColormap(['#FF0000', '#00FF00', '#0000FF'])

#分别用样本的两个特征值创建图像和横轴和纵轴
x_min, x_max = X_train[:, 0].min() - 1, X_train[:, 0].max() + 1
```

```
y_min, y_max = X_train[:, 1].min() - 1, X_train[:, 1].max() + 1
xx, yy = np.meshgrid(np.arange(x_min, x_max, .02),
                     np.arange(y_min, y_max, .02))
Z = clf2.predict(np.c_[xx.ravel(), yy.ravel()])

#给每个分类中的样本分配不同的颜色
Z = Z.reshape(xx.shape)
plt.figure()
plt.pcolormesh(xx, yy, Z, cmap=cmap_light)

#用散点把样本表示出来
plt.scatter(X[:, 0], X[:, 1], c=y, cmap=cmap_bold, edgecolor='k', s=20)
plt.xlim(xx.min(), xx.max())
plt.ylim(yy.min(), yy.max())
plt.title("Classifier:(max_depth = 3)")

plt.show()
```

运行代码，将得到如图 6-4 所示的结果。

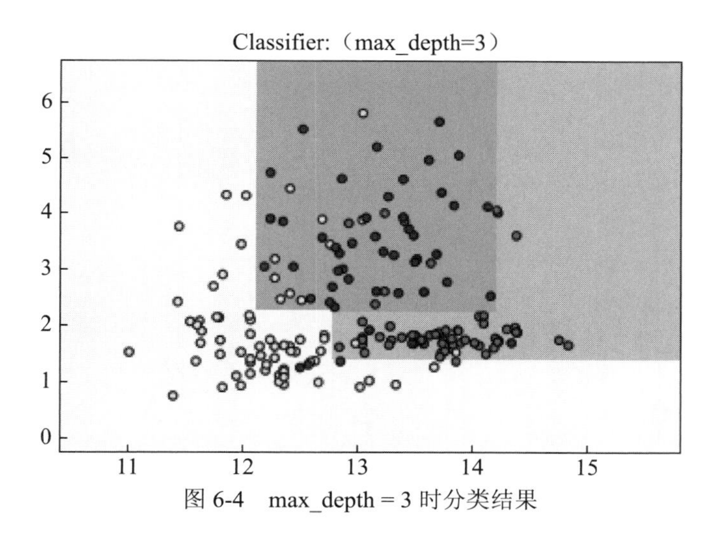

图 6-4　max_depth = 3 时分类结果

【结果分析】现在我们看到，当决策树最大深度设为 3 的时候，分类器能够进行 3 个分类的识别，而且大部分数据点都进入了正确的分类，当然还有一小部分数据点的分类是错误的，接下来我们进一步调整 max_depth 的值，看会有怎样的变化。

输入代码如下：

```
#设定决策树最大深度为5
clf3 = tree.DecisionTreeClassifier(max_depth=5)
#重新拟合数据
clf3.fit(X_train,y_train)
```

这次我们把 max_depth 的值设为 5，继续使用绘图的代码如下：

```
#定义图像中分区的颜色和散点的颜色
cmap_light = ListedColormap(['#FFAAAA', '#AAFFAA', '#AAAAFF'])
cmap_bold = ListedColormap(['#FF0000', '#00FF00', '#0000FF'])

#分别用样本的两个特征值创建图像和横轴和纵轴
x_min, x_max = X_train[:, 0].min() - 1, X_train[:, 0].max() + 1
y_min, y_max = X_train[:, 1].min() - 1, X_train[:, 1].max() + 1
xx, yy = np.meshgrid(np.arange(x_min, x_max, .02),
                     np.arange(y_min, y_max, .02))
Z = clf3.predict(np.c_[xx.ravel(), yy.ravel()])

#给每个分类中的样本分配不同的颜色
Z = Z.reshape(xx.shape)
plt.figure()
plt.pcolormesh(xx, yy, Z, cmap=cmap_light)

#用散点把样本表示出来
plt.scatter(X[:, 0], X[:, 1], c=y, cmap=cmap_bold, edgecolor='k', s=20)
plt.xlim(xx.min(), xx.max())
plt.ylim(yy.min(), yy.max())
plt.title("Classifier:(max_depth = 5)")

plt.show()
```

运行代码，会得到如图 6-5 所示的结果。

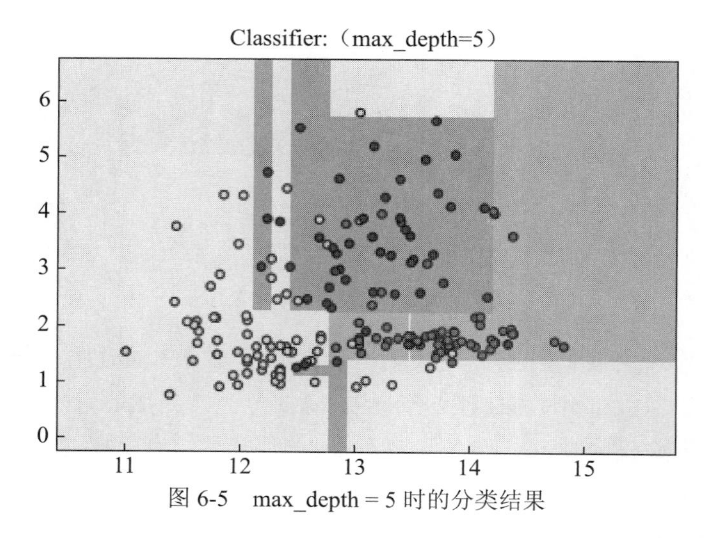

图 6-5　max_depth = 5 时的分类结果

【**结果分析**】现在可以看到，分类器的表现进一步提升了。它在更加努力地把每一个数据点放入正确的分类当中。

可能很多读者朋友会感到好奇，在这个过程中，决策树在每一层当中都做了哪些事情呢？我们可以用一个名叫 graphviz 的库来展示一下这个过程，首先需要安装这个库。在命令提示符中输入：

```
pip install graphviz
```

注意 **graphviz 只是帮助我们演示决策树的工作过程，对于读者来说，安装它并不是必须的。**

graphviz 的安装很快就会完成，我们现在就开始在 Jupyter notebook 中用它来将决策树的工作流程展示出来，输入代码如下：

```
#导入graphviz工具
import graphviz
#导入决策树中输出graphviz的接口
from sklearn.tree import export_graphviz
#选择最大深度为3的分类模型
export_graphviz(clf2, out_file="wine.dot", class_names=wine.target_names,
feature_names=wine.feature_names[:2], impurity=False, filled=True)
#打开一个dot文件
with open("wine.dot") as f:
dot_graph = f.read()
#显示dot文件中的图形
graphviz.Source(dot_graph)
```

运行代码，将得到如图 6-6 所示的结果。

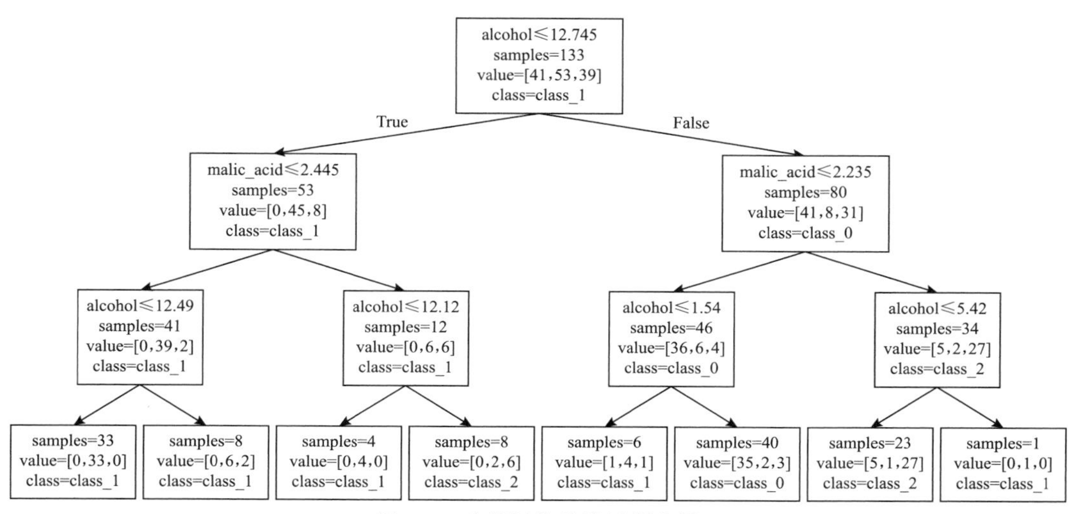

图 6-6　决策树的分类过程分析

注意 **为了控制图片不要太大，我们选择了用 max_depth=3 的分类器来绘制图形，这样可以方便大家观看。**

【结果分析】图 6-6 非常清晰地展现了决策树是如何进行预测的，这种展示方法非常便于我们向非专业人士来解释算法是如何进行工作的。先从决策树的根部开始看起，第一个条件是酒精含量小于或等于 12.745，samples = 133 指在根节点上，有 133 个样本。Value =[41, 53, 39] 是指有 41 个样本属于 class_0，53 个样本属于 class_1，其余 39 个样本属于 class_2。接下来我们跟着树枝一起前进，在酒精度小于或等于 12.745 这个条件为 True 的情况下，决策树判断分类为 class_1，如果是 False，则判断为 class_0，这样到下一层，判断为 class_1 的样本共有 53 个，而判断为 class_0 的样本则有 80 个，而再下一层则对酒的苹果酸含量进行判断，进一步对样本进行分类。左边 class_1 的分支的判断条件是苹果酸含量小于或等于 2.445，如果为 True，则再判断酒精含量是否小于或等于 12.49，如果为 False 则判断酒精含量是否低于 12.12，依此类推，直到将样本全部放进 3 个分类当中。

6.1.3 决策树的优势和不足

相比其他算法，决策树有一个非常大的优势，就是可以很容易地将模型进行可视化，就像我们在图 6-5 中所做的一样。这样就可以让非专业人士也可以看得明白。另外，由于决策树算法对每个样本特征进行单独处理，因此并不需要对数据进行转换（数据转换的概念我们会在第 10 章为大家介绍）。这样一来，如果使用决策树算法的话，我们几乎不需要对数据进行预处理。这也是决策树算法的一个优点。

当然，决策树算法也有它的不足之处——即便我们在建模的时候可以使用类似 max_depth 或是 max_leaf_nodes 等参数来对决策树进行预剪枝处理，但它还是不可避免会出现过拟合的问题，也就让模型的泛化性能大打折扣了。

为了避免过拟合的问题出现，可以使用集合学习的方法，也就是我们下面要介绍的——随机森林算法。

6.2 随机森林

常言道，不要为了一棵树放弃一片森林。这句话在机器学习算法方面也是非常正确的。虽然决策树算法简单易理解，而且不需要对数据进行转换，但是它的缺点也很明显——决策树往往容易出现过拟合的问题。不过这难不倒我们，因为我们可以让很多树组成团队来工作，也就是——随机森林。

6.2.1 随机森林的基本概念

先来一段比较官方的解释：随机森林有的时候也被称为是随机决策森林，是一种集合学习方法，既可以用于分类，也可以用于回归。而所谓集合学习算法，其实就是把多个机器学习算法综合在一起，制造出一个更加大模型的意思。这也就很好地解释了为什么这种算法称为随机森林了，如图 6-7 所示，因为它“有很多树”嘛！

图 6-7 随机森林的原理

在机器学习的领域，其实有很多中集合算法，目前应用比较广泛的就包括随机森林（Random Forests）和梯度上升决策树（Gradient Boosted Decision Trees， GBDT）。本书主要讲的是随机森林算法。

前面我们提到，决策树算法很容易出现过拟合的现象。那么为什么随机森林可以解决这个问题呢？因为随机森林是把不同的几棵决策树打包到一起，每棵树的参数都不相同，然后我们把每棵树预测的结果取平均值，这样即可以保留决策树们的工作成效，又可以降低过拟合的风险。这其实也是可以用数学方法推导出来的，不过我们一如既往地，不会讨论数学公式，接下来直接进入随机森林的构建环节。

6.2.2 随机森林的构建

这次我们继续用在决策树中来展示酒的数据集，在 Jupyter Notebook 中输入代码如下：

```
#导入随机森林模型
from sklearn.ensemble import RandomForestClassifier
载入红酒数据集
wine = datasets.load_wine()
#选择数据集前两个特征
X = wine.data[:,:2]
```

```
y = wine.target
#将数据集拆分为训练集和测试集
X_train, X_test, y_train, y_test = train_test_split(X,y)
#设定随机森林中有6棵树
forest = RandomForestClassifier(n_estimators=6,random_state=3)
#使用模型拟合数据
forest.fit(X_train, y_train)
```

运行代码，会得到结果如图 6-8 所示。

```
DecisionTreeClassifier(class_weight=None, criterion='gini', max_depth=3,
            max_features=None, max_leaf_nodes=None,
            min_impurity_decrease=0.0, min_impurity_split=None,
            min_samples_leaf=1, min_samples_split=2,
            min_weight_fraction_leaf=0.0, presort=False, random_state=None,
            splitter='best')
```

图 6-8　随机森林的模型参数

【结果分析】可以看到，随机森林向我们返回了包含其自身全部参数的信息，让我们重点看一下其中几个必要重要的参数。

首先是 bootstrap 参数，代表的是 bootstrap sample，也就是“有放回抽样”的意思，指每次从样本空间中可以重复抽取同一个样本（因为样本在第一次被抽取之后又被放回去了），形象一点来说，如原始样本是 [' 苹果 ', ' 西瓜 ', ' 香蕉 ', ' 桃子 ']，那么经过 bootstrap sample 重构的样本就可能是 [' 西瓜 ', ' 西瓜 ', ' 香蕉 ', ' 桃子 ']，还有可能是 [' 苹果 ', ' 香蕉 ', ' 桃子 ', ' 桃子 ']。Bootstrap sample 生成的数据集和原始数据集在数据量上是完全一样的，但由于进行了重复采样，因此其中有一些数据点会丢失。

看到这里，读者可能会问为什么要生成 bootstrap sample 数据集。这是因为通过重新生成数据集，可以让随机森林中的每一棵决策树在构建的时候，会彼此之间有些差异。再加上每棵树的节点都会去选择不同的样本特征，经过这两步动作之后，可以完全肯定随机森林中的每棵树都不一样，这也符合我们使用随机森林的初衷。

接下来模型会基于新数据集建立一棵决策树，在随机森林当中，算法不会让每棵决策树都生成最佳的节点，而是会在每个节点上随机地选择一些样本特征，然后让其中之一有最好的拟合表现。在这里，我们是用 max_features 这个参数来控制所选择的特征数量最大值的，在不进行指定的情况下，随机森林默认自动选择最大特征数量。

而关于 max_features 参数的设置，还是有些讲究的。假如把 max_features 设置为样本全部的特征数 n_features 就意味着模型会在全部特征中进行筛选，这样在特征选择这一步，就没有随机性可言了。而如果把 max_features 的值设为 1，就意味着模型在数据特征上完全没有选择的余地，只能去寻找这 1 个被随机选出来的特征向量的阈值了。所以说，max_features 的取值越高，随机森林里的每一棵决策树就会“长得更像”，它们因为有更多的不同特征可以选择，也就会更容易拟合数据；反之，如果 max_features 取值越低，就会迫使每棵决策树的样子更加不同，而且因为特征太少，决策树们不得不制造更多节点来拟合数据。

另外还有一个要强调的参数，是 n_estimators，这个参数控制的是随机森林中决策树的数量。在随机森林构建完成之后，每棵决策树都会单独进行预测。如果是用来进行回归分析的话，随机森林会把所有决策树预测的值取平均数；如果是用来进行分类的话，在森林内部会进行“投票”，每棵树预测出数据类别的概率，比如其中一棵树说，“这瓶酒 80% 属于 class_1”，另外一棵树说，“这瓶酒 60% 属于 class_2”，随机森林会把这些概率取平均值，然后把样本放入概率最高的分类当中。

下面我们用图像直观地看一下随机森林分类的表现，输入代码如下：

```
#定义图像中分区的颜色和散点的颜色
cmap_light = ListedColormap(['#FFAAAA', '#AAFFAA', '#AAAAFF'])
cmap_bold = ListedColormap(['#FF0000', '#00FF00', '#0000FF'])

#分别用样本的两个特征值创建图像和横轴和纵轴
x_min, x_max = X_train[:, 0].min() - 1, X_train[:, 0].max() + 1
y_min, y_max = X_train[:, 1].min() - 1, X_train[:, 1].max() + 1
xx, yy = np.meshgrid(np.arange(x_min, x_max, .02),
                     np.arange(y_min, y_max, .02))
Z = forest.predict(np.c_[xx.ravel(), yy.ravel()])

#给每个分类中的样本分配不同的颜色
Z = Z.reshape(xx.shape)
plt.figure()
plt.pcolormesh(xx, yy, Z, cmap=cmap_light)

#用散点把样本表示出来
plt.scatter(X[:, 0], X[:, 1], c=y, cmap=cmap_bold, edgecolor='k', s=20)
plt.xlim(xx.min(), xx.max())
plt.ylim(yy.min(), yy.max())
plt.title("Classifier:RandomForest")

plt.show()
```

运行代码，会得到如图 6-9 的结果。

【结果分析】如果把图 6-9 和图 6-5 进行对比，可以发现随机森林所进行的分类要更加细腻一些，对训练数据集的拟合更好。读者朋友可以自己试试调节 n_estimator 参数和 random_state 参数，看看分类器的表现会有怎样的变化。

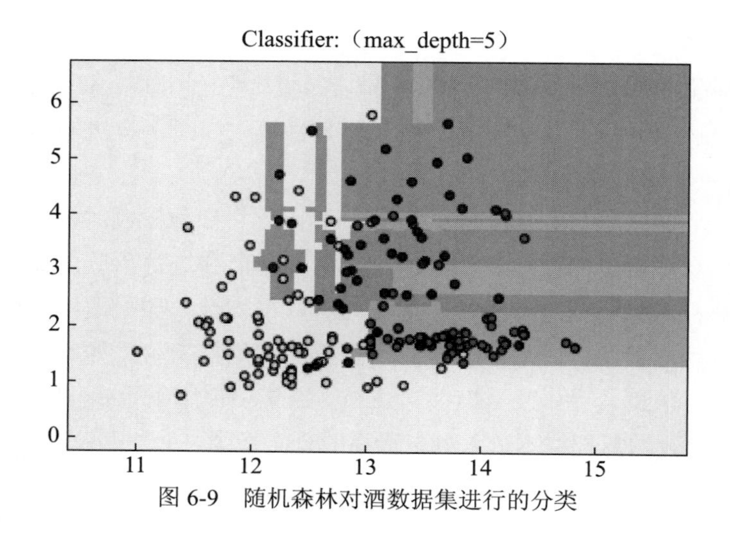

图 6-9　随机森林对酒数据集进行的分类

6.2.3　随机森林的优势和不足

目前在机器学习领域，无论是分类还是回归，随机森林都是应用最广泛的算法之一。可以说随机森林十分强大，使用决策树并不需要用户过于在意参数的调节。而且，和决策树一样，随机森林算法也不要求对数据进行预处理。

从优势的角度来说，随机森林集成了决策树的所有优点，而且能够弥补决策树的不足。但也不是说决策树算法就被彻底抛弃了。从便于展示决策过程的角度来说，决策树依旧表现强悍。尤其是随机森林中每棵决策树的层级要比单独的决策树更深，所以如果需要向非专业人士展示模型工作过程的话，还是需要用到决策树的。

还有，随机森林算法支持并行处理。对于超大数据集来说，随机森林会比较耗时（毕竟要建立很多决策树），不过我们可以用多进程并行处理的方式来解决这个问题。实现方式是调节随机森林的 n_jobs 参数，记得把 n_jobs 参数数值设为和 CPU 内核数一致，比如你的 CPU 内核数是 2，那么 n_jobs 参数设为 3 或者更大是没有意义的。当然如果你搞不清楚自己的 CPU 到底就多少内核，可以设置 n_jobs = -1，这样随机森林会使用 CPU 的全部内核，速度就会极大提升了。

需要注意的是，因为随机森林生成每棵决策树的方法是随机的（所以名字叫随机森林嘛），那么不同的 random_state 参数会导致模型完全不同，所以如果不希望建模的结果太过于不稳定，一定要固化 random_state 这个参数的数值。

不过，虽然随机森林有诸多优点，尤其是并行处理功能在处理超大数据集时能提供良好的性能表现。但它也有不足，例如，对于超高维数据集、稀疏数据集等来说，随机森林就有点捉襟见肘了，在这种情况下，线性模型要比随机森林的表现更好一些。还有，随机森林相对更消耗内存，速度也比线性模型要慢，所以如果程序希望更节省内存和时间的话，建议还是选择线性模型。

6.3　随机森林实例——要不要和相亲对象进一步发展

在了解了决策树的基本概念和工作原理之后，我们言归正传，让小 C 用决策树算法来帮小 Q 拿个主意，到底要不要和相亲对象进一步发展呢？小 C 思忖良久，想不出如何建模，突然，他灵光乍现，有了主意……

6.3.1　数据集的准备

网上有一个著名的数据集——成年人数据集，包括了数万条样本数据。其中，样本特征包括年龄、工作单位性质、统计权重、学历、受教育时长、婚姻状况、职业、家庭情况、种族、性别、资产所得、资产损失、每周工作时长、原籍、收入（大于 5 万或者小于等于 5 万）。这个数据集用来帮小 Q 做决策真是再合适不过了。

于是小 C 去下载了这个数据集，下载地址如下：

```
http://archive.ics.uci.edu/ml/machine-learning-databases/adult/
```

下载好的数据集是 .data 格式的文件，不过不用担心，它其实就是一个 csv 文件，我们可以把它重名为 adult.csv，这样可以直接用 Excel 打开。现在来看一下打开后的样子，如图 6-10 所示。

39	State-gov	77516	Bachelor	13	Never-ma	Adm-clerical	Not-in-fa	White	Male	2174	0	40	United-S	<=50K
50	Self-emp-not-inc	83311	Bachelor	13	Married-	Exec-manageria	Husband	White	Male	0	0	13	United-S	<=50K
38	Private	215646	HS-grad	9	Divorced	Handlers-clean	Not-in-fa	White	Male	0	0	40	United-S	<=50K
53	Private	234721	11th	7	Married-	Handlers-clean	Husband	Black	Male	0	0	40	United-S	<=50K
28	Private	338409	Bachelor	13	Married-	Prof-specialty	Wife	Black	Female	0	0	40	Cuba	<=50K
37	Private	284582	Masters	14	Married-	Exec-manageria	Wife	White	Female	0	0	40	United-S	<=50K
49	Private	160187	9th	5	Married-	Other-service	Not-in-fa	Black	Female	0	0	16	Jamaica	<=50K
52	Self-emp-not-inc	209642	HS-grad	9	Married-	Exec-manageria	Husband	White	Male	0	0	45	United-S	>50K
31	Private	45781	Masters	14	Never-ma	Prof-specialty	Not-in-fa	White	Female	14084	0	50	United-S	>50K
42	Private	159449	Bachelor	13	Married-	Exec-manageria	Husband	White	Male	5178	0	40	United-S	>50K
37	Private	280464	Some-col	10	Married-	Exec-manageria	Husband	Black	Male	0	0	80	United-S	>50K

图 6-10　Adult 数据集前十条数据

从图 6-10 中，可以看出，从左数第一列是样本人群的年龄；第二列是样本人群的工作单位性质；第三列是 fnlwgt——final weight，是一个统计用的权重值；然后依次是学历、受教育时长、婚姻状况、职业、家庭情况、种族、性别、资产所得、资产损失、周工作时长、原国籍和收入。下面我们在 Jupyter Notebook 里载入这个数据集，输入代码如下：

```
#导入pandas库
import pandas as pd
#用pandas打开csv文件
data = pd.read_csv('adult.csv', header=None, index_col=False,
                   names=['年龄','单位性质','权重','学历','受教育时长',
                          '婚姻状况','职业','家庭情况','种族','性别',
                          '资产所得','资产损失','周工作时长','原籍',
                          '收入'])
#为了方便展示，我们选取其中一部分数据
data_lite = data[['年龄','单位性质','学历','性别','周工作时长',
                  '职业','收入']]
#下面看一下数据的前5行是不是我们想要的结果
display(data_lite.head())
```

运行代码，会得到结果如图 6-11 所示。

	年龄	单位性质	学历	性别	周工作时长	职业	收入
0	39	State-gov	Bachelors	Male	40	Adm-clerical	<=50K
1	50	Self-emp-not-inc	Bachelors	Male	13	Exec-managerial	<=50K
2	38	Private	HS-grad	Male	40	Handlers-cleaners	<=50K
3	53	Private	11th	Male	40	Handlers-cleaners	<=50K
4	28	Private	Bachelors	Female	40	Prof-specialty	<=50K

图 6-11　经过筛选的数据

注意　为了方便演示，我们只选了年龄、单位性质、学历、性别、周工作时长、职业和收入等特征。

6.3.2　用get_dummies处理数据

看到这里，可能有读者朋友会问一个问题，在现在这个数据集中，单位性质、学历、性别、职业还有收入都不是整型数值，而是字符串，怎么使用我们现在所学的知识进行建模呢？这里我们要用到 pandas 的一个功能，叫作 get_dummies，它可以在现有的数据集上添加虚拟变量，让数据集变成可以用的格式。这个方法我们在后面的章节还会详细讲解，现在我们先使用它就好了，在 Jupyter Notebook 中输入代码如下：

```
#使用get_dummies将文本数据转化为数值
data_dummies = pd.get_dummies(data_lite)
#对比样本原始特征和虚拟变量特征
print('样本原始特征:\n',list(data_lite.columns),'\n')
print('虚拟变量特征:\n',list(data_dummies.columns))
```

运行代码，将得到结果如图 6-12 所示。

```
样本原始特征:
 ['年龄', '单位性质', '学历', '性别', '周工作时长', '职业', '收入']

虚拟变量特征:
 ['年龄', '周工作时长', '单位性质_ ?', '单位性质_ Federal-gov', '单位性质_ Local-go
v', '单位性质_ Never-worked', '单位性质_ Private', '单位性质_ Self-emp-inc', '单位
性质_ Self-emp-not-inc', '单位性质_ State-gov', '单位性质_ Without-pay', '学历_ 1
0th', '学历_ 11th', '学历_ 12th', '学历_ 1st-4th', '学历_ 5th-6th', '学历_ 7th-8t
h', '学历_ 9th', '学历_ Assoc-acdm', '学历_ Assoc-voc', '学历_ Bachelors', '学历_
Doctorate', '学历_ HS-grad', '学历_ Masters', '学历_ Preschool', '学历_ Prof-scho
ol', '学历_ Some-college', '性别_ Female', '性别_ Male', '职业_ ?', '职业_ Adm-cl
erical', '职业_ Armed-Forces', '职业_ Craft-repair', '职业_ Exec-managerial',
'职业_ Farming-fishing', '职业_ Handlers-cleaners', '职业_ Machine-op-inspct',
'职业_ Other-service', '职业_ Priv-house-serv', '职业_ Prof-specialty', '职业_ Pr
otective-serv', '职业_ Sales', '职业_ Tech-support', '职业_ Transport-moving',
'收入_ <=50K', '收入_ >50K']
```

图 6-12　数据集中原始特征和虚拟变量特征的对比

【**结果分析**】大家可以看到，get_dummies 很聪明，它把字符串类型的特征拆分开，如把单位性质分为“单位性质 _Federal-gov” “单位性质 _Local-gov ”等，如果样本人群的工作单位是联邦政府，那么“单位性质 _Federal-gov”这个特征的值就是 1，而其他的工作单位性质特征值就会是 0，这样就把字符串巧妙地转换成了 0 和 1 这两个整型数值。

下面我们看下进行 get_dummies 后数据集的样子，用如下的代码显示前 5 行数据：

```
#显示数据集中的前5行
data_dummies.head()
```

运行代码，将会得到结果如图 6-13 所示。

	年龄	周工作时长	单位性质_?	单位性质_Federal-gov	单位性质_Local-gov	单位性质_Never-worked	单位性质_Private	单位性质_Self-emp-inc	单位性质_Self-emp-not-inc	单位性质_State-gov	...	职业_Machine-op-inspct	职业_Other-service	职业_Priv-house-serv
0	39	40	0	0	0	0	0	0	0	1	...	0	0	0
1	50	13	0	0	0	0	0	0	1	0	...	0	0	0
2	38	40	0	0	0	0	1	0	0	0	...	0	0	0
3	53	40	0	0	0	0	1	0	0	0	...	0	0	0
4	28	40	0	0	0	0	1	0	0	0	...	0	0	0

5 rows × 46 columns

图 6-13　经过 get_dummies 处理的数据集

从图 6-13 中可以看出，新的数据集已经扩充到了 46 列，原因就是 get_dummies 把原数据集的特征拆分成了很多列。现在我们把各列分配给特征向量 X 和分类标签 y，输入代码如下：

```
#定义数据集的特征值
features = data_dummies.loc[:,'年龄':'职业_ Transport-moving']
#将特征数值赋值为X
X = features.values
#将收入大于50k作为预测目标
y = data_dummies['收入_ >50K'].values
```

```
print('\n\n\n')
print('代码运行结果: ')
print('==============================\n')
#打印数据形态
print('特征形态:{} 标签形态:{}'.format(X.shape, y.shape))
print('\n==============================')
print('\n\n\n')
```

在这段代码中，我们让特征为“年龄”这一列到“职业_Transportation-moving”这一列，而标签 y 是“收入_>50k”这一列，如果大于 50k，则 y=1，反之 y=0。运行代码，会得到结果如图 6-14 所示。

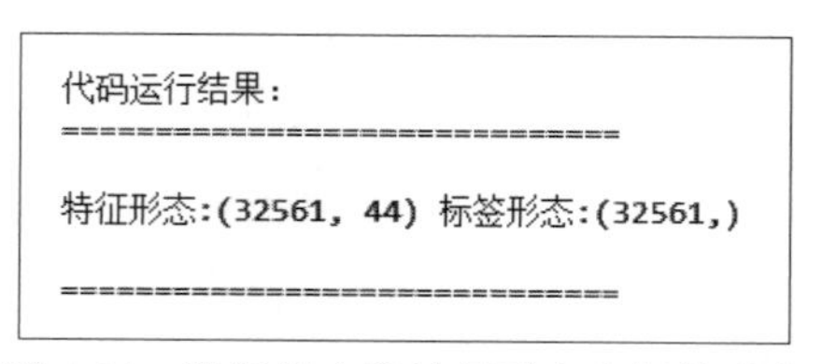
代码运行结果:
==============================
特征形态:(32561, 44) 标签形态:(32561,)
==============================

图 6-14　数据集中的特征形态和标签形态

6.3.3　用决策树建模并做出预测

现在可以清晰看出，数据集中共有 32561 条样本数据，每条数据有 44 个特征值，下面就到了大家最熟悉的地方——将数据集拆分成训练集和测试集，然后用决策树算法进行建模，并对模型进行评估。输入代码如下：

```
#将数据及拆分为训练集和测试集
X_train,X_test,y_train,y_test = train_test_split(X,y,random_state=0)
#用最大深度为5的随机森林拟合数据
go_dating_tree = tree.DecisionTreeClassifier(max_depth=5)
go_dating_tree.fit(X_train,y_train)
print('\n\n\n')
print('代码运行结果: ')
print('==============================\n')
print('模型得分:{:.2f}'.format(go_dating_tree.score(X_test,y_test)))
print('\n==============================')
print('\n\n\n')
```

运行代码，会得到如图 6-15 所示的结果。

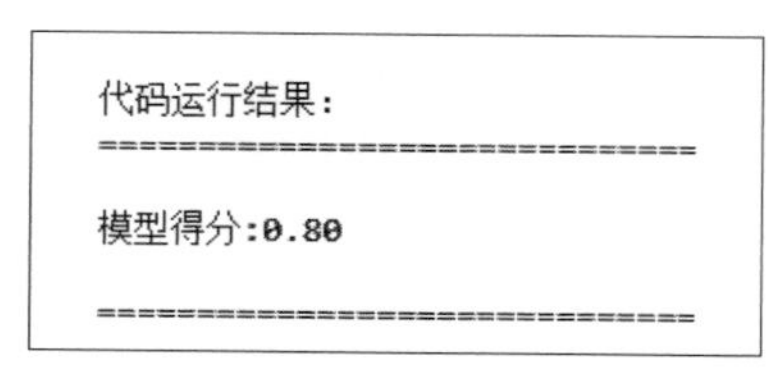
代码运行结果:
==============================
模型得分:0.80
==============================

图 6-15　随机森林的模型得分

【结果分析】可以看到，基于训练数据集训练的模型在测试集得到了 0.8 的评分，可以说还是可以接受的，也就是说这个模型的预测准确率在 80%，相信完全可以给小 Q 提供足够的参考了。

通过小 Q 的描述，我们知道 Mr. Z 年龄是 37 岁，在省机关工作，学历是硕士，性别男（当然了……），每周工作 40 小时，职业是文员，现在我们把 Mr. Z 的数据进行输入，并用模型对他的收入进行预测。输入代码如下：

```
#将Mr Z的数据输入给模型
Mr_Z =[[37, 40,0,0,0,0,0,0,1,0,0,0,0,0,0,0,0,0,0,0,0,0,0,1,0,0,0,0,1,0,1,
        0,0,0,0,0,0,0,0,0,0,0,0,0]]
#使用模型做出预测
dating_dec = go_dating_tree.predict(Mr_Z)
print('\n\n\n')
print('代码运行结果：')
print('================================\n')
if dating_dec == 1:
    print("大胆去追求真爱吧，这哥们月薪过5万了！")
else:
    print("不用去了，不满足你的要求")
print('\n================================')
print('\n\n\n')
```

运行代码，我们会得到一个令人心碎的结果，如图 6-16 所示。

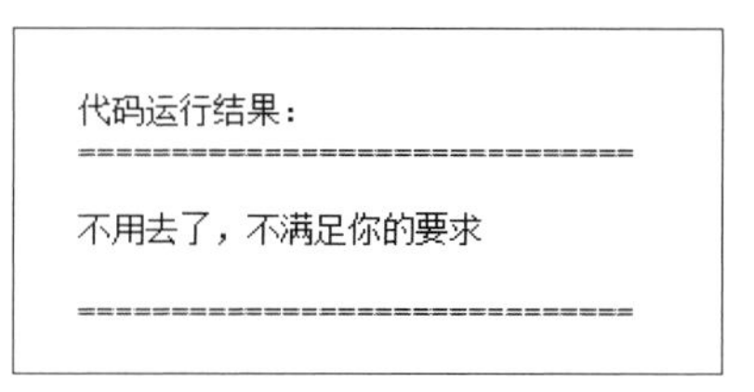

图 6-16　模型预测小 Q 是否应该与 Mr.Z 深入交往

【结果分析】是的，机器冷冰冰地告诉小 Q 这个残酷的事实，Mr. Z 并不符合她的要求。当然，出于常识，我们也能清楚省机关的文职工作人员的收入不太可能超过 5 万，否则反腐工作就没什么成效了。

注意 **本节中用到的 adult 数据集其实是从美国 1994 年人口普查数据库抽取而来，而且其中的收入指的是年收入，并非月收入。我们只是用这个数据集来演示决策树的用法，其结论对我们真实生活场景的参考意义不大。**

以上是使用决策树的一个实例，读者朋友可以试着用同样的数据集，使用随机森林算法再进行一遍预测，看看结果是否会有所不同。

6.4 小结

在本章中，我们先设定了一个问题：小 Q 要不要和相亲对象进一步交往。基于这个应用场景我们介绍了决策树和随机森林的原理、用法，以及优势不足等。在掌握了这两个算法之后，我们用 adult 数据集训练了决策树模型，并帮小 Q 做出了判断，希望读者朋友可以自己动手试试看用随机森林算法再进行一次预测，试试看调节各项参数对结果有什么影响。

此外，除了上述我们讲解的功能，决策树和随机森林还有一个特别"体贴"的功能，就是可以帮助用户在数据集中对数据特征的重要性进行判断。这样一来，我们还可以通过这两个算法对高维数据集进行分析，在诸多特征中保留最重要的几个，这样也便于我们对数据进行降维处理。这部分内容我们在第 11 章中还会有详细的讲解。

当然，目前应用广泛的集成算法还有"梯度上升决策树"（Gradient Boosting Decision Trees，GBDT），限于篇幅，本章暂不详细讲解，感兴趣的读者朋友也可以到 scikit-learn 官网上查看相关的文档。

第 7 章 支持向量机 SVM——专治线性不可分

又到了作者绞尽脑汁给小 C 设计任务的时候了，这一次需要帮助的是小 C 的室友小 D。小 D 最近也交了一个女朋友，但是这个女孩好像非常情绪化，喜怒无常，让小 D 捉摸不透。面对如此棘手的难题，小 D 只好来请教小 C。当然对于小 C 来说，这个问题也很难办，因为小 D 女朋友的情绪完全不是“线性可分”的，于是小 C 想到了 SVM 算法，也就是大名鼎鼎的——支持向量机。

本章主要涉及的知识点有：

- 支持向量机的基本原理和构造
- 支持向量机的核函数
- 支持向量机的参数调节
- 支持向量机实例——对波士顿房价进行回归分析

7.1 支持向量机 SVM 基本概念

7.1.1 支持向量机SVM的原理

首先，我们要先了解一下什么是“线性可分”和“线性不可分”。举个例子，我们知道男生是很简单的动物，假设，只是假设，男生的情绪分布如图 7-1 所示。

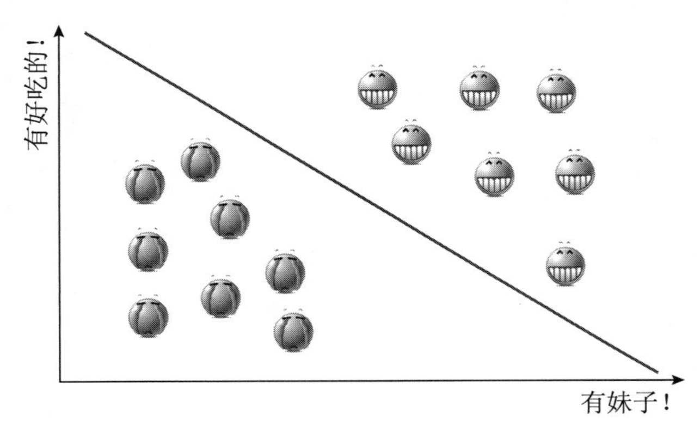

图 7-1　假设的男生情绪分布

可以看到，当我们提取样本特征是“是否有妹子”和“是否有好吃的”这两项的时候，能够很容易用图中的直线把男生的情绪分成“开心”和“不开心”两类，这种情况下我们说样本是线性可分的。

但是呢，女生的情绪可能要复杂很多，有时候从男生的角度来看，她们的情绪分布可能是如图 7-2 所示的这样：

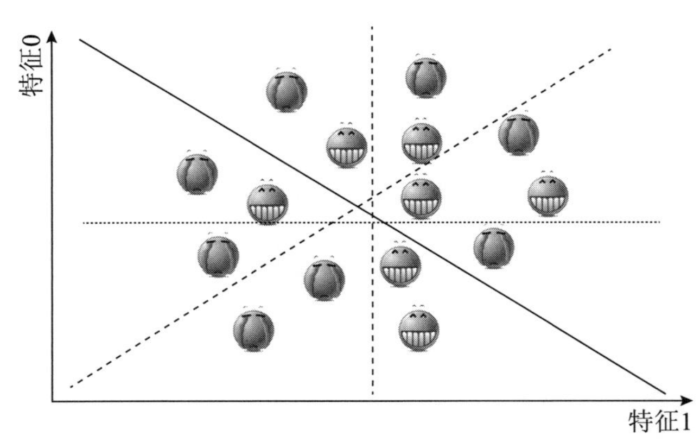

图 7-2　假设的女生情绪分布

从图 7-2 中我们已经可以感受到线性模型“深深的绝望”了，无论是用哪一条直线，都无法将女生的情绪进行正确的分类。在这种情况下，我们说样本是线性不可分的。那怎么办？是不是就真的束手无策了呢？

不要怕！我们有强大的 SVM 支持向量机，它的核函数功能可以帮助到我们。现在大家想象一下，假如“开心”的情绪是轻飘飘的，而“不开心”的情绪是沉重的，我们把图 7-2 扔到水里，“开心”就会漂浮起来，而“不开心”就会沉下去，变成图 7-3 所示的样子。

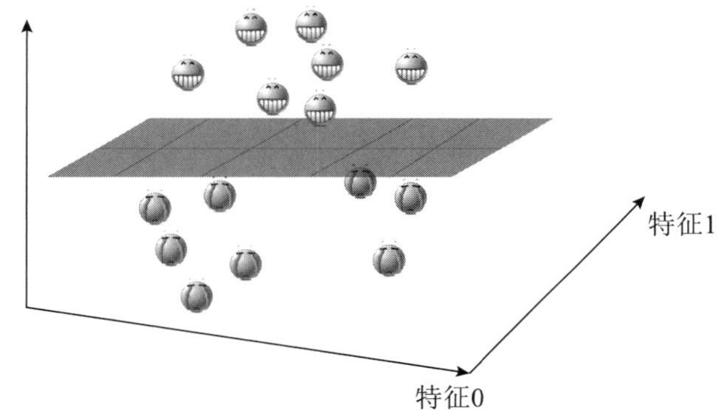

图 7-3　转换之后的女生情绪分布

从图 7-3 中，我们看到，经过处理之后的数据，很容易用一块玻璃板将两种心情进行分类了。如果从正上方向下看，将三维视图还原成二维，那么你可能会发现分类器是图 7-4 的样子。

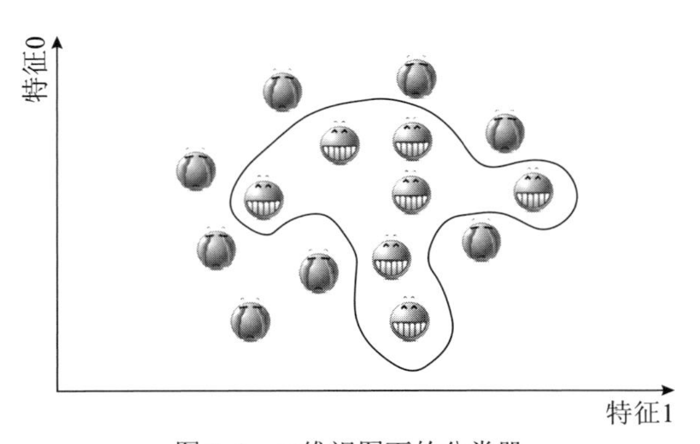

图 7-4　二维视图下的分类器

如果这样看起来的话，这一点也不像是线性分类器的样子了。而刚才我们通过利用“开心”和“不开心”的重量差实现将二维数据变成三维的过程，称为将数据投射至高维空间。这正是 SVM 算法的核函数（kernel trick）功能，在 SVM 中用得最普遍的两种把数据投射到高维空间的方法分别是多项式内核（Polynomial kernel）和径向基内核（Radial basis function kernel，RBF）。其中多项式内核比较容易理解，它是通过把样本原始特征进行乘方来把数据投射到高维空间，比如特征 1 乘 2 次方、特征 2 乘 3 次方，特征 3 乘 5 次方等。而 RBF 内核也被称为高斯内核（Gaussian kernel），接下来我们详细介绍一下 RBF 内核。

7.1.2 支持向量机SVM的核函数

在 SVM 算法中，训练模型的过程实际上是对每个数据点对于数据分类决定边界的重要性进行判断。也就是说，在训练数据集中，只有一部分数据对于边界的确定是有帮助的，而这些数据点就是正好位于决定边界上的。这些数据被称为“支持向量”（support vectors），这也是“支持向量机”名字的由来。下面我们用图像来直观理解一下，在 Jupyter Notebook 中输入代码如下：

```
#导入numpy
import numpy as np
#导入画图工具
import matplotlib.pyplot as plt
#导入支持向量机SVM
from sklearn import svm
#导入数据集生成工具
from sklearn.datasets import make_blobs

# 先创建50个数据点，让它们分为两类
X, y = make_blobs(n_samples=50, centers=2, random_state=6)

# 创建一个线性内核的支持向量机模型
clf = svm.SVC(kernel='linear', C=1000)
clf.fit(X, y)
# 把数据点画出来
plt.scatter(X[:, 0], X[:, 1], c=y, s=30, cmap=plt.cm.Paired)

#建立图像坐标
ax = plt.gca()
xlim = ax.get_xlim()
ylim = ax.get_ylim()

#生成两个等差数列
xx = np.linspace(xlim[0], xlim[1], 30)
yy = np.linspace(ylim[0], ylim[1], 30)
YY, XX = np.meshgrid(yy, xx)
xy = np.vstack([XX.ravel(), YY.ravel()]).T
Z = clf.decision_function(xy).reshape(XX.shape)

# 把分类的决定边界画出来
```

```
ax.contour(XX, YY, Z, colors='k', levels=[-1, 0, 1], alpha=0.5,
           linestyles=['--', '-', '--'])

ax.scatter(clf.support_vectors_[:, 0], clf.support_vectors_[:, 1], s=100,
           linewidth=1, facecolors='none')
plt.show()
```

运行代码，会得到结果如图 7-5 所示。

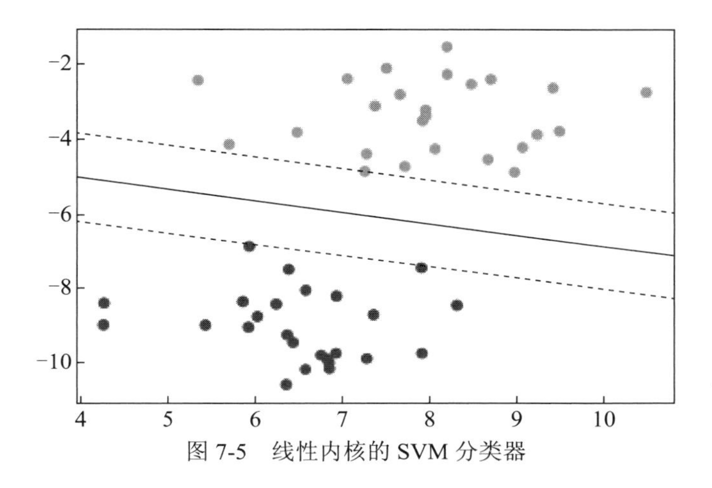

图 7-5　线性内核的 SVM 分类器

【**结果分析**】从图 7-5 中，可以清晰地看到，在分类器两侧分别有两条虚线，那些正好压在虚线上的数据点，就是我们刚刚提到的支持向量。而本例使用的这种方法称为“最大边界间隔超平面”（Maximum Margin Separating Hyperplane）。指的是说中间这条实线（在高维数据中是一个超平面），和所有支持向量之间的距离，都是最大的。

如果我们把 SVM 的内核换成是 RBF，会得到怎样的结果呢？下面我们输入代码如下:

```
# 创建一个RBF内核的支持向量机模型
clf_rbf = svm.SVC(kernel='rbf', C=1000)
clf_rbf.fit(X, y)
# 把数据点画出来
plt.scatter(X[:, 0], X[:, 1], c=y, s=30, cmap=plt.cm.Paired)

#建立图像坐标
ax = plt.gca()
xlim = ax.get_xlim()
ylim = ax.get_ylim()

#生成两个等差数列
xx = np.linspace(xlim[0], xlim[1], 30)
yy = np.linspace(ylim[0], ylim[1], 30)
YY, XX = np.meshgrid(yy, xx)
xy = np.vstack([XX.ravel(), YY.ravel()]).T
Z = clf_rbf.decision_function(xy).reshape(XX.shape)
```

```
# 把分类的决定边界画出来
ax.contour(XX, YY, Z, colors='k', levels=[-1, 0, 1], alpha=0.5,
           linestyles=['--', '-', '--'])

ax.scatter(clf_rbf.support_vectors_[:, 0], clf_rbf.support_vectors_[:, 1],
s=100,
           linewidth=1, facecolors='none')
plt.show()
```

运行代码，这次得到的结果如图 7-6 所示。

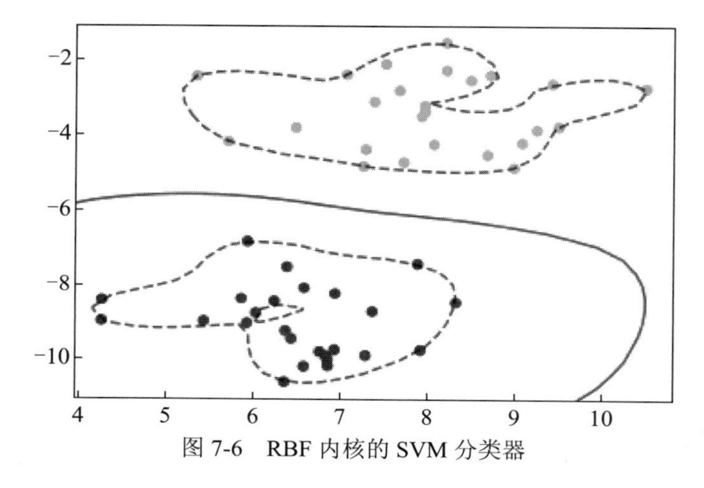

图 7-6　RBF 内核的 SVM 分类器

【**结果分析**】从图 7-6 中，我们看到分类器的样子变得完全不一样了，这是因为当我们使用 RBF 内核的时候，数据点之间的距离是用如下公式来计算的：

$$k_{rbf}(x_1, x_2) = \exp(\gamma\|x_1 - x_2\|^2)$$

公式中的 x_1 和 x_2 代表两个不同的数据点，而 $\|x_1 - x_2\|$ 代表两个点之间的欧几里得距离。γ（gamma）是用来控制 RBF 内核宽度的参数，也就是图中实线距离两条虚线的距离。

7.2　SVM 的核函数与参数选择

7.2.1　不同核函数的SVM对比

在这里要特别指出的是，我们在第 4 章线性模型中，提到过一个称为 linearSVM 的算法，实际上，linearSVM 就是一种使用了线性内核的 SVM 算法。不过 linearSVM 不支持对核函数进行修改，因为它默认只能使用线性内核。为了让大家能够直观体验不同内核的 SVM 算法在分类中的不同表现，我们画个图像来进行展示，在 Jupyter notebook 中输入代码如下：

```
#导入红酒数据集
from sklearn.datasets import load_wine
#定义一个函数用来画图
def make_meshgrid(x, y, h=.02):
    x_min, x_max = x.min() - 1, x.max() + 1
    y_min, y_max = y.min() - 1, y.max() + 1
    xx, yy = np.meshgrid(np.arange(x_min, x_max, h),
                         np.arange(y_min, y_max, h))
    return xx, yy

#定义一个绘制等高线的函数
def plot_contours(ax, clf, xx, yy, **params):
    Z = clf.predict(np.c_[xx.ravel(), yy.ravel()])
    Z = Z.reshape(xx.shape)
    out = ax.contourf(xx, yy, Z, **params)
    return out

# 使用酒的数据集
wine = load_wine()
# 选取数据集的前两个特征
X = wine.data[:, :2]
y = wine.target

C = 1.0  # SVM 的正则化参数
models = (svm.SVC(kernel='linear', C=C),
          svm.LinearSVC(C=C),
          svm.SVC(kernel='rbf', gamma=0.7, C=C),
          svm.SVC(kernel='poly', degree=3, C=C))
models = (clf.fit(X, y) for clf in models)

#设定图题
titles = ('SVC with linear kernel',
          'LinearSVC (linear kernel)',
          'SVC with RBF kernel',
          'SVC with polynomial (degree 3) kernel')

#设定一个子图形的个数和排列方式
fig, sub = plt.subplots(2, 2)
plt.subplots_adjust(wspace=0.4, hspace=0.4)
#使用前面定义的函数进行画图
X0, X1 = X[:, 0], X[:, 1]
xx, yy = make_meshgrid(X0, X1)

for clf, title, ax in zip(models, titles, sub.flatten()):
    plot_contours(ax, clf, xx, yy,
                  cmap=plt.cm.plasma, alpha=0.8)
    ax.scatter(X0, X1, c=y, cmap=plt.cm.plasma, s=20, edgecolors='k')
    ax.set_xlim(xx.min(), xx.max())
    ax.set_ylim(yy.min(), yy.max())
```

```
        ax.set_xlabel('Feature 0')
        ax.set_ylabel('Feature 1')
        ax.set_xticks(())
        ax.set_yticks(())
        ax.set_title(title)
#将图型显示出来
plt.show()
```

运行代码，会得到结果如图 7-7 所示。

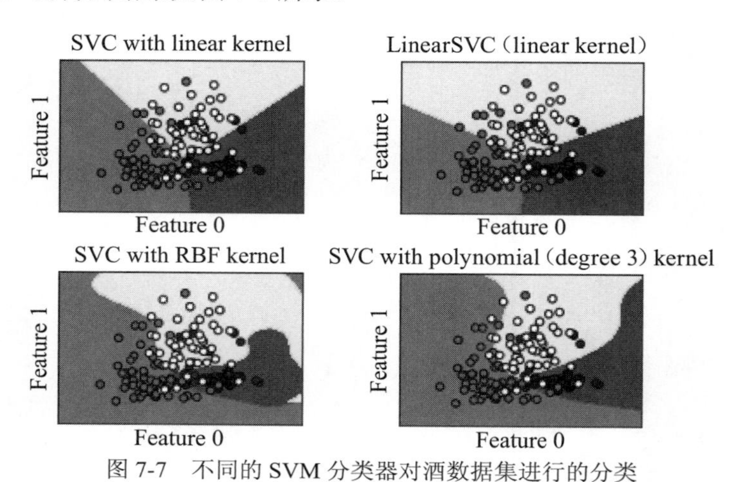

图 7-7　不同的 SVM 分类器对酒数据集进行的分类

【结果分析】从图 7-7 中，我们可以看到线性内核的 SVC 与 linearSVC 得到的结果非常近似，但仍然有一点点差别。其中一个原因是 linearSVC 对 L2 范数进行最小化，而线性内核的 SVC 是对 L1 范数进行最小化。不论如何，linearSVC 和线性内核的 SVC 生成的决定边界都是线性的，在更高维数据集中将会是相交的超平面（请读者朋友自行想象）。而 RBF 内核的 SVC 和 polynomial 内核的 SVC 分类器的决定边界则完全不是线性的，它们更加弹性。而决定了它们决定边界形状的，就是它们的参数。在 polynomial 内核的 SVC 中，起决定性作用的参数就是 degree 和正则化参数 *C*，在本例中我们使用的 degree 为 3，也就是对原始数据集的特征进行乘 3 次方操作。而在 RBF 内核的 SVC 中，起决定作用的是正则化参数 *C* 和参数 gamma，接下来我们重点介绍一下 RBF 内核 SVC 的 gamma 参数调节。

7.2.2　支持向量机的gamma参数调节

首先让我们看一下不同的 gamma 值对于 RBF 内核的 SVC 分类器有什么影响，在 Jupyter Notebook 中输入代码如下：

```
C = 1.0  # SVM 正则化参数
models = (svm.SVC(kernel='rbf', gamma=0.1, C=C),
          svm.SVC(kernel='rbf', gamma=1, C=C),
          svm.SVC(kernel='rbf', gamma=10, C=C))
models = (clf.fit(X, y) for clf in models)

#设定图题
titles = ('gamma = 0.1',
          'gamma = 1',
          'gamma = 10',
          )

#设置子图形个数和排列
fig, sub = plt.subplots(1, 3,figsize = (10,3))

X0, X1 = X[:, 0], X[:, 1]
xx, yy = make_meshgrid(X0, X1)
#使用定义好的函数进行画图
for clf, title, ax in zip(models, titles, sub.flatten()):
    plot_contours(ax, clf, xx, yy,
                  cmap=plt.cm.plasma, alpha=0.8)
    ax.scatter(X0, X1, c=y, cmap=plt.cm.plasma, s=20, edgecolors='k')
    ax.set_xlim(xx.min(), xx.max())
    ax.set_ylim(yy.min(), yy.max())
    ax.set_xlabel('Feature 0')
    ax.set_ylabel('Feature 1')
    ax.set_xticks(())
    ax.set_yticks(())
    ax.set_title(title)
#将图片显示出来
plt.show()
```

运行代码，会得到如图 7-8 所示的结果。

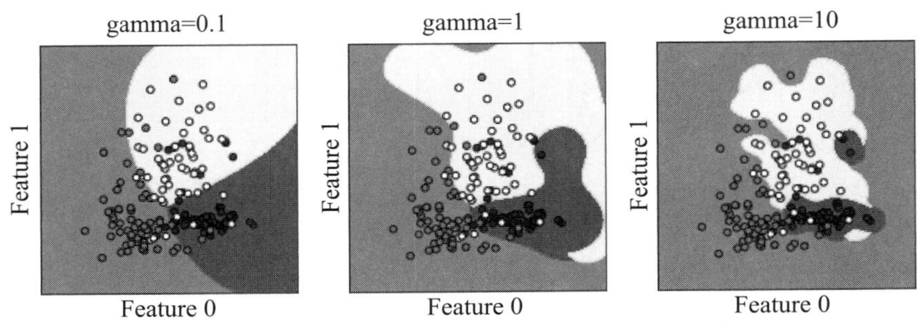

图 7-8 不同的 gamma 值对应的 RBF 内核 SVC 分类器

【结果分析】从图 7-8 中，可以看出，自左至右 gamma 值从 0.1 增加到 10，gamma 值越小，则 RBF 内核的直径越大，这样就会有更多的点被模型圈进决定边界中，所以决定边界也就越平滑，这时的模型也就越简单；而随着参数的增加，模型则更倾向于把每一个点都放到相应的决定边界中，这时模型的复杂度也相应提高了。所以 gamma 值越小，模型越倾向于欠拟合，而 gamma 值越大，则模型越倾向于出现过拟合的问题。

而至于正则化参数 *C*，读者朋友可以参见我们在第 4 章线性模型的介绍，*C* 值越小，模型就越受限，也就是说单个数据点对模型的影响越小，模型就越简单；而 *C* 值越大，每个数据点对模型的影响就越大，模型也会更加复杂。

7.2.3 SVM算法的优势与不足

SVM 可以说是在机器学习领域非常强大的算法了，对各种不同类型的数据集都有不错的表现。它可以在数据特征很少的情况下生成非常复杂的决定边界，当然特征数量很多的情况下表现也不错，换句话说，SVM 应对高维数据集和低维数据集都还算是得心应手。但是，前提条件是数据集的规模不太大。如果数据集中的样本数量在 1 万以内，SVM 都能驾驭得了，但如果样本数量超过 10 万的话，SVM 就会非常耗费时间和内存。

SVM 还有一个短板，就是对于数据预处理和参数调节要求非常高。所以现在很多场景下大家都会更乐意用我们在上一章中介绍的随机森林算法或者是梯度上升决策树（GBDT）算法了。因为它们不需要对数据做预处理，也不用费尽心机去调参。而且对于非专业人士来说，随机森林和梯度上升决策树要比 SVM 更容易理解，毕竟 SVM 算法的建模过程是比较难以呈现的。

不管怎么说，SVM 还是有价值的。假设数据集中样本特征的测度都比较接近，例如在图像识别领域，还有样本特征数和样本数比较接近的时候，SVM 都会游刃有余。

需要请读者朋友留意的是，在 SVM 算法中，有 3 个参数是比较重要的：第一个是核函数的选择；第二个是核函数的参数，例如 RBF 的 gamma 值；第三个是正则化参数 *C*。RBF 内核的 gamma 值是用来调节内核宽度的，gamma 值和 *C* 值一起控制模型的复杂度，数值越大模型越复杂，而数值越小模型越简单。实际应用中，gamma 值和 *C* 值往往要一起调节，才能达到最好的效果。

7.3 SVM 实例——波士顿房价回归分析

前面介绍了支持向量机 SVM 在分类任务中的应用，下面我们再通过一个实例来介绍 SVM 在回归分析中的应用。在 scikit-learn 中，内置了一个非常适合做回归分析的数据集，波士顿房价数据集，在这一小节中，我们将使用该数据集为大家讲解 SVM 中用于回归分析的 SVR 的用法。

7.3.1　初步了解数据集

首先还是让我们先了解一下数据集的大致情况。我们在 Jupyter Notebook 中新建一个笔记本文件，输入代码如下：

```
#导入波士顿房价数据集
from sklearn.datasets import load_boston
boston = load_boston()
#打印数据集中的键
print(boston.keys())
```

运行代码将得到结果如图 7-9 所示。

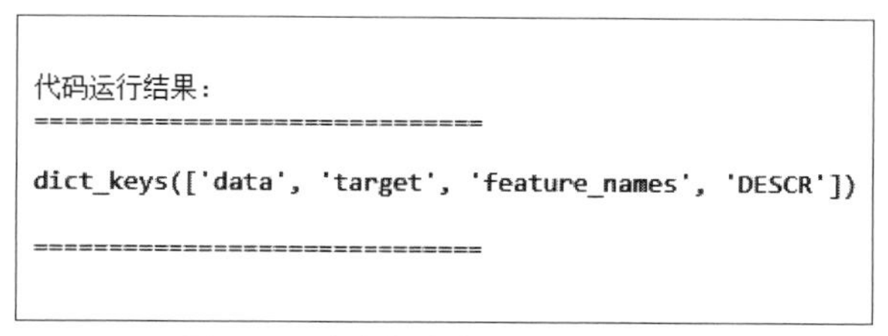

```
代码运行结果：
==============================

dict_keys(['data', 'target', 'feature_names', 'DESCR'])

==============================
```

图 7-9　波士顿房价数据集中的键

【结果分析】从结果中可以看出，波士顿房价数据集中有 4 个键，分别是数据、目标、特征名称和短描述。细心的读者可能发现，波士顿房价数据集比红酒数据集少了一个键，就是目标名称（target_names），这是为什么呢？让我们看一下数据描述里是怎么说的。

输入代码如下：

```
#打印数据集中的短描述
print(boston['DESCR'])
```

运行代码，会得到较长的一段文字，现截取一些关键信息如图 7-10 所示。

```
Data Set Characteristics:

    :Number of Instances: 506

    :Number of Attributes: 13 numeric/categorical predictive

    :Median Value (attribute 14) is usually the target
```

图 7-10　数据集短描述的一部分

【结果分析】从上面这段描述中可以看出，数据集中共有 506 个样本，每个样本有 13 个特征变量。而后面还有一个叫作中位数的第 14 个变量，这个变量就是该数据集中的 target。

现在我们继续往下看数据描述，如图 7-11 所示。

```
    :Attribute Information (in order):
        - CRIM     per capita crime rate by town
        - ZN       proportion of residential land zoned for lots over 25,000 s
q.ft.
        - INDUS    proportion of non-retail business acres per town
        - CHAS     Charles River dummy variable (= 1 if tract bounds river; 0 o
therwise)
        - NOX      nitric oxides concentration (parts per 10 million)
        - RM       average number of rooms per dwelling
        - AGE      proportion of owner-occupied units built prior to 1940
        - DIS      weighted distances to five Boston employment centres
        - RAD      index of accessibility to radial highways
        - TAX      full-value property-tax rate per $10,000
        - PTRATIO  pupil-teacher ratio by town
        - B        1000(Bk - 0.63)^2 where Bk is the proportion of blacks by to
wn
        - LSTAT    % lower status of the population
        - MEDV     Median value of owner-occupied homes in $1000's
```

图 7-11　数据集中的特征描述

【结果分析】从数据描述中，我们可以看到，原来这个变量是业主自住房屋价格的中位数，以千美元为单位。怪不得这个数据集把它作为 target 呢！那么接下来我们的任务，就是通过 SVR 算法，来建立一个房价预测模型。

7.3.2　使用SVR进行建模

接下来，我们要先制作训练数据集和测试数据集，输入代码如下：

```
#导入数据集拆分工具
from sklearn.model_selection import train_test_split
#建立训练数据集和测试数据集
X, y = boston.data, boston.target
X_train, X_test, y_train, y_test = train_test_split(X, y, random_state=8)
print('\n\n\n')
print('代码运行结果：')
print('==============================\n')
#打印训练集和测试集的形态
print(X_train.shape)
print(X_test.shape)
print('\n==============================')
print('\n\n\n')
```

运行上述代码，会得到结果如图 7-12 所示。

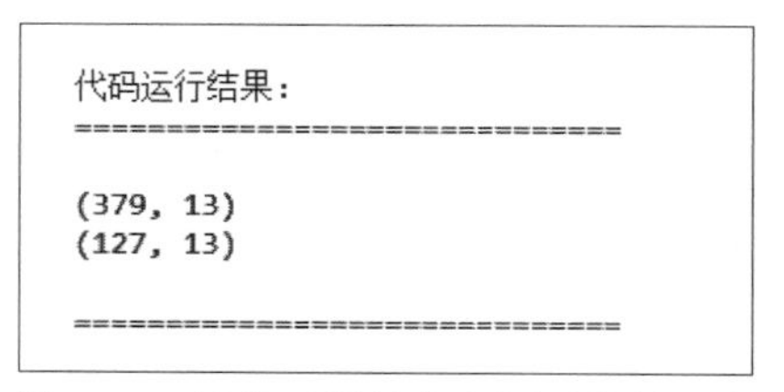

```
代码运行结果：
==============================

(379, 13)
(127, 13)

==============================
```

图 7-12　拆分后训练集和测试集的形态

图 7-12 说明训练数据集和测试数据集我们已经准备好了，下面开始用 SVR 进行建模。

我们在前面介绍了SVM的两种核函数："Linear"和"rbf"，不过我们不知道这两种核函数哪一个会让模型表现得更好，那么我们就分别尝试一下，输入代码如下：

```
#导入支持向量机回归模型
from sklearn.svm import SVR
#分别测试linear核函数和rbf核函数
for kernel in ['linear','rbf']:
    svr = SVR(kernel=kernel)
    svr.fit(X_train, y_train)
    print(kernel,'核函数的模型训练集得分：{:.3f}'.format(
        svr.score(X_train, y_train)))
    print(kernel,'核函数的模型测试集得分：{:.3f}'.format(
        svr.score(X_test, y_test)))
```

运行代码，会得到如图7-13所示的结果。

```
linear 核函数的模型训练集得分：0.709
linear 核函数的模型测试集得分：0.696
rbf 核函数的模型训练集得分：0.145
rbf 核函数的模型测试集得分：0.001
```

图7-13 不同核函数的模型得分

【结果分析】从结果中看到，两种核函数的模型得分都不能令人满意。使用了"linear"核函数的模型在训练集的得分只有0.709，而在测试集只有0.696。不过使用"rbf"核函数的模型更糟糕，在训练数据集的分只有0.145，而在测试集的得分完全可以用"灾难"来形容了——居然只有0.001分。

这是什么原因呢？我们来思考一下，会不会是数据集的各个特征之间的量级差的比较远呢？正如我们在7.3.1节所说，SVM算法对于数据预处理的要求是比较高的，如果数据特征量级差异较大，我们就需要对数据进行预处理。所以现在我们先来用图形可视化的方法看一看数据集中各个特征的数量级是什么情况，输入代码如下：

```
#将特征数值中的最小值和最大值用散点画出来
plt.plot(X.min(axis=0),'v',label='min')
plt.plot(X.max(axis=0),'^',label='max')
#设定纵坐标为对数形式
plt.yscale('log')
#设置图注位置为最佳
plt.legend(loc='best')
#设定横纵轴标题
plt.xlabel('features')
plt.ylabel('feature magnitude')
#显示图形
plt.show()
```

运行代码，会得到如图7-14所示的结果。

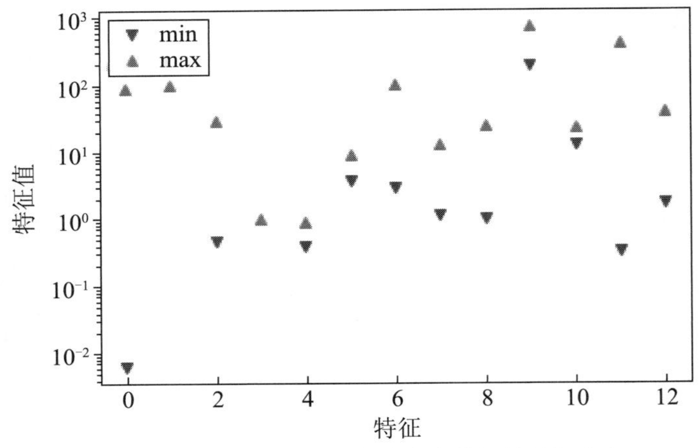

图 7-14　波士顿房价数据集中各个特征的量级分布

【结果分析】从图 7-14 中可以看到，在波士顿房价数据集中，各个特征的量级差异还是比较大的，第一个特征“城镇犯罪率”最小值的在 10^{-2}，而最大值达到了 10^2（这很有可能是一个错误的数据点，犯罪率应该不会如此之高）。而第十个特征“税收”的最小值和最大值都在 10 到 10^2 之间。

看来为了能够让 SVM 算法能够更好地对数据进行拟合，我们必须对数据集进行预处理，输入代码如下：

```
#导入数据预处理工具
from sklearn.preprocessing import StandardScaler
#对训练集和测试集进行数据预处理
scaler = StandardScaler()
scaler.fit(X_train)
X_train_scaled = scaler.transform(X_train)
X_test_scaled = scaler.transform(X_test)

#将预处理后的数据特征最大值和最小值用散点图表示出来
plt.plot(X_train_scaled.min(axis=0),'v',label='train set min')
plt.plot(X_train_scaled.max(axis=0),'^',label='train set max')
plt.plot(X_test_scaled.min(axis=0),'v',label='test set min')
plt.plot(X_test_scaled.max(axis=0),'^',label='test set max')
plt.yscale('log')

#设置图注位置
plt.legend(loc='best')

#设置横纵轴标题
plt.xlabel('scaled features')
plt.ylabel('scaled feature magnitude')

#显示图形
```

```
plt.show()
```

运行代码，将会得到如图 7-15 所示的结果。

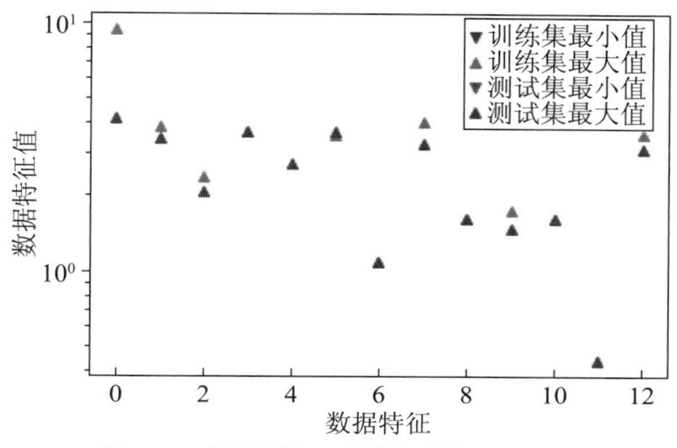

图 7-15　经过预处理的数据特征量级分布

【结果分析】从图 7-15 中，可以看出，经过了我们的预处理，不管是训练集还是测试集，基本上所有的特征最大值都不会超过 10，而最小值也都趋近于 0，以至于在图中我们已经看不到它们了。这和我们使用的预处理的工具原理有关，在后面的章节，我们还会详细介绍数据预处理的方法。

现在我们再试试用经过预处理的数据来训练模型，看看结果会有什么不同，输入代码如下：

```
#用预处理后的数据重新训练模型
for kernel in ['linear','rbf']:
    svr = SVR(kernel=kernel)
    svr.fit(X_train_scaled, y_train)
    print('数据预处理后',kernel,'核函数的模型训练集得分: {:.3f}'.format(
        svr.score(X_train_scaled, y_train)))
    print('数据预处理后',kernel,'核函数的模型测试集得分: {:.3f}'.format(
        svr.score(X_test_scaled, y_test)))
```

运行代码，会得到如图 7-16 所示的结果。

```
数据预处理后 linear 核函数的模型训练集得分: 0.705
数据预处理后 linear 核函数的模型测试集得分: 0.698
数据预处理后 rbf 核函数的模型训练集得分: 0.665
数据预处理后 rbf 核函数的模型测试集得分: 0.694
```

图 7-16　经过数据预处理之后的模型得分

【结果分析】从结果中可以看到，经过预处理之后，"linear"内核的 SVR 得分变化不大，而"rbf"内核的 SVR 得分有了巨大的提升。尤其是在测试集中的得分，从 0.001 分直接提升到 0.694，已经非常接近“linear”内核的模型了。那么如果我们进一步调整“rbf”内核的 SVR 模型参数，会不会让它的表现进一步提升呢？下面我们来实验一下。

和 SVC 一样，SVR 模型也有 gamma 和 C 两个参数，接下来我们试着对这两个参数进行修改，输入代码如下：

```
#设置模型的C参数和gamma参数
svr = SVR(C=100, gamma=0.1)
svr.fit(X_train_scaled, y_train)
print('调节参数后的模型在训练集得分: {:.3f}'.format(
        svr.score(X_train_scaled, y_train)))
print('调节参数后的模型在测试集得分: {:.3f}'.format(
        svr.score(X_test_scaled, y_test)))
```

在这段代码中，我们令 SVR 模型的参数 C 等于 100，而 gamma 值等于 0.1，运行代码，将会得到结果如图 7-17 所示。

```
调节参数后的模型在训练集得分：0.966
调节参数后的模型在测试集得分：0.894
```

图 7-17　调节参数后的模型得分

【结果分析】这是一个比较不错的结果，我们看到通过参数调节，“rbf”内核的 SVR 模型在训练集的得分已经高达 0.966，而在测试数据集的得分也达到了 0.894，可以说现在模型的表现已经是可以接受的。

7.4　小结

在本章中，我们一起学习了支持向量机 SVM 算法的基本原理，以及它的“linear”核函数和“rbf”核函数，还有参数 *C* 和 gamma 的调节。最后我们使用了一个真实的数据集——波士顿房价数据集训练了我们的 SVR 模型。在这个实例中，我们一步一步地通过对数据进行预处理和对参数进行调节，使“rbf”内核的 SVR 模型在测试集中的得分从 0.001 飙升到了 0.894，通过这个案例，我们可以清晰地了解到 SVM 算法对于数据预处理和调参的要求都是非常高的了。而在下一章中，我们将向大家介绍时下非常热门的算法——神经网络。

第 8 章　神经网络——曾入“冷宫”，如今得宠

最近小 C 的女朋友小 I 有一点困扰，事情是这样的：小 I 通过了 CPA 考试，而后顺利拿到了四大会计师事务所之一的 offer，成了一名高端大气上档次的会计师。但是作为应届生，在“四大”里面什么苦活累活都得干，其中最琐碎枯燥的工作之一，就是财务凭证的录入工作。在传统的工作模式下，财务人员要把凭证上的数字一个一个录入到系统中，十分耗时耗力，这导致小 I 常常要加班到很晚。小 C 看在眼里，心疼得不行，所以他决定训练一个神经网络来帮助小 I 更高效地完成工作。

本章主要涉及的知识点有：

- 神经网络的前世今生
- 神经网络的原理和非线性矫正
- 神经网络的模型参数调节
- 使用神经网络训练手写数字识别模型

8.1 神经网络的前世今生

其实神经网络并不是什么新鲜事物了，早在 1943 年，美国神经解剖学家沃伦·麦克洛奇（Warren McCulloch）和数学家沃尔特·皮茨（Walter Pitts）就提出了第一个脑神经元的抽象模型，被称为 M-P 模型（McCulloch-Pitts neuron， MCP）。

8.1.1 神经网络的起源

这里我们要先简单介绍一下神经元（Neuron），神经元是大脑中相互连接的神经细胞，它可以处理和传递化学和电信号。有意思的是，神经元具有两种常规工作状态：兴奋和抑制，这和计算机中的“1”和“0”原理几乎完全一样。所以麦克洛奇和皮茨将神经元描述为一个具备二进制输出的逻辑门：当传入的神经冲动使细胞膜电位升高超过阈值时，细胞进入兴奋状态，产生神经冲动并由轴突输出；反之当传入的冲动使细胞膜电位下降低于阈值时，细胞进入抑制状态，便没有神经冲动输出。神经元的结构如图 8-1 所示。

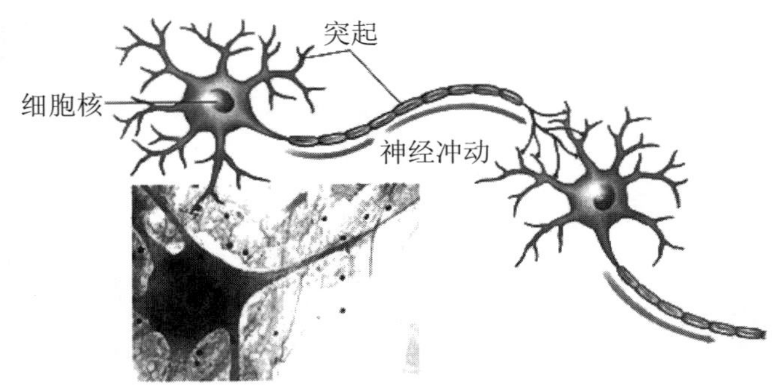

图 8-1 神经元的结构

8.1.2 第一个感知器学习法则

图 8-2 弗兰克·罗森布拉特和感知器

1958 年，著名的计算机科学家弗兰克·罗森布拉特（Frank Rossenblatt）（见图 8-2）基于 M-P 模型提出了第一个感知器学习法则，他的感知器由两层神经元组成神经网络，是世界上首个可以学习的人工神经网络，而且已经可以进行简单的图像识别，这在当时的社会可是引起了轩然大波。人们都以为发现了智能的奥秘，甚至美国军方认为神经网络比原子弹工程更重要，并大力资助神经网络的研究。

但是好景不长，到了 1969 年，另一位计算机领域的大牛马文·明斯基（Marvin Minsky）（见图 8-3）出版了 *perceptron* 的一书，书中阐述了感知器的弱点，单层感知器对很多简单的任务都无法完成，而双层感知器又对计算能力的要求过高（当时的计算能力远远达不到今天的水平），而且没有有效的学习算法。结论是研究更深层的神经网络没有意义。明斯基的论述让神经网络的研究陷入低谷，这也是被大家称为“AI winter”的人工智能冰河期。

图 8-3　马文·明斯基

注意　马文·明斯基是人工智能领域的先驱者，著名的达特茅斯会议就是他于 1956 年和另一位重量级的科学家约翰·麦卡锡共同发起的。1969 年明斯基被授予图灵奖，是历史上第一位获此殊荣的人工智能学者。可惜的是，2016 年 1 月，这位伟大的科学家离我们而去，享年 88 岁。

8.1.3　神经网络之父——杰弗瑞·欣顿

又过了将近十年的时间，杰弗瑞·欣顿（Geoffrey Hinton）（见图 8-4）等人提出了反向传播算法（Back propagation， BP），解决了两层神经网络所需要的复杂计算问题，重新带动业界的热潮。而杰弗瑞·欣顿本人也被大家称为“神经网络之父”。

图 8-4　杰弗瑞·欣顿

但让人万万想不到的是，到了 20 世纪 90 年代中期，SVM 算法，也就是我们在第

7 章中介绍的支持向量机诞生。SVM 一问世就显露出强悍的能力，如不需要调参、效率更高等，它的出现又一次将神经网络击败，成为了当时的主流算法。从此，神经网络又一次进入了冰河期。

好在杰弗瑞·欣顿并没有放弃，在神经网络被摒弃的时间里，他和其他几个学者还坚持在研究，而且给多层神经网络算法起了一个新的名字——深度学习。

后来的事情大家都知道了，在本次人工智能大潮中，深度学习占据了统治地位，不管是在图像识别、语音识别、自然语言处理、无人驾驶等领域，都有非常广泛的应用。本章我们重点介绍的，便是神经网络中的多层感知器（Multilayer Perceptron，MLP）。

8.2 神经网络的原理及使用

借“深度学习”之名重新回到大家视线范围的神经网络包含了诸多算法，而在本章中，我们重点向大家介绍的是“多层感知器”，即 MLP 算法，以此作为读者朋友们进入深度学习的起点，MLP 也被称为前馈神经网络，或者被泛称为神经网络。

8.2.1 神经网络的原理

不知道读者朋友们是否还记得我们在第 4 章中介绍的线性模型的一般公式：

$$\hat{y} = w[0] \cdot x[0] + w[1] \cdot x[1] + \cdots + w[p] \cdot x[p] + b$$

其中 $\hat{y}$ 表示对 y 的估计值，$x[0]$ 到 $x[p]$ 是样本特征值，w 表示每个特征值的权重，y-hat 可以看成是所有特征值的加权求和，我们可以用图 8-5 表示这个过程。

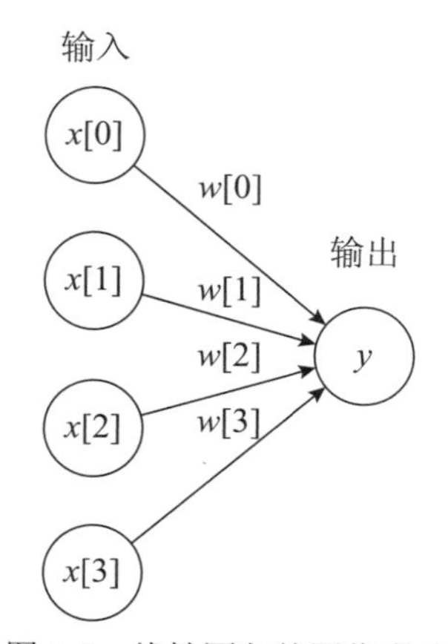

图 8-5　线性回归的图像表示

在图 8-5 中，输入的特征和预测的结果用节点进行表示，系数 w 用来连接这些节点。而在 MLP 模型中，算法在过程里添加了隐藏层（Hidden Layers），然后在隐藏层重复进行上述加权求和计算，最后再把隐藏层所计算的结果用来生成最终结果，如图 8-6 所示。

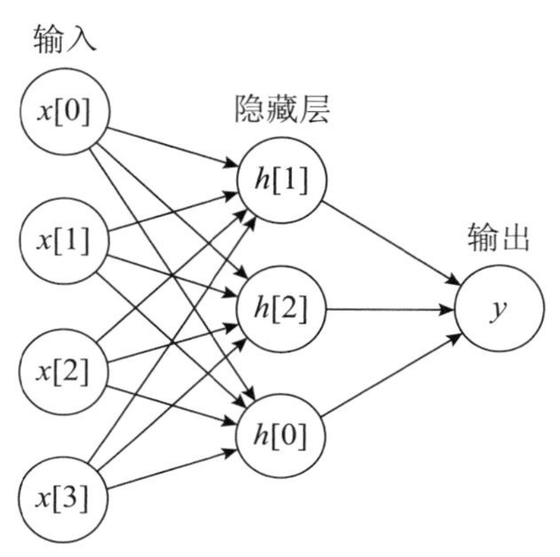

图 8-6　带 1 个隐藏层的 MLP 模型

这样一来，模型要学习的特征系数，或者说权重，就会多很多了。大家可以看到在每一个输入的特征和隐藏单元（hidden unit）之间，都有一个系数，这一步也是为了生成这些隐藏单元。而每个隐藏单元到最终结果之间，也都有一个系数。而计算一系列的加权求和和计算单一的加权求和。

8.2.2　神经网络中的非线性矫正

从数学的角度来说，如果每一个隐藏层只是进行加权求和，得到的结果和普通的线性模型不会有什么不同。所以为了让模型能够比普通线性模型更强大一些，我们还需要进行一点处理。

这种处理方法是：在生成隐藏层之后，我们要对结果进行非线性矫正（rectifying nonlinearity），简称为 relu（rectified linear unit）或者是进行双曲正切处理（tangens hyperbolicus），简称为 tanh。通过这两种方式处理后的结果用来计算最终结果 y。这样讲实在过于抽象，我们还是用图像来进行直观展示，在 Jupyter Notebook 中输入代码如下：

```
#导入numpy
import numpy as np
#导入画图工具
import matplotlib.pyplot as plt

#生成一个等差数列
line = np.linspace(-5,5,200)
```

```
#画出非线性矫正的图形表示
plt.plot(line, np.tanh(line),label='tanh')
plt.plot(line, np.maximum(line,0),label='relu')

#设置图注位置
plt.legend(loc='best')
#设置横纵轴标题
plt.xlabel('x')
plt.ylabel('relu(x) and tanh(x)')
#显示图形
plt.show()
```

运行代码，会得到结果如图 8-7 所示。

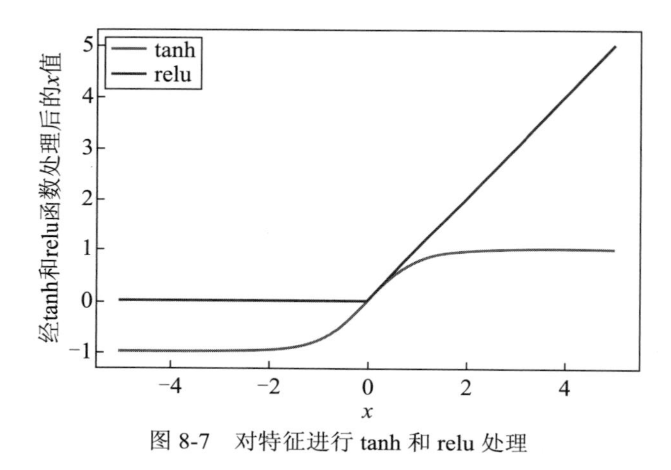

图 8-7　对特征进行 tanh 和 relu 处理

【结果分析】从图中可以看出，tanh 函数把特征 x 的值压缩进 −1 到 1 的区间内，−1 代表的是 x 中较小的数值，而 1 代表 x 中较大的数值。relu 函数则索性把小于 0 的 x 值全部去掉，用 0 来代替。这两种非线性处理的方法，都是为了将样本特征进行简化，从而使神经网络可以对复杂的非线性数据集进行学习。

那么这样一来，我们刚才所看到的公式：

$$\hat{y} = w[0] \cdot x[0] + w[1] \cdot x[1] + \cdots + w[\mathrm{p}] \cdot x[\mathrm{p}] + \mathrm{b}$$

经过 tanh 处理后，就会变成下面的样子：

$$h[0] = \tanh\left(w[0] \cdot x[0] + w[1] \cdot x[1] + \cdots + w[p] \cdot x[p] + b\right)$$

$$h[1] = \tanh\left(w[0] \cdot x[0] + w[1] \cdot x[1] + \cdots + w[p] \cdot x[p] + b\right)$$

$$h[2] = \tanh\left(w[0] \cdot x[0] + w[1] \cdot x[1] + \cdots + w[p] \cdot x[p] + b\right)$$

…

$$\hat{y} = v[0] \cdot h[1] + v[1] \cdot h[1] + \cdots + v[n] \cdot h[n]$$

在权重系数 w 之外，我们又多了一个权重系数 v，用来通过隐藏层 h 来计算 y-hat 的结果。在模型中，w 和 v 都是通过对数据的学习所得出的。而用户所要设置的参数，就是隐藏层中节点的数量。一般来讲，对于小规模数据集或者简单数据集，节点数量设置为 10 就已经足够了，但是对于大规模数据集或者复杂数据集来说，有两种方式可供选择：一是增加隐藏层中的节点数量，比如增加到 1 万个；或是添加更多的隐藏层，如图 8-8 所示的样子。

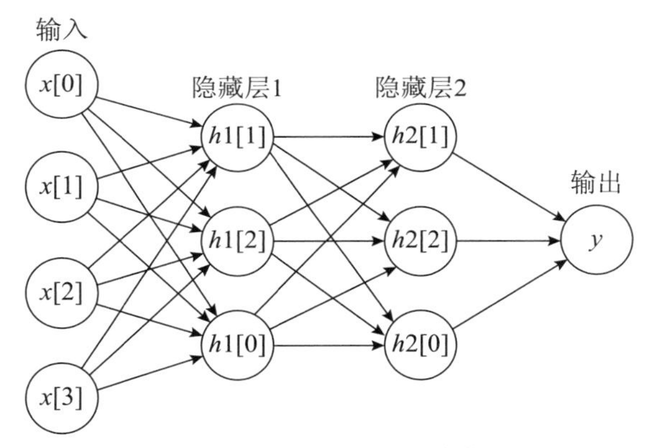

图 8-8　对模型添加新的隐藏层

在大型神经网络当中，往往有很多这样的隐藏层，这也是“深度学习”中“深度”二字的来源。

8.2.3　神经网络的参数设置

下面我们就以 MLP 算法中的 MLP 分类器为例，研究一下 MLP 分类器模型的使用方法。这次我们还是使用熟悉的酒的数据集。在 Jupyter Notebook 中输入代码如下：

```
#导入MLP神经网络
from sklearn.neural_network import MLPClassifier
#导入红酒数据集
from sklearn.datasets import load_wine
#导入数据集拆分工具
from sklearn.model_selection import train_test_split
wine = load_wine()
X = wine.data[:,:2]
y = wine.target
#下面我们拆分数据集
```

```
X_train, X_test, y_train, y_test = train_test_split(X,y,random_state=0)
#接下来定义分类器
mlp = MLPClassifier(solver='lbfgs')
mlp.fit(X_train, y_train)
```

运行代码，会得到如图 8-9 所示的结果。

```
MLPClassifier(activation='relu', alpha=0.0001, batch_size='auto', beta_1=0.9,
       beta_2=0.999, early_stopping=False, epsilon=1e-08,
       hidden_layer_sizes=(100,), learning_rate='constant',
       learning_rate_init=0.001, max_iter=200, momentum=0.9,
       nesterovs_momentum=True, power_t=0.5, random_state=None,
       shuffle=True, solver='lbfgs', tol=0.0001, validation_fraction=0.1,
       verbose=False, warm_start=False)
```

图 8-9　MLP 神经网络模型的参数

【结果分析】和我们之前使用的算法一样，MLP 分类器也把它自己的参数给我们返了回来。其中 solver = 'lbfgs' 是我们在代码中指定的，而其他的参数都是算法默认的。

下面我们重点看一下各个参数的含义：

activation 是 8.2.2 节中提到的将隐藏单元进行非线性化的方法，一共有 4 种："identity""logistic""tanh"以及"relu"，而在默认情况下，参数值是"relu"。其中"identity"对样本特征不做处理，返回值是 $f(x)=x$；而"logistic"返回的结果会是 $f(x)=1/[1+\exp(-x)]$，这种方法和 tanh 类似，但是经过处理后的特征值会在 0 和 1 之间。其余两个参数值，tanh 和 relu 我们已经介绍过，在这里就不重复了。

alpha 值和线性模型的 alpha 值是一样的，是一个 L2 惩罚项，用来控制正则化的程度，默认的数值是 0.0001。

这里着重介绍一下 hidden_layer_sizes 参数，默认情况下，hidden_layer_sizes 的值是 [100,] 这意味着模型中只有一个隐藏层，而隐藏层中的节点数是 100。如果我们给 hidden_layer_sizes 定义为 [10,10]，那就意味着模型中有两个隐藏层，每层有 10 个节点。

现在用图像展示一下 MLP 分类的情况，输入代码如下：

```
#导入画图工具
import matplotlib.pyplot as plt
from matplotlib.colors import ListedColormap

#使用不同色块表示不同分类
cmap_light = ListedColormap(['#FFAAAA', '#AAFFAA', '#AAAAFF'])
cmap_bold = ListedColormap(['#FF0000', '#00FF00', '#0000FF'])
x_min, x_max = X_train[:, 0].min() - 1, X_train[:, 0].max() + 1
y_min, y_max = X_train[:, 1].min() - 1, X_train[:, 1].max() + 1
xx, yy = np.meshgrid(np.arange(x_min, x_max, .02),
                     np.arange(y_min, y_max, .02))
```

```
Z = mlp.predict(np.c_[xx.ravel(), yy.ravel()])

Z = Z.reshape(xx.shape)
plt.figure()
plt.pcolormesh(xx, yy, Z, cmap=cmap_light)

#将数据特征用散点图表示出来
plt.scatter(X[:, 0], X[:, 1], c=y, edgecolor='k', s=60)
plt.xlim(xx.min(), xx.max())
plt.ylim(yy.min(), yy.max())
#设定图题
plt.title("MLPClassifier:solver=lbfgs")
#显示图形
plt.show()
```

运行代码，会得到结果如图 8-10 所示。

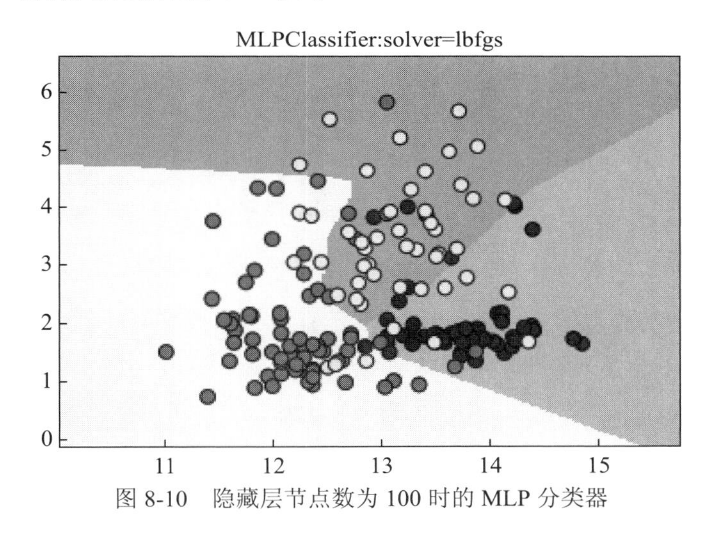

图 8-10　隐藏层节点数为 100 时的 MLP 分类器

下面我们试试把隐藏层的节点数变少，如减少至 10 个，看会发生什么。在 Jupyter Notebook 中输入代码如下：

```
#设定隐藏层中的节点数为10
mlp_20=MLPClassifier(solver='lbfgs', hidden_layer_sizes=[10])
mlp_20.fit(X_train, y_train)
Z1 = mlp_20.predict(np.c_[xx.ravel(), yy.ravel()])

Z1 = Z1.reshape(xx.shape)
plt.figure()
plt.pcolormesh(xx, yy, Z1, cmap=cmap_light)

#使用散点图画出X
plt.scatter(X[:, 0], X[:, 1], c=y, edgecolor='k', s=60)
plt.xlim(xx.min(), xx.max())
```

```
plt.ylim(yy.min(), yy.max())
#设置图题
plt.title("MLPClassifier:nodes=10")
#显示图形
plt.show()
```

运行代码，会得到如图 8-11 所示的结果。

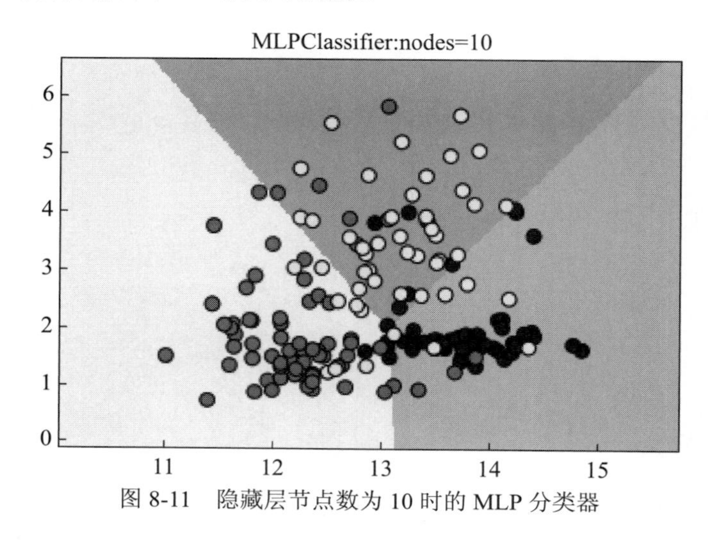

图 8-11　隐藏层节点数为 10 时的 MLP 分类器

【**结果分析**】如果将图 8-11 和图 8-10 进行对比，你就会发现分类器生成的决定边界看起来很不一样了。节点数为 10 的时候，决定边界丢失了很多细节。我们可以这样理解，在每一个隐藏层当中，节点数就代表了决定边界中最大的直线数，这个数值越大，则决定边界看起来越平滑。当然，除了增加单个隐藏层中的节点数之外，还有两种方法可以让决定边界更细腻：一个是增加隐藏层的数量；另一个是把 activation 参数改为 tanh，下面我们逐一展示一下。

现在我们试着给 MLP 分类器增加隐藏层数量，如增加到 2 层。在 Jupyter Notebook 中输入代码如下：

```
#设置神经网络有两个节点数为10的隐藏层
mlp_2L=MLPClassifier(solver='lbfgs', hidden_layer_sizes=[10,10])
mlp_2L.fit(X_train, y_train)
Z1 = mlp_2L.predict(np.c_[xx.ravel(), yy.ravel()])
#用不同色彩区分分类
Z1 = Z1.reshape(xx.shape)
plt.figure()
plt.pcolormesh(xx, yy, Z1, cmap=cmap_light)
#用散点图画出X
plt.scatter(X[:, 0], X[:, 1], c=y, edgecolor='k', s=60)
plt.xlim(xx.min(), xx.max())
```

```
plt.ylim(yy.min(), yy.max())
#设定图题
plt.title("MLPClassifier:2layers")
#显示图形
plt.show()
```

运行代码，将得到如图 8-12 所示的结果。

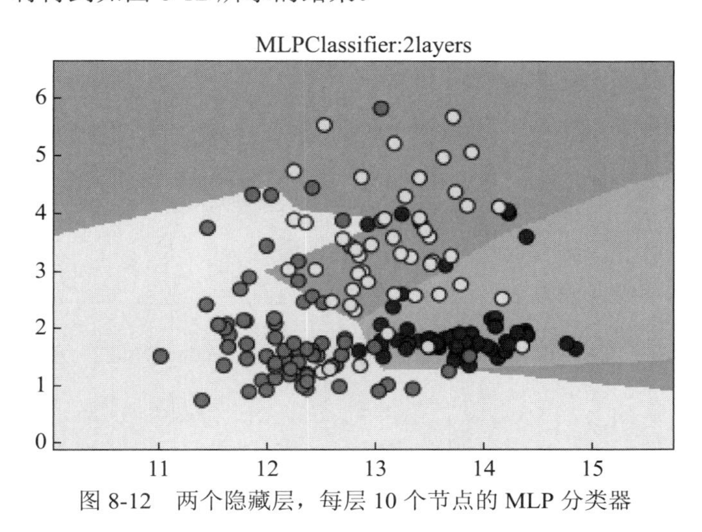

图 8-12 两个隐藏层，每层 10 个节点的 MLP 分类器

【结果分析】和图 8-11 对比，能够看到隐藏层的增加带来的结果就是决定边界看起来更加细腻，下面我们再使用 activation='tanh' 实验一下。

输入代码如下：

```
#设置激活函数为tanh
mlp_tanh=MLPClassifier(solver='lbfgs', hidden_layer_sizes=[10,10],
                      activation='tanh')
mlp_tanh.fit(X_train, y_train)
#重新画图
Z2 = mlp_tanh.predict(np.c_[xx.ravel(), yy.ravel()])

Z2 = Z2.reshape(xx.shape)
plt.figure()
plt.pcolormesh(xx, yy, Z2, cmap=cmap_light)
#散点图画出X
plt.scatter(X[:, 0], X[:, 1], c=y, edgecolor='k', s=60)
plt.xlim(xx.min(), xx.max())
plt.ylim(yy.min(), yy.max())
#设置图题
plt.title("MLPClassifier:2layers with tanh")
#显示图形
plt.show()
```

运行代码，将会得到如图 8-13 所示的结果。

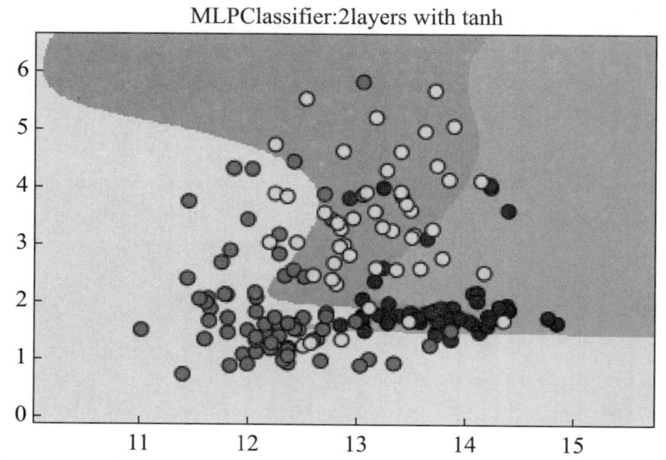

图 8-13　两个节点为 10 的隐藏层，activation 为 tanh 的 MLP 分类器

【结果分析】从图 8-13 中可以看出，将 activation 参数修改为 tanh 之后，分类器的决定边界完全变成了平滑的曲线。这就是我们对样本特征进行双曲线正切化后的结果。

当然除了上述方法之外，我们还可以通过调节 alpha 值来进行模型复杂度控制，默认的 alpha 值是 0.0001，现在试着把 alpha 值增加，如增加到 1，看会发生什么样的变化。输入代码如下：

```
#修改模型的alpha参数
mlp_alpha=MLPClassifier(solver='lbfgs', hidden_layer_sizes=[10,10],
                    activation='tanh',alpha=1)
mlp_alpha.fit(X_train, y_train)
#重新绘制图形
Z3 = mlp_alpha.predict(np.c_[xx.ravel(), yy.ravel()])

Z3 = Z3.reshape(xx.shape)
plt.figure()
plt.pcolormesh(xx, yy, Z3, cmap=cmap_light)
#散点图画出X
plt.scatter(X[:, 0], X[:, 1], c=y, edgecolor='k', s=60)
plt.xlim(xx.min(), xx.max())
plt.ylim(yy.min(), yy.max())
#设定图题
plt.title("MLPClassifier:alpha =1")
#显示图形
plt.show()
```

运行代码，会得到如图 8-14 的结果。

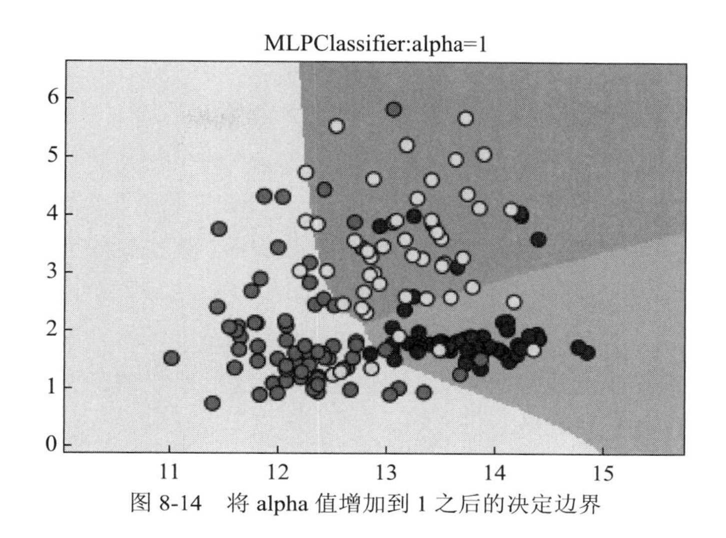

图 8-14　将 alpha 值增加到 1 之后的决定边界

【结果分析】从图 8-14 中可以看出，增加 alpha 参数的数值，会加大模型正则化的程度，也就会让模型更加简单。到目前为止，我们有 4 种方法可以调节模型的复杂程度了，第一种是调整神经网络每一个隐藏层上的节点数，第 2 种是调节神经网络隐藏层的层数，第 3 种是调节 activation 的方式，而第 4 种，便是通过调整 alpha 值来改变模型正则化的程度。

注意 **由于神经网络算法中，样本特征的权重是在模型开始学习之前，就已经随机生成了。而随机生成的权重会导致模型的形态也完全不一样。所以如果我们不指定 random_state 的话，即便模型所有的参数都是相同的，生成的决定边界也不一样。所以如果重新运行我们前面的代码，也会得到不同的结果。不过不用担心，只要模型的复杂度不变，其预测结果的准确率不会受什么影响。**

8.3　神经网络实例——手写识别

在对 MLP 有了大致的了解之后，我们让小 C 开始动手解决女朋友小 I 实际的问题。非常好的一点是，我们有一个现成的数据集可以使用，就是 MNIST 数据集。在神经网络的学习中，使用 MNIST 数据集训练图像识别，就如同程序员刚入门时要写的“hello world”一样，是非常基础的必修课。

8.3.1 使用MNIST数据集

MNIST 数据集是一个专门用来训练各种图像处理系统的庞大数据集，它包含 70000 个手写数字图像，其中 60000 个是训练数据，另外 10000 个是测试数据。而在机器学习领域，该数据集也被广泛用于模型的训练和测试。MNIST 数据集实际上是从 NIST 原始数据集中提取的，其训练集和测试集有一半是来自 NIST 数据集的训练集，而另一半是来自 NIST 的测试集。目前有大量的学术论文都在试图把模型对 MNIST 数据集的识别错误率不断降低，目前识别错误率最低的一篇论文使用的是卷积神经网络，成功地把错误率降到了 0.23%。而最早创造这个数据集的学者，在他们最早的论文中使用了支持向量机算法，使模型识别的错误率达到了 0.8%。

接下来我们就用 scikit-learn 的 fetch_mldata 来获取 MNIST 数据集，输入代码如下：

```
#导入数据集获取工具
from sklearn.datasets import fetch_mldata
#加载MNIST手写数字数据集
mnist = fetch_mldata('MNIST original')
mnist
```

运行代码，将会得到结果如图 8-15 所示。

```
{'COL_NAMES': ['label', 'data'],
 'DESCR': 'mldata.org dataset: mnist-original',
 'data': array([[0, 0, 0, ..., 0, 0, 0],
        [0, 0, 0, ..., 0, 0, 0],
        [0, 0, 0, ..., 0, 0, 0],
        ...,
        [0, 0, 0, ..., 0, 0, 0],
        [0, 0, 0, ..., 0, 0, 0],
        [0, 0, 0, ..., 0, 0, 0]], dtype=uint8),
 'target': array([ 0.,  0.,  0., ...,  9.,  9.,  9.])}
```

图 8-15 mnist 数据集中的键

【结果分析】从结果中看出，MNIST 数据集包含两个部分：一个是数据的分类标签（label）；另一个是数据本身（data）。Data 的类型是无符号的 8 位整型 np 数组，而 target 是从 0 到 9 的整型数组。

接下来，我们检查一下数据集中的样本数量和样本特征数量。输入代码如下：

```
print('\n\n\n')
print('代码运行结果：')
print('==============================\n')
#打印样本数量和样本特征数
print('样本数量：{}, 样本特征数：{}'.format(mnist.data.shape[0],
                                  mnist.data.shape[1]))
print('\n==============================')
```

print（'\n\n\n'）运行代码，将得到结果如图 8-16 所示。

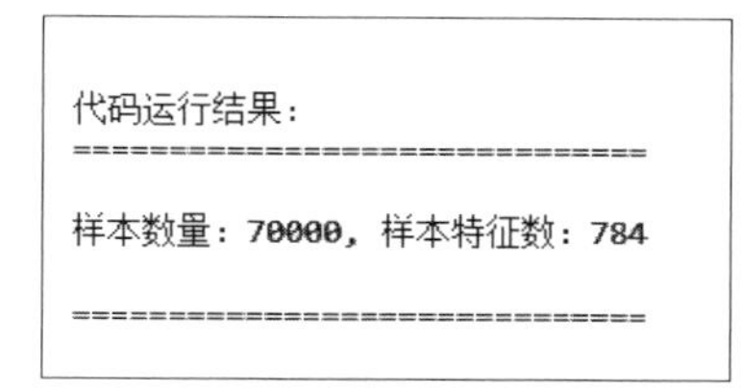
代码运行结果：
==============================
样本数量：70000，样本特征数：784
==============================

图 8-16　数据集中样本的数量和特征数量

【结果分析】从结果中可以看到，数据集中有 70000 个样本，每个样本有 784 个特征。这是因为，数据集中存储的样本是 28×28 像素的手写数字图片的像素信息，因此特征数为 28×28=784 个。在开始训练 MLP 神经网络之前，我们还需要将数据进行一些预处理，由于样本特征是从 0 ～ 255 的灰度值，为了让特征的数值更利于建模，我们把特征向量的值全部除以 255，这样全部数值就会在 0 和 1 之间，再用我们非常熟悉的 train_test_split 函数将数据集分为训练集和测试集。现在输入代码如下：

```
#建立训练数据集和测试数据集
X = mnist.data/255.
y = mnist.target
X_train, X_test, y_train, y_test = train_test_split(
    X, y, train_size = 5000, test_size=1000,random_state=62)
```

为了控制神经网络的训练时长，我们只选 5000 个样本作为训练数据集，选取 1000 个数据作为测试数据集。同时为了每次选取的数据保持一致，我们指定 random_state 为 62。读者朋友在实验的时候，可以自行增加训练数据集或测试数据集的样本量，也可以调整 random_state 的数值，看每次训练的结果会有什么变化。

8.3.2　训练MLP神经网络

在建立好训练数据集和测试数据集之后，我们开始训练神经网络，输入代码如下：

```
#设置神经网络有两个100个节点的隐藏层
mlp_hw = MLPClassifier(solver='lbfgs',hidden_layer_sizes=[100,100],
                       activation='relu', alpha = 1e-5,random_state=62)
#使用数据训练神经网络模型
mlp_hw.fit(X_train,y_train)
print('\n\n\n')
print('代码运行结果：')
print('==============================\n')
#打印模型分数
print('测试数据集得分：{:.2f}%'.format(mlp_hw.score(X_test,y_test)*100))
print('\n==============================')
print('\n\n\n')
```

这里，我们设置 MLP 分类器的 solver 参数为“lbfgs”，同时建立 2 个隐藏层，每层有 100 个节点。Activation 参数设置为“relu”，正则项参数 alpha 设置为 1e-5 也就是 1×10^{-5}，即 0.00001。设置好模型参数之后，运行代码，会得到结果如图 8-17 所示。

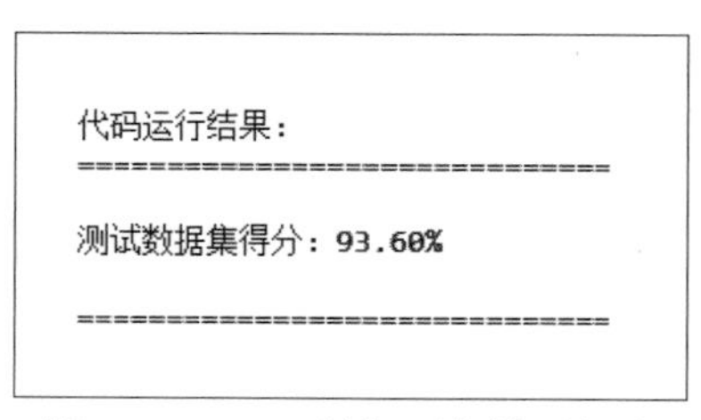

图 8-17　MLP 神经网络模型得分

【**结果分析**】从结果中可以看到，模型在测试集中的识别准确率达到了 93.6%，可以说是一个非常不错的分数了。

8.3.3　使用模型进行数字识别

接下来看下模型在实际应用中表现如何，随便用一个图像测试一下，这里测试用的图片如图 8-18 所示。

图 8-18　用来测试模型识别准确率的图片

注意 **因为图 8-18 的图像是 28×28 像素，所以放大后看起来会不够清晰。**

下面把图 8-18 中的测试图像转化为模型可以读取的 numpy 数组，输入代码如下：

```
#导入图像处理工具
from PIL import Image
#打开图像
image=Image.open('4.png').convert('F')
#调整图像的大小
image=image.resize((28,28))
arr=[]
#将图像中的像素作为预测数据点的特征
```

```
for i in range(28):
    for j in range(28):
        pixel = 1.0 - float(image.getpixel((j,i)))/255.
        arr.append(pixel)
#由于只有一个样本，所以需要进行reshape操作
arr1 = np.array(arr).reshape(1,-1)
#进行图像识别
print('图片中的数字是:{:.0f}'.format(mlp_hw.predict(arr1)[0]))
```

在这一段代码中，我们调用了 python 内置的图像处理库 PIL，为了让识别的效果能够达到最优，我们首先使用了 Image.convert 功能将图片转化为 32 位浮点灰色图像，也就是说它的每个像素用 32 个 bit 来表示，0 代表黑，255 表示白。而后将每个像素的数值都进行除以 255 的处理，以保持和数据集一致。

注意 **由于 MNIST 数据集中是用 0 代表白色，而 1 代表黑色，因此我们还要用 1 减去像素的灰度值，以便和数据集一致。**

此外由于只有一个样本，我们还要对其进行 reshape（1,−1）的操作。下面运行代码，会得到结果如图 8-19 所示。

```
图片中的数字是:4
```

图 8-19 模型正确识别出了图像中的数字

【结果分析】从结果中我们看到，神经网络正确地识别出了图片中的数字 4，效果还是很不错的。

当然了，这里使用的图像比较标准。感兴趣的读者朋友可以在纸上用笔手写几个数字，拍下照片再用神经网络进行识别，看识别准确率究竟如何。

8.4 小结

在本章中，我们设定了一个场景——让小 C 训练一个神经网络帮助女朋友小 I 进行数字图像的识别。借由这个场景，我们学习了神经网络的起源和发展历程，并初步理解了神经网络算法中多层感知机（MLP）的原理和参数设置，最后我们使用了 MNIST 数据集训练了一个数字识别的神经网络模型。当然，这个模型主要目的还是进行展示，要想真的实现替代人工完成票据凭证的录入，还需要做很多工作。

作为一种命运多舛的算法，神经网络现在又以一种王者的姿态重回机器学习领域了。要说明一下的是，scikit-learn 中的 MLP 分类和回归在易用性方面表现确实不错，但是仅限于处理小数据集。对于更庞大或更复杂的数据集来说，它就显得有点力不从心。所以如果读者朋友对深度学习有兴趣，可以更进一步了解现在非常流行的几个 Python 深度学习库，如 keras、theano 和 tensor-flow，其中 keras 可以使用 tensor-flow 和 theano 作为后端（backend）。这些深度学习库都支持使用 GPU 加速，而 scikit-learn 并不支持。所以在处理超大数据集的时候，以上提到的几个深度学习库都要比 scikit-learn 效率更高。

如上所述，神经网络可以从超大数据集中获取信息并且可以建立极为复杂的模型，所以在计算能力充足并且参数设置合适的情况下，神经网络可以比其他的机器学习算法表现更加优异。但是它的问题也很突出，如模型训练的时间相对更长、对数据预处理的要求较高等。对于特征类型比较单一的数据集来说，神经网络的表现不错；但如果数据集中的特征类型差异比较大的话，随机森林或是梯度上升随机决策树等基于决策树的算法会表现更好。

另外，神经网络模型中的参数调节也是一门艺术，尤其是隐藏层的数量和隐藏层中节点的数量。对于初学者来说，建议参考这样一个原则，那就是神经网络中隐藏层的节点数约等于训练数据集的特征数量，但是一般不要超过 500。在开始训练模型的时候，可以让模型尽量复杂，然后再对正则化参数 alpha 进行调节来提高模型的表现。

第 9 章　数据预处理、降维、特征提取及聚类——快刀斩乱麻

在上一章中，小 C 为了帮助女朋友小 I 训练一个手写数字识别的神经网络，使用了 MNIST 数据集。不知道读者朋友们是否记得，在载入数据集的时候，我们使用了这样一行代码：

```
X = mnist.data/255
```

这行代码是作用是什么呢？我们知道，MNIST 数据集中的样本特征是从 0 到 255 的灰度值，0 表示白，而 255 代表黑，中间的数值代表不同深度的灰色。通过除以 255 的操作，我们可以把所有的特征值限定到 0 到 1 之间，从而有助于提高模型的准确率，这就是一种简单的数据预处理（data preprocessing）。那么为什么要进行数据预处理？数据预处理的方法都有哪些呢？本章将和读者朋友一起展开探索。

本章主要涉及的知识点有：

- 几种常见的数据预处理工具
- PCA主成分分析用于数据降维
- PCA主成分分析和NMF非负矩阵分解用于特征提取
- 几种常用的聚类算法

9.1 数据预处理

9.1.1 使用StandardScaler进行数据预处理

首先我们还是先手工生成一些数据，用它们来说明数据预处理的一些原理和方法。这次我们依旧使用 scikit-learn 的 make_blobs 函数，在 Jupyter Notebook 中新建一个 notebook，输入代码如下：

```
#导入numpy
import numpy as np
#导入画图工具
import matplotlib.pyplot as plt
导入数据集生成工具
from sklearn.datasets import make_blobs
X, y = make_blobs(n_samples=40, centers=2, random_state=50, cluster_std=2)
用散点图绘制数据点
plt.scatter(X[:,0], X[:,1], c=y, cmap=plt.cm.cool)
#显示图像
plt.show()
```

运行代码，将得到如图 9-1 所示的结果。

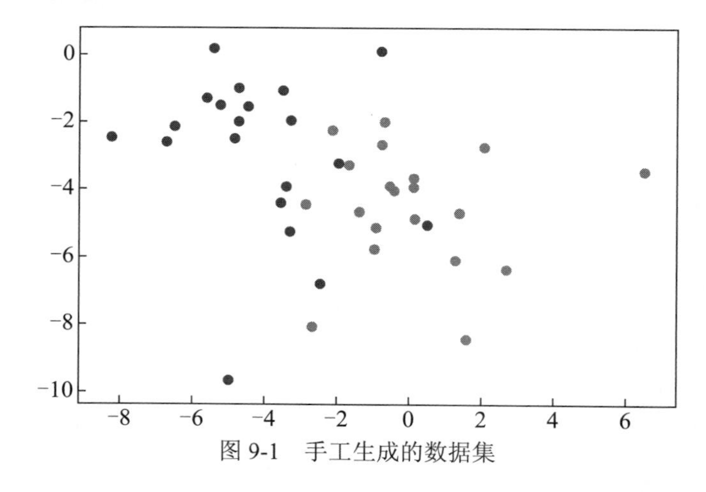

图 9-1　手工生成的数据集

【结果分析】我们在使用 make_blobs 函数时，指定了样本数量 n_samples 为 40，分类 centers 为 2，随机状态 random_state 为 50，标准差 cluster_std 为 2。从图 9-1 中可以看到，数据集中的样本有 2 个特征，分别对应 x 轴和 y 轴，特征 1 的数值大约在 −8 到 7 之间，而特征 2 的数值大约在 −10 到 0 之间。

接下来，我们要使用 scikit-learn 的 preprocessing 模块对这个手工生成的数据集进行预处理的操作。首先我们先来看一下第一个方法：StandardScaler。在 Jupyter Notebook 中输入代码如下：

```
#导入StandardScaler
from sklearn.preprocessing import StandardScaler
#使用StandardScaler进行数据预处理
X_1 = StandardScaler().fit_transform(X)
#用散点图绘制经过预处理的数据点
plt.scatter(X_1[:,0], X_1[:,1], c=y, cmap=plt.cm.cool)
#显示图像
plt.show()
```

运行代码，将会得到如图 9-2 所示的结果。

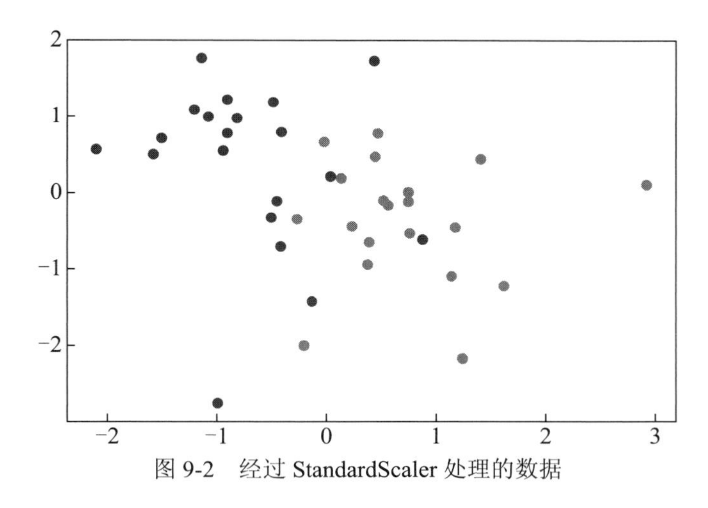

图 9-2　经过 StandardScaler 处理的数据

【结果分析】对比图 9-2 和图 9-1，你也许会发现数据点的分布情况没有什么不同，但图像的 x 轴和 y 轴发生了变化。现在数据所有的特征 1 的数值都在 −2 到 3 之间，而特征 2 的数值都在 −3 到 2 之间。这是因为，StandardScaler 的原理是，将所有数据的特征值转换为均值为 0，而方差为 1 的状态，这样就可以确保数据的“大小”都是一致的，这样更利于模型的训练。

9.1.2　使用MinMaxScaler进行数据预处理

除了 StandardScaler 之外，还有其他一些不同的方法，下面我们来看第二个方法：MinMaxScaler。在 Jupyter Notebook 中输入代码如下：

```
#导入MinMaxScaler
from sklearn.preprocessing import MinMaxScaler
#使用MinMaxScaler进行数据预处理
X_2 = MinMaxScaler().fit_transform(X)
```

```
#绘制散点图
plt.scatter(X_2[:,0], X_2[:,1],c=y, cmap=plt.cm.cool)
#显示图像
plt.show()
```

运行代码，会得到如图 9-3 所示的结果。

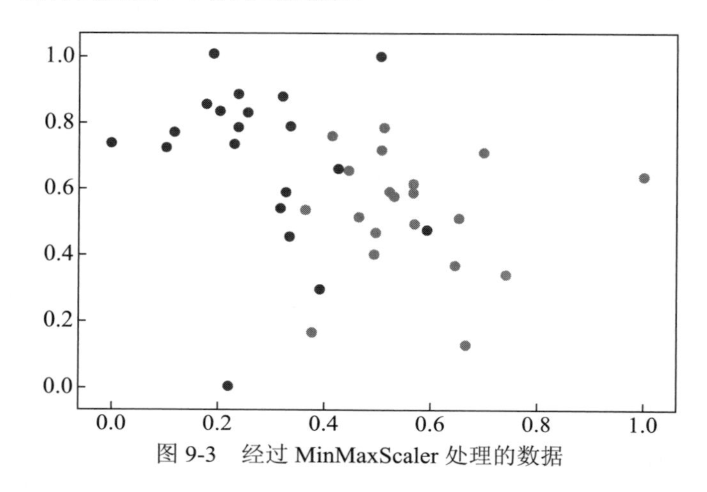

图 9-3　经过 MinMaxScaler 处理的数据

【结果分析】再次将图 9-3 与图 9-1、图 9-2 进行对比，可以看到这次所有数据的两个特征值都被转换到 0 到 1 之间。对于我们使用 make_blobs 生成的二维数据集，你也可以想象成是我们通过 MinMaxScaler 把所有的数据压进了一个长和宽都是 1 的方格子当中了，这样会让模型训练的速度更快且准确率也会提高。

9.1.3　使用RobustScaler进行数据预处理

还有一种数据转换的方法，和 StandardScaler 比较近似，但是它并不是用均值和方差来进行转换，而是使用中位数和四分位数。这种方法称为 RobustScaler，我个人特别喜欢把这种方法翻译成“粗暴缩放”，因为它会直接把一些异常值踢出去，有点类似我们看体育节目中评委常说的“去掉一个最高分，去掉一个最低分”这样的情况。下面我们来看看 RobustScaler 到底有多粗暴，在 Jupyter Notebook 中输入代码如下：

```
#导入RobustScaler
from sklearn.preprocessing import RobustScaler
#使用RobustScaler进行数据预处理
X_3 = RobustScaler().fit_transform(X)
#绘制散点图
plt.scatter(X_3[:,0],X_3[:,1],c=y, cmap=plt.cm.cool)
#显示图像
plt.show()
```

运行代码，会得到如图 9-4 所示的结果。

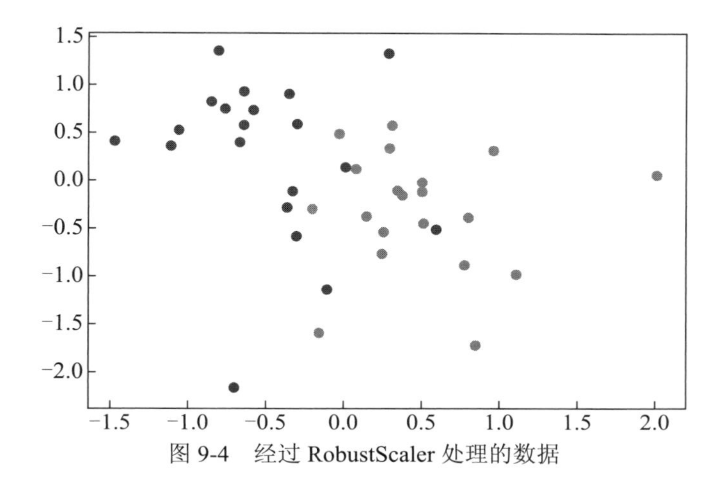

图 9-4　经过 RobustScaler 处理的数据

【结果分析】从图 9-4 中可以看到，RobustScaler 将数据的特征 1 控制在了 −1.5 到 2 之间，而特征 2 控制在了 −2 到 1.5 之间。和 StandardScaler 非常类似，但因为其原理不同，所得到的结果也有所不同。

9.1.4　使用Normalizer进行数据预处理

下面我们再来看一个比较特殊的方法，称为 Normalizer，这种方法将所有样本的特征向量转化为欧几里得距离为 1。也就是说，它把数据的分布变成一个半径为 1 的圆，或者是一个球。Normalizer 通常是在我们只想保留数据特征向量的方向，而忽略其数值的时候使用。下面我们还是用图像来展示 Normalizer 的工作方式，在 Jupyter Notebook 中输入代码如下：

```
#导入Normalizer
from sklearn.preprocessing import Normalizer
#使用Normalizer进行数据预处理
X_4 = Normalizer().fit_transform(X)
#绘制散点图
plt.scatter(X_4[:,0], X_4[:,1], c=y, cmap=plt.cm.cool)
#显示图像
plt.show()
```

运行代码，会得到如图 9-5 所示的结果。

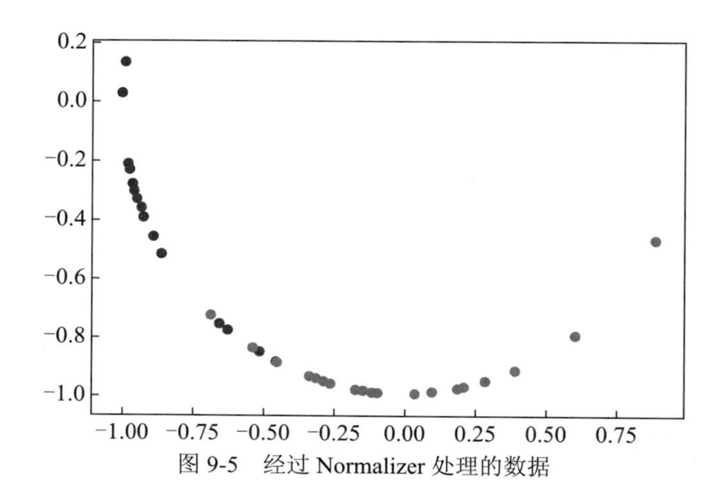

图 9-5　经过 Normalizer 处理的数据

【结果分析】可以说，在我们介绍的集中方法中，Normalizer 是把原始数据变得最“面目全非”的方法了。除此之外，在 scikit-learn 中，还有 MaxAbsScaler、QuantileTransformer、Binarizer 等数据预处理的方法，在此我们先不做详细介绍，感兴趣的读者朋友可以到 Scikit-learn 官方网站查阅相关的文档。

9.1.5　通过数据预处理提高模型准确率

相信看到这里，读者朋友们可能会有一个问题：究竟我们对数据进行预处理的意义是什么呢？它真的可以让模型的训练结果更好吗？为了搞清楚这一点，我们使用酒的数据集来测试一下。在 Jupyter Notebook 中输入代码如下：

```
#导入红酒数据集
from sklearn.datasets import load_wine
#导入MLP神经网络
from sklearn.neural_network import MLPClassifier
#导入数据集拆分工具
from sklearn.model_selection import train_test_split
#建立训练集和测试集
wine = load_wine()
X_train, X_test, y_train, y_test = train_test_split(wine.data, wine.target,
                                                     random_state=62)
#打印数据形态
print(X_train.shape, X_test.shape)
```

运行代码，可以得到结果如图 9-6 所示。

【结果分析】这表示，我们已经成功地将数据集拆分为训练集和测试集，训练集中的样本数量为 133 个，而测试集中的样本数量为 45 个。

```
(133, 13) (45, 13)
```

图 9-6　训练集和测试集的数据形态

下面我们用训练数据集来训练一个 MLP 神经网络，再看下该神经网络在测试集中的得分，输入代码如下：

```
#设定MLP神经网络的参数
mlp = MLPClassifier(hidden_layer_sizes=[100,100],max_iter=400,
                    random_state=62)
#使用MLP拟合数据
mlp.fit(X_train, y_train)
#打印模型得分
print('模型得分：{:.2f}'.format(mlp.score(X_test, y_test)))
```

这里我们设定 MLP 的隐藏层为 2 个，每层有 100 个节点，最大迭代数为 400，并且指定了 random_state 的数值为 62，这是为了在我们重复使用该模型的时候，其训练的结果都是一致的。运行代码，会得到如图 9-7 所示的结果。

```
模型得分：0.24
```

图 9-7　未经数据预处理时的模型得分

【结果分析】在没有经过预处理的情况下，模型的得分只有 0.24，可以用惨不忍睹来形容。

下面我们试着对数据集进行一些预处理的操作，输入代码如下：

```
#使用MinMaxScaler进行数据预处理
scaler = MinMaxScaler()
scaler.fit(X_train)
X_train_pp = scaler.transform(X_train)
X_test_pp = scaler.transform(X_test)
#重新训练模型
mlp.fit(X_train_pp, y_train)
#打印模型分数
print('数据预处理后的模型得分:{:.2f}'.format(mlp.score(X_test_pp,y_test)))
```

运行代码，会得到一个让人惊喜的结果，如图 9-8 所示。

```
数据预处理后的模型得分:1.00
```

图 9-8　经过数据预处理后的模型评分

【结果分析】可以看到，经过了预处理之后的数据集，大大提升了神经网络的准确率，从未经过预处理的模型得分 0.24，直接提升到了进行预处理之后的 1.00，也就是说，在经过数据预处理之后，MLP 神经网络在测试数据集中进行了完美的分类！

注意 **在上面的代码中，我们先用 MinMaxScaler 拟合了原始的训练数据集，再用它去转换原始的训练数据集和测试数据集。切记不要用它先拟合原始的测试数据集，再去转换测试数据集，这样做就失去了数据转换的意义。**

9.2 数据降维

在经过了前面若干章节的阅读之后，不知道读者朋友们会不会有这样一个疑问：在我们的数据集中，样本往往会有很多特征，那么这些特征都是同样重要的吗？是否有一些关键的特征对预测结果起着决定性的作用呢？

9.2.1 PCA主成分分析原理

这是一个非常好的问题。举个例子，假如小 C 想要买一辆车以便节假日可以带女朋友小 I 出去郊游，但是现在市场上的汽车品牌和型号都数目繁多，究竟该如何选择呢？还有一点要考虑的是小 I 得喜欢这辆车才行啊！当然每个型号的汽车都有诸多特征，这里假设我们在预算范围限定的前提下，只看两个特征：一个是动力；另一个是外观。然后小 C 把一些车辆的特征做成数据集，并且拿给小 I 看，有些车是小 I 喜欢的（用笑脸表示），有些是小 I 不喜欢的（用哭脸表示），我们可以画一个如图 9-9 所示的图形。

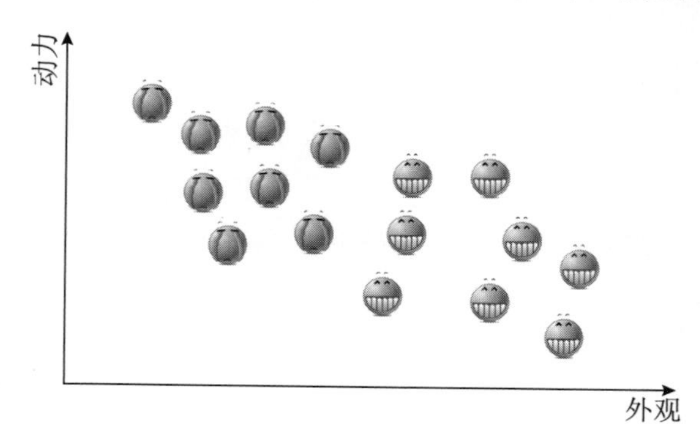

图 9-9　汽车的外观和动力对小 I 喜好的影响

从图 9-9 中，我们可以直观地看出汽车外观对小 I 的喜好影响比较大，而性能则影响相对较小。这样我们可以在图中添加一点标注，如图 9-10 所示。

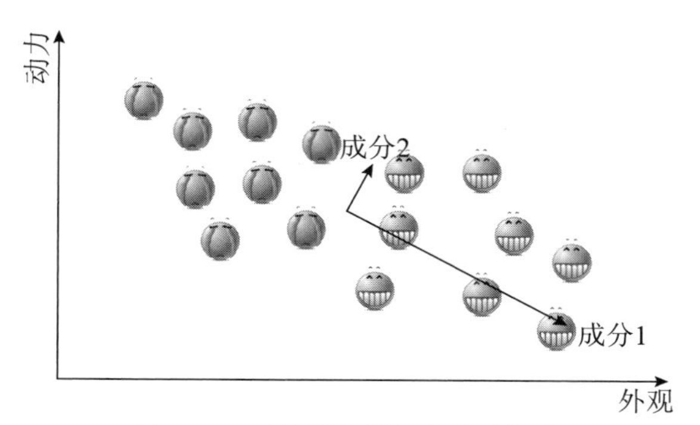

图 9-10　对数据点添加主成分标注

在图 9-10 中，我们把数据点分布最“长”的方向标注为“成分 1”，而与之成 90°角的方向标注为“成分 2”。那假如现在，我们让“成分 2”取值都为 0，而把“成分 1”作为横坐标，重新画这个图，会变成什么样子呢？如图 9-11 所示。

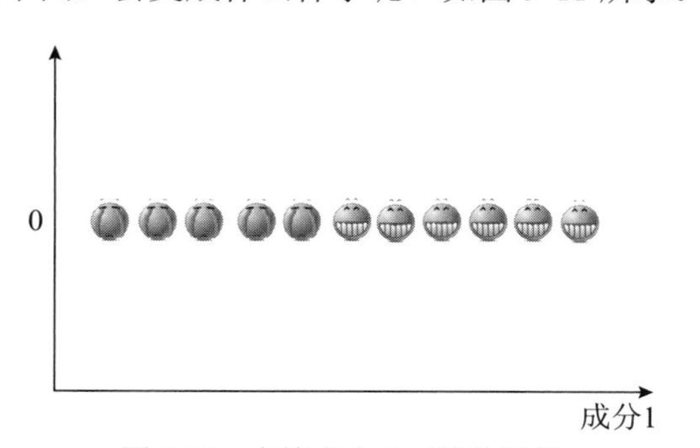

图 9-11　去掉成分 2 后的数据集

从图 9-11 中我们看出，经过这样的处理之后，数据集从一个散点组成的面变成了一条直线，也就是从二维变成了一维。这就是数据降维的意思，而这里我们用到的方法，称为主成分分析法（Principal Component Analysis，PCA）。当然，为了便于展示，我们这里用了一个二维数据降到一维的例子，而在现实世界的数据分析当中，有些数据集的维度会达到上千甚至上万，这样如果不进行数据降维操作的话，对于机器学习模型来说，处理的过程可能会非常缓慢。另外，还会有一些特征之间有非常强烈的相关性，比如人口数据集中，如果性别为男这一列取值为 1，则性别为女这一列取值只能是 0，去掉其中任何一列不会丢失任何信息，在这种情况下，我们就会进行降维，以便降低模型的复杂度。

9.2.2 对数据降维以便于进行可视化

下面我们还是以酒的数据集为例，首先为大家展示一下 PCA 主成分分析法的使用。在 Jupyter Notebook 中输入代码如下：

```
#导入数据预处理工具
from sklearn.preprocessing import StandardScaler
#对红酒数据集进行预处理
scaler = StandardScaler()
X = wine.data
y = wine.target
X_scaled = scaler.fit_transform(X)
#打印处理后的数据集形态
print (X_scaled.shape)
```

在这一步中，我们首先使用 StandardScaler 对数据进行了转换，运行代码我们会得到如图 9-12 所示的结果。

```
(178, 13)
```

图 9-12　数据集中的样本数和特征数量

【结果分析】现在的数据集中，样本数量为 178 个，而特征数量依然是 13 个。接下来我们导入 PCA 模块并对数据进行处理。

输入代码如下：

```
#导入PCA
from sklearn.decomposition import PCA
#设置主成分数量为2以便我们进行可视化
pca = PCA(n_components=2)
pca.fit(X_scaled)
X_pca = pca.transform(X_scaled)
#打印主成分提取后的数据形态
print(X_pca.shape)
```

注意 **因为 PCA 主成分分析法属于无监督学习算法，所以这里只对 X_scaled 进行了拟合，而并没有涉及分类标签 y。**

运行代码，会得到如图 9-13 所示的结果。

```
(178, 2)
```

图 9-13　经过主成分提取之后的数据形态

【结果分析】从结果中可以看出，数据集的样本数量仍然是 178 个，而特征数量只剩下 2 个了。

下面我们用经过 PCA 降维的数据可视化情况，输入代码如下：

```
#将三个分类中的主成分提取出来
X0 = X_pca[wine.target==0]
X1 = X_pca[wine.target==1]
X2 = X_pca[wine.target==2]
#绘制散点图
plt.scatter(X0[:,0],X0[:,1],c='b',s=60,edgecolor='k')
plt.scatter(X1[:,0],X1[:,1],c='g',s=60,edgecolor='k')
plt.scatter(X2[:,0],X2[:,1],c='r',s=60,edgecolor='k')
#设置图注
plt.legend(wine.target_names, loc='best')
plt.xlabel('component 1')
plt.ylabel('component 2')
#显示图像
plt.show()
```

运行代码，会得到如图 9-14 所示的结果。

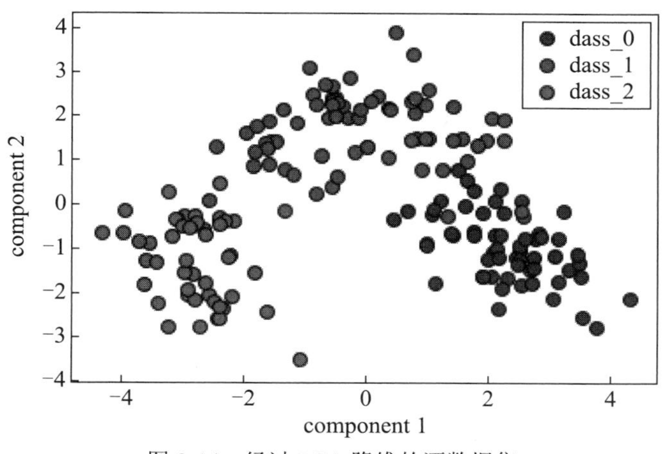

图 9-14　经过 PCA 降维的酒数据集

【结果分析】在之前的章节中，为了进行可视化，只能取酒数据集的前两个特征，而砍掉了其余的 11 个特征，这当然是不科学的。现在好了，我们可以使用 PCA 主成分分析法将数据集的特征向量降至二维，从而轻松进行可视化处理，同时又不会丢失太多的信息。

9.2.3　原始特征与PCA主成分之间的关系

相信有些读者朋友可能又有了新的问题，那就是，原来的 13 个特征和经过 PCA 降维后的两个主成分是怎样的关系呢？如果要从数学的角度来说，我们可能要讲清楚什么是内积和投影。不过鉴于我们不打算深入研究数学问题，这里还是用画图的方式来说明这个问题。现在输入代码如下：

```
#使用主成分绘制热度图
plt.matshow(pca.components_, cmap='plasma')
#纵轴为主成分数
plt.yticks([0,1],['component 1','component 2'])
plt.colorbar()
#横轴为原始特征数量
plt.xticks(range(len(wine.feature_names)),wine.feature_names,
          rotation=60,ha='left')
#显示图像
plt.show()
```

运行代码，会得到如图 9-15 所示的结果。

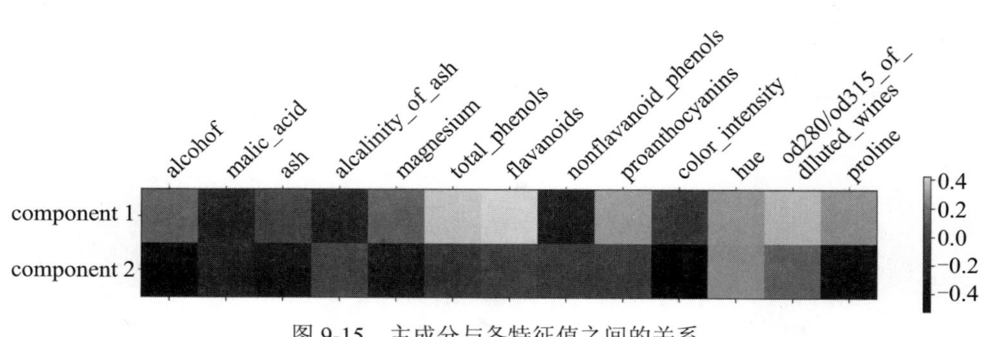

图 9-15　主成分与各特征值之间的关系

【结果分析】现在我们来解释一下图 9-15，在本图中，颜色由深至浅代表一个从 -0.5 ～ 0.4 之间的数值。而在两个主成分中，分别涉及了所有的 13 个特征。如果某个特征对应的数字是正数，说明它和主成分之间是正相关的关系，如果是负数则相反。

现在又出现了新的问题，在实际的使用当中，我们应该如何设置 PCA 的 n_components 参数呢？这里告诉大家一个小窍门：在 scikit-learn 中，PCA 的 n_components 不仅可以代表成分的个数，还可以设置为降维之后保留信息的百分比，例如我们希望降维之后保留原特征 90% 的信息，那么就可以设置 n_components 为 0.9。

9.3　特征提取

通过上面两个小节的学习，我们可以总结出一个 idea，那就是有些时候，我们通过对数据集原来的特征进行转换，生成新的“特征”或者说成分，会比直接使用原始的特征效果要好。现在我们再引入一个新的名词，称为“数据表达”（data representation）。在数据集极为复杂的情况下，比如图像识别，数据表达就显得十分重要。因为图像是有成千上万个像素组成，每个像素上又有不同的 RGB 色彩值，所以我们要用到一个新的数据处理方法，称为“特征提取”（feature extraction）。

9.3.1　PCA主成分分析法用于特征提取

我们在上 9.2 节中，介绍了如何使用 PCA 主成分分析法进行数据降维，接下来我们还要介绍 PCA 在特征提取方面的使用。这次我们使用一个相对复杂一点的数据集——LFW 人脸识别数据集。

LFW 人脸识别数据集包含了若干张 JPEG 图片，是从网上搜集的一些名人的照片。每张照片都是一个人的脸部。而创建这个数据集的目的，是训练机器学习算法，看给出两个照片，算法是否能判断出这两个人是否是同一个人。后来人们对机器又提出了更高的要求：给出一张不在数据集中的人脸照片，让机器判断这张照片是否属于该数据集中的某一个人，并且要叫出他 / 她的名字。

下面让我们来初步了解一下这个数据集，在 Jupyter Notebook 中输入代码如下：

```
#导入数据集获取工具
from sklearn.datasets import fetch_lfw_people
#载入人脸数据集
faces = fetch_lfw_people(min_faces_per_person=20, resize=0.8)
image_shape = faces.images[0].shape
#将照片打印出来
fig, axes = plt.subplots(3,4,figsize=(12,9),
                        subplot_kw={'xticks':(),'yticks':()})
for target,image,ax in zip(faces.target,faces.images,axes.ravel()):
    ax.imshow(image, cmap=plt.cm.gray)
ax.set_title(faces.target_names[target])
#显示图像
plt.show()
```

运行代码，会得到如图 9-16 所示的结果。

【结果分析】从图 9-16 中可以看出 LFW 人脸数据集中图像的大概样子。有个彩蛋：图中左上角第一张照片来自著名影星薇诺娜 • 瑞德，喜欢电影的朋友可能会记得她在《剪刀手爱德华》或是《小妇人》中的惊艳亮相。要想在加载 LFW 人脸数据集时能载入她的照片，请把 min_faces_per_person 参数设为 20。

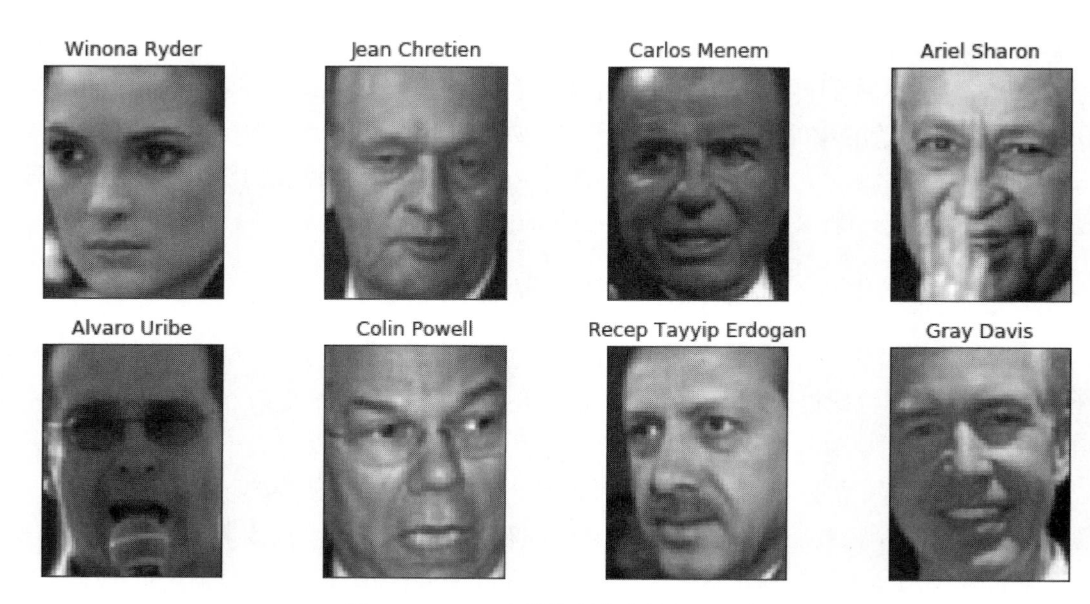

图 9-16　LFW 人脸数据集中的部分照片

接下来，咱们在数据未经处理的情况下，尝试训练一个神经网络，看看效果如何。输入代码如下：

```
#导入神经网络
from sklearn.neural_network import MLPClassifier
对数据集进行拆分
X_train, X_test, y_train, y_test = train_test_split(faces.data/255,
                                                     faces.target,
                                                    random_state=62)
#训练神经网络
mlp=MLPClassifier(hidden_layer_sizes=[100,100], random_state=62,
                  max_iter=400)
mlp.fit(X_train, y_train)
#打印模型准确率
print('模型识别准确率:{:.2f}'.format(mlp.score(X_test, y_test)))
```

运行代码，会得到如图 9-17 所示的结果。

```
模型识别准确率:0.52
```

图 9-17　模型识别准确率仅为 0.52

【结果分析】从结果中可以看到，在使用了 2 个节点数为 100 的隐藏层时，神经网络的识别准确率只有 0.52，也就是说，有接近一半的照片是识别错误的。（其实还好了，毕竟这个数据集里有 62 个人，能在短短几秒内记住 30 多个人的脸，已经很不容易了。）

但是我们还不满足于此，接下来我们使用一些方法来提升模型的表现。第一个要用到的就是 PCA 主成分分析法中的数据白化功能（data whiten）。

那么什么是数据白化呢？拿我们这个例子来说，虽然每个人的面部特征有很大差异，但如果你从像素级别观察，差距其实就没有那么大了。而且相邻的像素之间有很大的相关性，这样一来，样本特征的输入就是冗余的了，白化的目的就是为了要降低冗余性。所以白化的过程会让样本特征之间的相关度降低，且所有特征具有相同的方差。

下面我们用 PCA 的白化功能处理一下 LFW 人脸数据集，输入代码如下：

```
#使用白化功能处理人脸数据
pca = PCA(whiten=True, n_components=0.9, random_state=62).fit(X_train)
X_train_whiten = pca.transform(X_train)
X_test_whiten = pca.transform(X_test)
#打印白化后数据形态
print('白化后数据形态: {}'.format(X_train_whiten.shape))
```

这里我们要求 PCA 保留原始特征中 90% 的信息，所以参数 n_components 指定为 0.9。运行代码，会得到如图 9-18 所示的结果。

```
白化后数据形态: (2267, 105)
```

图 9-18　经过白化处理的数据形态

【结果分析】从结果中可以看到，经过 PCA 白化处理的数据成分为 105 个，远远小于原始数据的特征数量 87×65=5655 个。

下面我们来看看经过白化后神经网络识别的准确率有什么变化。输入代码如下：

```
#使用白化后的数据训练神经网络
mlp.fit(X_train_whiten, y_train)
#打印模型准确率
print('数据白化后模型识别准确率:{:.2f}'.format(mlp.score(X_test_whiten,
                                                y_test)))
```

运行代码，会得到如图 9-19 所示的结果。

```
数据白化后模型识别准确率:0.57
```

图 9-19　数据白化后的模型准确率

【结果分析】从结果中可以看到，模型的准确率轻微地提高了，达到了 57%。这说明 PCA 的数据白化功能对于提高神经网络模型的准确率是有一定帮助的。

9.3.2 非负矩阵分解用于特征提取

除了 PCA 之外，scikit-learn 中还封装了非负矩阵分解（Non-Negative Matrix Factorization，NMF）。NMF 也是一个无监督学习算法，同样可以用于数据的特征提取。那么 NMF 和 PCA 有什么不同呢？

首先我们要先明白什么是矩阵分解，所谓矩阵分解就是把一个矩阵拆解为 *n* 个矩阵的乘积。而非负矩阵分解，顾名思义，就是原始的矩阵中所有的数值必须大于或等于 0，当然分解之后的矩阵中数据也是大于或等于 0 的。用一个比较简单的方式来理解 NMF 的话，我们可以想象一下有一堆特征值混乱无序地堆放在空间中，而 NMF 可以看成是从坐标原点（0，0）引出一个（或几个）向量，用这个（或这些）向量，尽可能地把原始特征值的信息表达出来，如图 9-20 所示。

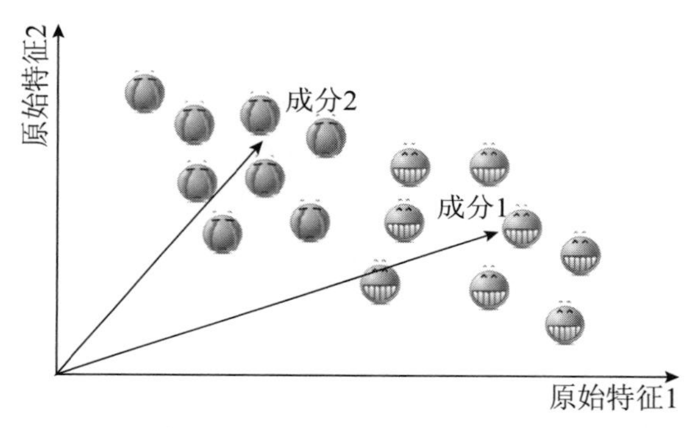

图 9-20 非负矩阵分解 NMF

与 PCA 不同的是，如果我们降低 NMF 的成分数量，它会重新生成新的成分，而新的成分和原来的成分是完全不一样的。另外，NMF 中的成分是没有顺序的，这点和 PCA 也有所不同。下面我们试一试使用 NMF 对 LFW 人脸数据集进行特征提取，再重新训练神经网络，看看模型的识别准确率是否有所变化。输入代码如下：

```
#导入NMF
from sklearn.decomposition import NMF
#使用NMF处理数据
nmf = NMF(n_components=105,random_state=62).fit(X_train)
X_train_nmf = nmf.transform(X_train)
X_test_nmf = nmf.transform(X_test)
#打印NMF处理后的数据形态
print('NMF处理后数据形态: {}'.format(X_train_nmf.shape))
```

公平起见，我们设置 NMF 的 n_components 参数和 PCA 的一致，都为 105 个。运行代码（这次要等的时间可能要长一些），会得到如图 9-21 所示的结果。

NMF处理后数据形态：(2267, 105)

图 9-21　经过 NMF 处理的数据形态

注意　和 PCA 不同，NMF 的 n_components 参数不支持使用浮点数，只能设置为正的整型数。

接下来我们用 NMF 处理后的数据训练神经网络，输入代码如下：

```
#用NMF处理后的数据训练神经网络
mlp.fit(X_train_nmf, y_train)
#打印模型准确率
print('nmf处理后模型准确率：{:.2f}'.format(mlp.score(X_test_nmf,
                                        y_test)))
```

运行代码，会得到如图 9-22 所示的结果。

nmf处理后模型准确率：0.56

图 9-22　数据经过 NMF 处理后的模型得分

【结果分析】从结果中可以看出，NMF 处理后的数据训练的神经网络模型准确率和 PCA 处理后的模型准确率基本持平，略微低一点点。

9.4　聚类算法

可能读者朋友们还记得我们在第 1 章中就提到过，有监督学习主要用于分类和回归，而无监督学习的一个非常重要的用途就是对数据进行聚类。当然了，聚类和分类有一定的相似之处，分类是算法基于已有标签的数据进行学习并对新数据进行分类，而聚类则是在完全没有现有标签的情况下，有算法“猜测”哪些数据像是应该“堆”在一起的，并且让算法给不同的“堆”里的数据贴上一个数字标签。在本节中，我们会重点了解 *K* 均值（k-Means）聚类、凝聚聚类，以及 DBSCAN 这几个算法。

9.4.1 *K*均值聚类算法

在各种聚类算法中，*K* 均值聚类算法可以说是最简单的。但是简单不代表不好用，*K* 均值绝对是在聚类中用的最多的算法。它的工作原理是这样的：假设我们的数据集中的样本因为特征不同，像小沙堆一样散布在地上，*K* 均值算法会在小沙堆上插上旗子。而第一遍插的旗子并不能很完美地代表沙堆的分布，所以 *K* 均值还要继续，让每个旗子能够插到每个沙堆最佳的位置上，也就是数据点的均值上，这也是 *K* 均值算法名字的由来。接下来会一直重复上述的动作，直到找不出更好的位置，如图 9-23 所示。

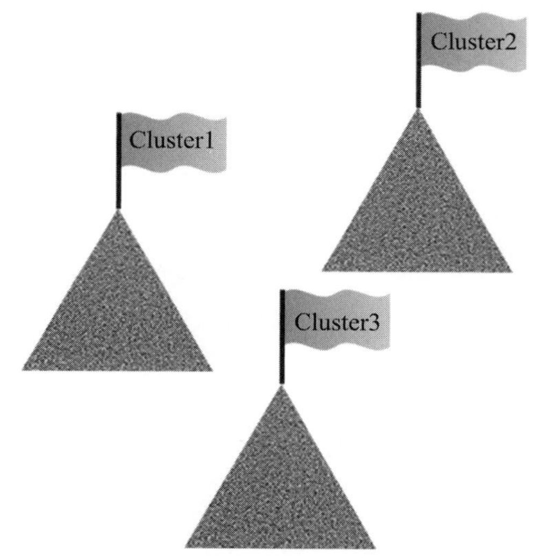

图 9-23　*K* 均值算法对数据进行聚类

下面我们尝试用手工生成的数据集来展示一下 *K* 均值聚类算法的工作原理，输入代码如下：

```
#导入数据集生成工具
from sklearn.datasets import make_blobs
#生成分类数为1的数据集
blobs = make_blobs(random_state=1,centers=1)
X_blobs = blobs[0]
#绘制散点图
plt.scatter(X_blobs[:,0],X_blobs[:,1],c='r',edgecolor='k')
#显示图像
plt.show()
```

这段代码，主要是生成一“坨”没有类别的数据点，并且用散点图把它们画出来。运行代码，会得到如图 9-24 所示的结果。

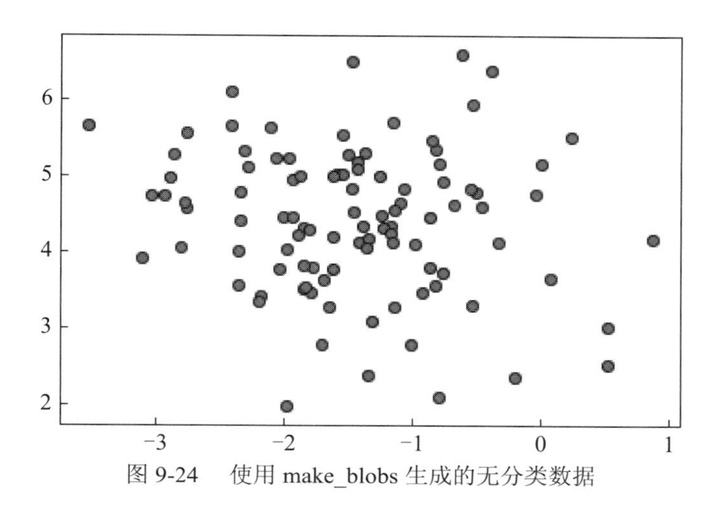

图 9-24　使用 make_blobs 生成的无分类数据

【**结果分析**】从图中可以看到，由于我们指定了 make_blobs 的 centers 参数为 1，因此所有的数据都属于 1 类，并没有差别。

下面我们使用 *K* 均值来帮助这些数据进行聚类，输入代码如下：

```
#导入KMeans工具
from sklearn.cluster import KMeans
#要求KMeans将数据聚为3类
kmeans = KMeans(n_clusters=3)
#拟合数据
kmeans.fit(X_blobs)

#下面是用来画图的代码
x_min, x_max = X_blobs[:, 0].min()-0.5 , X_blobs[:, 0].max()+0.5
y_min, y_max = X_blobs[:, 1].min()-0.5 , X_blobs[:, 1].max()+0.5
xx, yy = np.meshgrid(np.arange(x_min, x_max, .02),
                     np.arange(y_min, y_max, .02))
Z = kmeans.predict(np.c_[xx.ravel(), yy.ravel()])
Z = Z.reshape(xx.shape)
plt.figure(1)
plt.clf()
plt.imshow(Z, interpolation='nearest',
           extent=(xx.min(), xx.max(), yy.min(), yy.max()),
           cmap=plt.cm.summer,
           aspect='auto', origin='lower')

plt.plot(X_blobs[:, 0], X_blobs[:, 1], 'r.', markersize=5)
#用蓝色叉号代表聚类的中心
centroids = kmeans.cluster_centers_
plt.scatter(centroids[:, 0], centroids[:, 1],
            marker='x', s=150, linewidths=3,
            color='b', zorder=10)

plt.xlim(x_min, x_max)
```

```
plt.ylim(y_min, y_max)
plt.xticks(())
plt.yticks(())
#显示图像
plt.show()
```

运行代码，会得到如图 9-25 所示的结果。

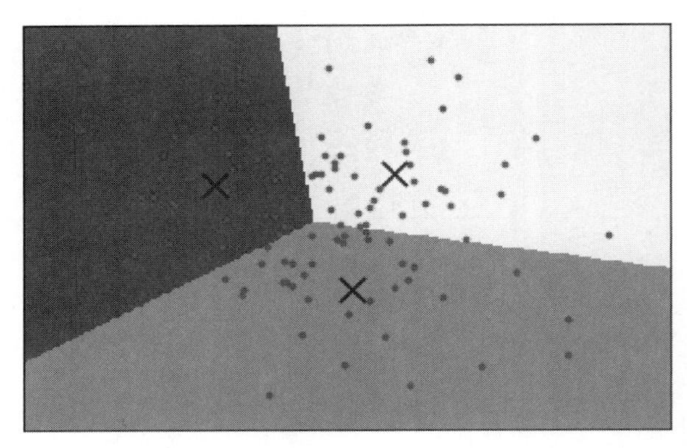

图 9-25　使用 *K* 均值算法进行的聚类

【结果分析】在上一段代码中，我们指定了 *K* 均值的 n_clusters 参数是 3，所以 *K* 均值将数据点聚为 3 类，图中的 3 个蓝色的 × 号，就代表了 *K* 均值对数据进行聚类的 3 个中心。

那么 *K* 均值怎样来表示这些聚类呢？我们用下面这行代码来看一下。

```
#打印KMeans进行聚类的标签
print("K均值的聚类标签:\n{}".format(kmeans.labels_))
```

运行代码，会得到如图 9-26 所示的结果。

```
K均值的聚类标签:
[2 2 0 1 1 1 2 2 0 1 2 1 2 0 2 1 1 2 0 0 1 0 2 2 2 2 1 2 2 2 0 0 2 2 1 0 1
 0 2 0 1 2 0 0 1 1 1 2 0 2 0 2 1 0 1 1 0 1 1 2 1 0 1 2 0 1 0 0 2 1 1 2 1 1
 1 2 1 2 2 0 1 0 1 1 0 2 1 2 0 0 1 2 0 0 1 1 2 1 1 2]
```

图 9-26　*K* 均值算法的标签属性

【结果分析】从结果中可以看到，*K* 均值对数据进行的聚类和分类有些类似，是用 0、1、2 三个数字来代表数据的类，并且储存在 .labels_ 属性中。

从好的一面来看，*K* 均值算法十分简单而且容易理解，但它也有很明显的局限性。例如，它认为每个数据点到聚类中心的方向都是同等重要的。这样一来，对于“形状”

复杂的数据集来说，*K* 均值算法就不能很好地工作。在讲完后面的算法后，我们会详细对比它们的差异。

9.4.2 凝聚聚类算法

要理解凝聚聚类算法其实很简单，也很有意思。在夏天观察雨后的荷叶，会发现一个有意思的现象：在重力的作用下，荷叶上的小水珠会向荷叶中心聚集，并且凝聚成一个大水珠，这也可以用来形象地描述凝聚聚类算法。实际上，凝聚聚类算法是一揽子算法的集合，而这一揽子算法的共同之处是，它们首先将每个数据点看成是一个聚类，也就是荷叶上的小水珠，然后把相似的聚类进行合并，形成了一个较大的水珠。然后重复这个过程，直到达到了停止的标准。那么停止的标准是什么呢？在 scikit-learn 中，停止的标准是剩下的“大水珠”的数量。

下面我们还是用一个图像来对凝聚聚类算法的工作机制进行说明，输入代码如下：

```
#导入dendrogram和ward工具
from scipy.cluster.hierarchy import dendrogram, ward
#使用连线的方式进行可视化
linkage = ward(X_blobs)
dendrogram(linkage)
ax = plt.gca()
#设定横纵轴标签
plt.xlabel("Sample index")
plt.ylabel("Cluster distance")
#显示图像
plt.show()
```

为了和 *K* 均值算法进行比较，这里我们仍然使用了在 *K* 均值算法中生成的数据集。运行代码，会得到如图 9-27 所示的结果。

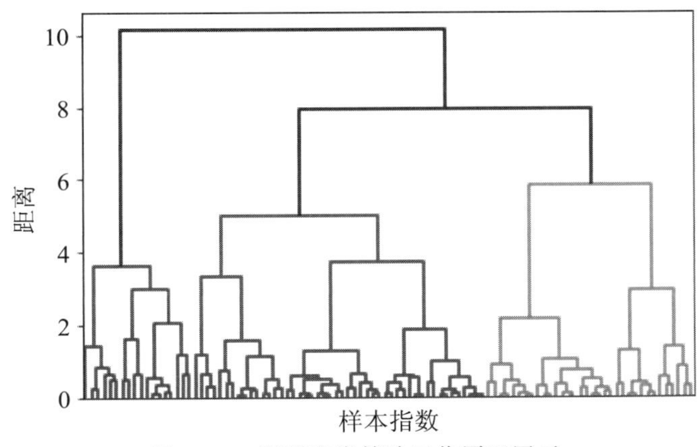

图 9-27 凝聚聚类算法工作原理展示

【结果分析】从图 9-27 中可以看到，凝聚聚类算法是自下而上，不断地合并相似的聚类中心，以便让类别越来越少，同时每个聚类中心的距离也就原来越远。这种逐级生成的聚类方法称为 Hierarchy clustering。

当然，和 *K* 均值聚类算法比较类似，凝聚聚类算法也无法对“形状”复杂的数据进行正确的聚类。因此接下来我们要介绍一个新的算法：DBSCAN。

9.4.3 DBSCAN算法

如果只是看名字的话，或许会觉得这个算法和“数据库扫描”有什么关系，因为直观看起来，它像是 DataBase Scan 的缩写。然而实际上并不是这样，这个算法的全名称为“基于密度的有噪声应用空间聚类”（Density-based spatial clustering of applications with noise）。这是一个很长且拗口的名字，但是也反应了它的工作原理。DBSCAN 是通过对特征空间内的密度进行检测，密度大的地方它会认为是一个类，而密度相对小的地方它会认为是一个分界线。也正是由于这样的工作机制，使得 DBSCAN 算法不需要像 *K* 均值或者是凝聚聚类算法那样在一开始就指定聚类的数量 n_clusters。

下面我们再用之前 make_blobs 生成的数据集来展示一下 DBSCAN 的工作机制，输入代码如下：

```
#导入DBSCAN
from sklearn.cluster import DBSCAN
db = DBSCAN()
#使用DBSCAN拟合数据
clusters = db.fit_predict(X_blobs)
#绘制散点图
plt.scatter(X_blobs[:, 0], X_blobs[:, 1], c=clusters, cmap=plt.cm.cool,
            s=60,edgecolor='k')
#设置横纵轴标签
plt.xlabel("Feature 0")
plt.ylabel("Feature 1")
#显示图像
plt.show()
```

运行代码，会得到如图 9-28 所示的结果。

【结果分析】从图 9-28 中，我们看到经过 DBSCAN 的聚类，数据点被标成了不同的深浅程度。那么是不是表示 DBSCAN 把数据类聚成了两类呢？

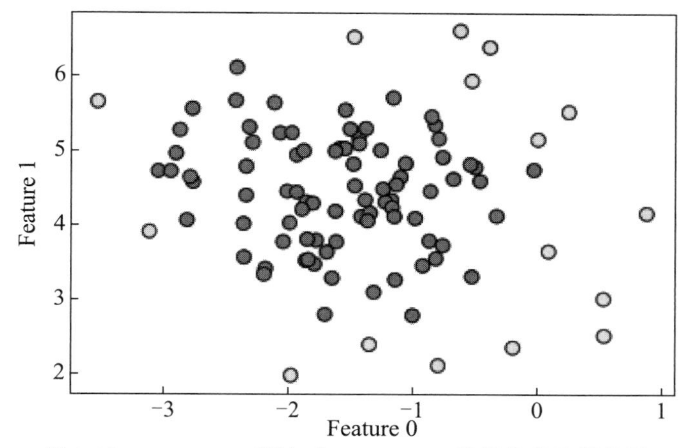

图 9-28　DBSCAN 算法对 make_blobs 数据集的聚类结果

我们试着输入代码如下：

```
#打印聚类个数
print('\n\n\n聚类标签为：\n{}\n\n\n'.format(clusters))
```

运行代码，会得到如图 9-29 所示的结果。

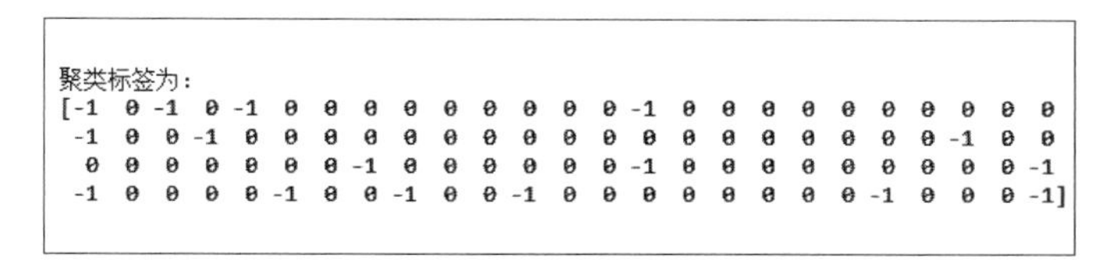

```
聚类标签为：
[-1  0 -1  0 -1  0  0  0  0  0  0  0  0  0 -1  0  0  0  0  0  0  0  0  0  0
 -1  0  0 -1  0  0  0  0  0  0  0  0  0  0  0  0  0  0  0  0  0  0 -1  0  0
  0  0  0  0  0  0  0 -1  0  0  0  0  0  0 -1  0  0  0  0  0  0  0  0  0 -1
 -1  0  0  0  0 -1  0  0 -1  0  0 -1  0  0  0  0  0  0  0  0 -1  0  0  0 -1]
```

图 9-29　DBSCAN 的聚类标签

【结果分析】奇怪的是，在聚类标签中，居然出现了 -1，这是怎么回事呢？原来在 DBSCAN 中，-1 代表该数据点是噪声。在图 9-27 中，我们看到中间深色的数据点密度相对较大，因此 DBSCAN 把它们归到一“坨”，而外围的浅色的数据点，DBSCAN 认为根本不属于任何一类，所以放进了“噪声”这个类别。

说到这里，就不能不提 DBSCAN 中两个非常重要的参数：一是 eps；一个是 min_samples。eps 指定的是考虑划入同一“坨”的样本距离有多远，eps 值设置得越大，则聚类所覆盖的数据点越多，反之则越少。默认情况下 eps 的值为 0.5。接下来我们试着把 eps 值调大一些，看会发生什么。输入代码如下：

```
#设置DBSCAN的eps参数为2
db_1 = DBSCAN(eps = 2)
#重新拟合数据
clusters_1 = db_1.fit_predict(X_blobs)
```

```
plt.scatter(X_blobs[:, 0], X_blobs[:, 1], c=clusters_1, cmap=plt.cm.cool,
            s=60,edgecolor='k')
#设定横纵轴标签
plt.xlabel("Feature 0")
plt.ylabel("Feature 1")
#显示图像
plt.show()
```

在这段代码中，我们手动指定了 eps 值为 2，运行代码会得到如图 9-30 的结果。

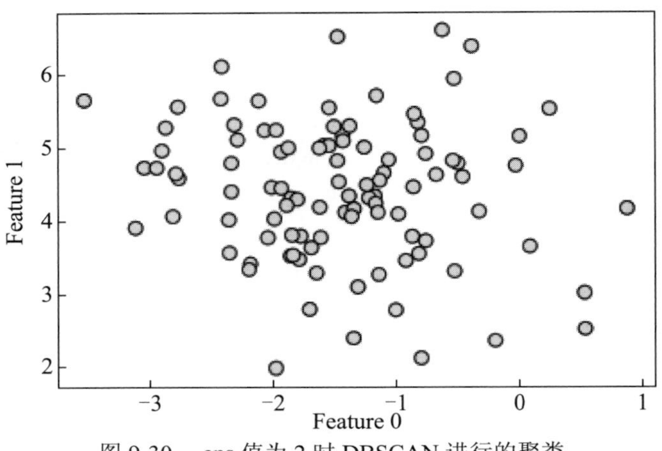

图 9-30　eps 值为 2 时 DBSCAN 进行的聚类

【结果分析】现在我们看到，所有的数据点都变成了浅色，这并不是说所有数据点都变成了噪声，而是说所有的数据点都被归入同一"坨"中。这是因为我们增加了 eps 的取值后，让 DBSCAN 把距离更远的数据点也拉到这个聚类中了。

而 min_samples 参数指定的是在某个数据点周围，被看成是聚类核心点的个数，min_samples 值越大，则核心数据点越少，噪声也就越多；反之 min_sample 值越小，噪声也就越少。默认的 min_samples 值是 2。下面我们用图形进行展示，输入代码如下：

```
#设置DBSCAN的最小样本数为20
db_2 = DBSCAN(min_samples = 20)
clusters_2 = db_2.fit_predict(X_blobs)
#绘制散点图
plt.scatter(X_blobs[:, 0], X_blobs[:, 1], c=clusters_2, cmap=plt.cm.cool,
            s=60,edgecolor='k')
#设置横纵轴标签
plt.xlabel("Feature 0")
plt.ylabel("Feature 1")
#显示图像
plt.show()
```

现在我们指定了 min_samples 的值为 20，运行代码，将得到如图 9-31 所示的结果。

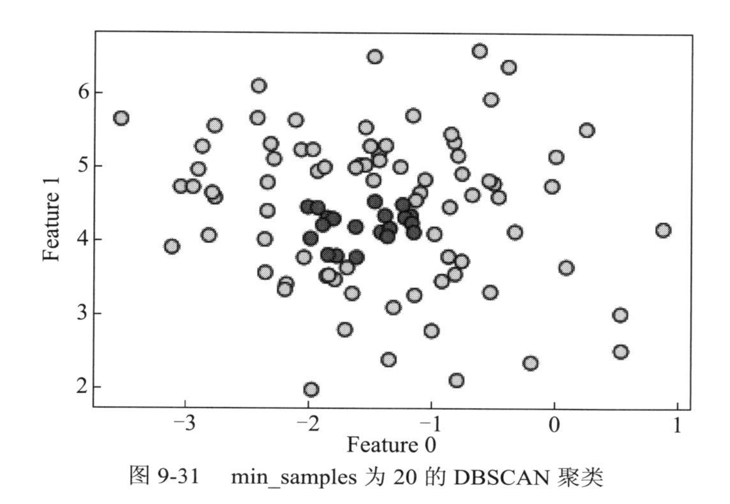

图 9-31　min_samples 为 20 的 DBSCAN 聚类

【结果分析】如果对比图 9-31 与图 9-28 的话，你会发现，浅色的数据点变多了，也就是噪声变多了。而深色的数据点，也就是聚类中被划为类别 1 的数据点变少了。

综上，虽然 DBSCAN 并不需要我们在开始训练算法的时候就指定 clusters 的数量，但是通过对 eps 和 min_samples 参数赋值，相当于间接地指定了 clusters 的数量。尤其是 eps 参数尤为重要，因为它规定了某一“坨”的范围大小。而且在实际应用中，如果将数据集先用 MinMaxScaler 或者 StandardScaler 进行预处理，那么 DBSCAN 算法的表现会更好（因为这两种预处理方法把数据的范围控制得比较集中）。

9.5　小结

在本章中，我们一起初步了解了数据预处理、数据降维、特征提取和聚类算法这几个方面的知识。对于机器学习来说，能够合理有效地对数据进行表达是至关重要的。因此数据预处理、降维、特征提取在我们对数据进行准备工作的过程中起着非常关键的作用。而对于没有分类标签的数据来说，无监督学习的聚类算法可以帮助我们更好地理解数据集，并且为进一步训练模型打好基础。截至目前，读者朋友们基本已经对机器学习中常用的一些算法有了一定的了解，希望大家在阅读过后，可以尝试动手在 scikit-learn 内置的一些数据集中进行实验——学习一门技巧最好的办法就是使用它。

下一章中，我们会和读者朋友们一起就数据表达和特征工程这两个方面的知识进行探讨和研究，希望能够对大家有进一步的帮助。

第 10 章　数据表达与特征工程——锦上再添花

读者朋友们还记得在第 6 章决策树与随机森林中，我们让小 C 用机器学习的方法帮助小 Q 决定要不要和相亲对象进一步交往的例子吗？细心的读者朋友可能会发现一个问题，那就是在这个例子中，我们使用的 adult 数据集和其他的数据集有点不同，其他的数据集中样本的特征一般是一个数值，而 adult 数据集中，样本的特征有很多是用字符串来表达的，如工作单位性质，有些是 State-gov，有些是 private，还有一些是 Federal-gov。我们管这些字符串式的特征称为“类型特征”（categorical features），而把之前说的数值类型的特征称为“连续特征”（continuous features）。在本章中，我们将讨论如何将不同的特征进行转换、如何合理表达数据，以及如何进行特征选择等。

本章主要涉及的知识点有：

- 使用哑变量对类型特征进行转化
- 对数据进行装箱处理
- 几种常用的数据“升维”方法
- 常用的自动特征选择方法

10.1 数据表达

10.1.1 使用哑变量转化类型特征

首先，我们要了解一下什么是哑变量（Dummy Variables）。哑变量，也被称为虚拟变量，是一种在统计学和经济学领域非常常用的，用来把某些类型变量转化为二值变量的方法，在回归分析中的使用尤其广泛。在第 6 章中，我们就是使用了 pandas 的 get_dummies 将 adult 数据集中的类型特征转换成了用 0 和 1 表达的数值特征。

下面我们用一个例子来展示下 get_dummies 的使用，在 Jupyter Notebook 中输入代码如下：

```
#导入pandas
import pandas as pd
#手工输入一个数据表
fruits = pd.DataFrame({'数值特征':[5,6,7,8,9],
                      '类型特征':['西瓜','香蕉','橘子','苹果','葡萄']})
#显示fruits数据表
display(fruits)
```

运行代码，会得到如图 10-1 所示的结果。

	数值特征	类型特征
0	5	西瓜
1	6	香蕉
2	7	橘子
3	8	苹果
4	9	葡萄

图 10-1 手动生成的水果数据集

【结果分析】图 10-1 就是我们使用 pandas 的 DataFrame 生成的一个完整数据集，其中包括整型数值特征 [5, 6, 7, 8]，还包括字符串组成的类型特征“西瓜”“香蕉”“橘子”“苹果”“葡萄”。

下面我们使用 get_dummies 来将类型特征转化为只有 0 和 1 的二值数值特征，输入代码如下：

```
#转化数据表中的字符串为数值
fruits_dum = pd.get_dummies(fruits)
#显示转化后的数据表
display(fruits_dum)
```

运行代码，会得到如图 10-2 所示的结果。

	数值特征	类型特征_橘子	类型特征_苹果	类型特征_葡萄	类型特征_西瓜	类型特征_香蕉
0	5	0	0	0	1	0
1	6	0	0	0	0	1
2	7	1	0	0	0	0
3	8	0	1	0	0	0
4	9	0	0	1	0	0

图 10-2　经过 get_dummies 转化的水果数据集

【结果分析】从图 10-2 中我们看到，通过 get_dummies 的转换，之前的类型变量全部变成了只有 0 和 1 的数值变量，或者说，是一个稀疏矩阵。相信有些读者朋友可能会发现，数值特征并没有发生变化，这也是正式 get_dummies 的机智过人之处，它在默认情况下是不会对数值特征进行转化的。

那读者朋友可能会问了，假如我就是希望把数值特征也进行 get_dummies 转换怎么办呢？没问题的，我们可以先将数值特征转换为字符串，然后通过 get_dummies 的 columns 参数来转换。下面我们来试一下，在 Jupyter Notebook 中输入代码如下：

```
#令程序将数值也看作字符串
fruits['数值特征'] = fruits['数值特征'].astype(str)
#在用get_dummies转化字符串
pd.get_dummies(fruits, columns=['数值特征'])
```

在代码中，我们首先用 .astype（str） 指定了“数值特征”这一列是字符串类型的数据，然后在 get_dummies 中指定 columns 参数为“数值特征”这一列，这样 get_dummies 就会只转化数值特征了，运行代码，会得到如图 10-3 所示的结果。

	类型特征	数值特征_5	数值特征_6	数值特征_7	数值特征_8	数值特征_9
0	西瓜	1	0	0	0	0
1	香蕉	0	1	0	0	0
2	橘子	0	0	1	0	0
3	苹果	0	0	0	1	0
4	葡萄	0	0	0	0	1

图 10-3　指定 get_dummies 转换数值特征的结果

注意　实际上，如果我们不用 fruits[‘数值特征’] = fruits[‘数值特征’].astype (str) 这行代码把数值转化为字符串类型，依然会得到同样的结果。但是在大规模数据集中，还是建议大家进行转化字符串的操作，避免产生不可预料的错误。

10.1.2 对数据进行装箱处理

在机器学习中，不同的算法建立的模型会有很大的差别。即便是在同一个数据集中，这种差别也会存在。这是由于算法的工作原理不同所导致的，如 KNN 和 MLP。下面我们手工生成一点数据，让读者朋友可以直观感受下相同数据下不同算法的差异。输入代码如下：

```
#导入numpy
import numpy as np
#导入画图工具
import matplotlib.pyplot as plt
#生成随机数列
rnd = np.random.RandomState(38)
x = rnd.uniform(-5,5,size=50)
#向数据中添加噪声
y_no_noise = (np.cos(6*x)+x)
X = x.reshape(-1,1)
y = (y_no_noise + rnd.normal(size=len(x)))/2
#绘制图形
plt.plot(X,y,'o',c='r')
#显示图形
plt.show()
```

这只是一个用来生成随机数据的代码，大家可以不用太在意它有什么具体的意义。运行代码，会得到如图 10-4 所示的结果。

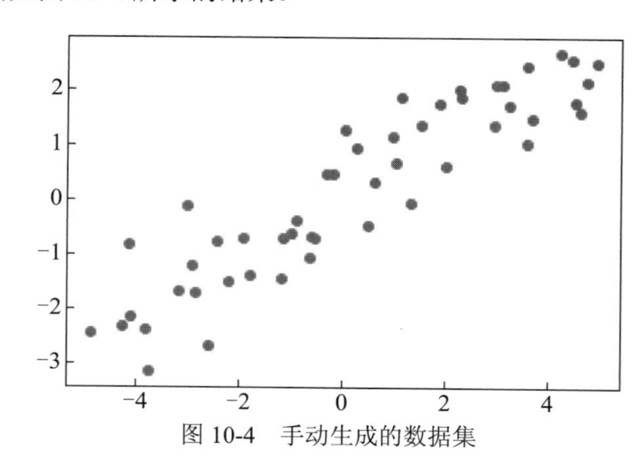

图 10-4　手动生成的数据集

下面我们分别用 MLP 算法和 KNN 算法对这个数据集进行回归分析，在 Jupyter Notebook 中输入代码如下：

```
#导入神经网络
from sklearn.neural_network import MLPRegressor
#导入KNN
```

```
from sklearn.neighbors import KNeighborsRegressor
#生成一个等差数列
line = np.linspace(-5,5,1000,endpoint=False).reshape(-1,1)
#分别用两种算法拟合数据
mlpr = MLPRegressor().fit(X,y)
knr = KNeighborsRegressor().fit(X,y)
#绘制图形
plt.plot(line, mlpr.predict(line),label='MLP')
plt.plot(line, knr.predict(line),label='KNN')
plt.plot(X,y,'o',c='r')
plt.legend(loc='best')
#显示图形
plt.show()
```

这里我们保持 MLP 和 KNN 的参数都为默认值，即 MLP 有 1 个隐藏层，节点数为 100，而 KNN 的 n_neighbors 数量为 5。运行代码，会得到如图 10-5 所示的结果。

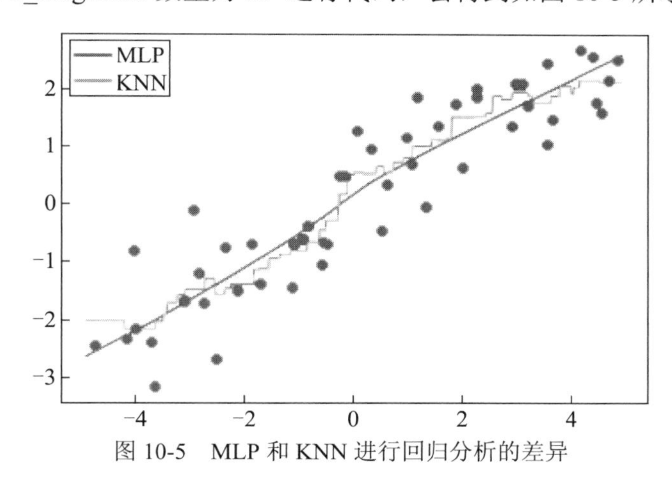

图 10-5　MLP 和 KNN 进行回归分析的差异

【结果分析】从图 10-5 中可以看出，MLP 产生的回归线非常接近线性模型的结果，而 KNN 则相对更复杂一些，它试图覆盖更多的数据点。即便是用肉眼观察，也能发现这两者所进行的回归预测有明显的差别。

那么在现实当中，我们应该采用哪个算法的预测结果呢？先不要着急，接下来我们对数据进行一下“装箱处理”（binning），这种处理方法也称为“离散化处理”（discretization）。现在在 Jupyter Notebook 中输入代码如下：

```
#设置箱体数为11
bins = np.linspace(-5,5,11)
将数据进行装箱操作
target_bin = np.digitize(X, bins=bins)
#打印装箱数据范围
print('装箱数据范围：\n{}'.format(bins))
```

```
#打印前十个数据的特征值
print('\n前十个数据点的特征值：\n{}'.format(X[:10]))
#找到它们所在的箱子
print('\n前十个数据点所在的箱子：\n{}'.format(target_bin[:10]))
```

由于我们在生成这个实验数据集的时候，是在 -5 到 5 之间随机生成了 50 个数据点，因此我们在生成“箱子”（如果觉得这么叫有点土的话，也可以叫它“容器”）的时候，也指定范围是从 -5 到 5 之间，生成 11 个元素的等差数列，这样每两个数值之间就形成了一个箱子，一共 10 个。运行代码，会得到如图 10-6 所示的结果。

```
装箱数据范围：
[-5. -4. -3. -2. -1.  0.  1.  2.  3.  4.  5.]

前十个数据点的特征值：
[[-1.1522688 ]
 [ 3.59707847]
 [ 4.44199636]
 [ 2.02824894]
 [ 1.33634097]
 [ 1.05961282]
 [-2.99873157]
 [-1.12612112]
 [-2.41016836]
 [-4.25392719]]

前十个数据点所在的箱子：
[[ 4]
 [ 9]
 [10]
 [ 8]
 [ 7]
 [ 7]
 [ 3]
 [ 4]
 [ 3]
 [ 1]]
```

图 10-6　数据装箱情况

【结果分析】从结果中可以看到，第一个箱子是 -5 到 -4 之间，第二个箱子是 -4 到 -3 之间，以此类推。第 1 个数据点 -1.1522688 所在的箱子是第 4 个，第 2 个数据点 3.59707847 所在的箱子是第 9 个，而第 3 个数据点 4.44199636 所在的箱子是第 10 个，以此类推。

接下来我们要做的事情，就是用新的方法来表达已经装箱的数据，所要用到的方法就是 scikit-learn 的独热编码 OneHotEncoder。OneHotEncoder 和 pandas 的 get_dummies 功能基本上是一样的，但是 OneHotEncoder 目前只能用于整型数值的类型变量。现在输入代码如下：

```
#导入独热编码
from sklearn.preprocessing import OneHotEncoder
onehot = OneHotEncoder(sparse = False)
onehot.fit(target_bin)
```

```
#使用独热编码转化数据
X_in_bin = onehot.transform(target_bin)
#打印结果
print('装箱后的数据形态：{}'.format(X_in_bin.shape))
print('\n装箱后的前十个数据点：\n{}'.format(X_in_bin[:10]))
```

运行代码，会得到如图 10-7 所示的结果。

```
装箱后的数据形态：(50, 10)

装箱后的前十个数据点：
[[ 0.  0.  0.  1.  0.  0.  0.  0.  0.  0.]
 [ 0.  0.  0.  0.  0.  0.  0.  0.  1.  0.]
 [ 0.  0.  0.  0.  0.  0.  0.  0.  0.  1.]
 [ 0.  0.  0.  0.  0.  0.  0.  1.  0.  0.]
 [ 0.  0.  0.  0.  0.  0.  1.  0.  0.  0.]
 [ 0.  0.  0.  0.  0.  0.  1.  0.  0.  0.]
 [ 0.  0.  1.  0.  0.  0.  0.  0.  0.  0.]
 [ 0.  0.  0.  1.  0.  0.  0.  0.  0.  0.]
 [ 0.  0.  1.  0.  0.  0.  0.  0.  0.  0.]
 [ 1.  0.  0.  0.  0.  0.  0.  0.  0.  0.]]
```

图 10-7　使用独热编码对数据进行表达

【结果分析】现在可以看到，虽然数据集中样本的数量仍然是 50 个，但特征数变成了 10 个。这是因为我们生成的箱子是 10 个，而新的数据点的特征是用其所在的箱子号码来表示的。例如，第 1 个数据点在第 4 个箱子中，则其特征列表中第 4 个数字是 1，其他数字是 0，以此类推。

这样一来，相当于我们把原先数据集中的连续特征转化成了类别特征。现在我们再用 MLP 和 KNN 算法重新进行回归分析，看看结果发生了什么变化。输入代码如下：

```
#使用独热编码进行数据表达
new_line = onehot.transform(np.digitize(line,bins=bins))
#使用新的数据来训练模型
new_mlpr = MLPRegressor().fit(X_in_bin, y)
new_knr = KNeighborsRegressor().fit(X_in_bin,y)
#绘制图形
plt.plot(line, new_mlpr.predict(new_line),label='New MLP')
plt.plot(line, new_knr.predict(new_line),label='New KNN')

plt.plot(X,y,'o',c='r')
#设置图注
plt.legend(loc='best')
#显示图形
plt.show()
```

在这部分代码中，我们对需要预测的数据也要进行相同的装箱操作，这样才能得到正确的预测结果。运行代码，将会得到如图 10-8 所示的结果。

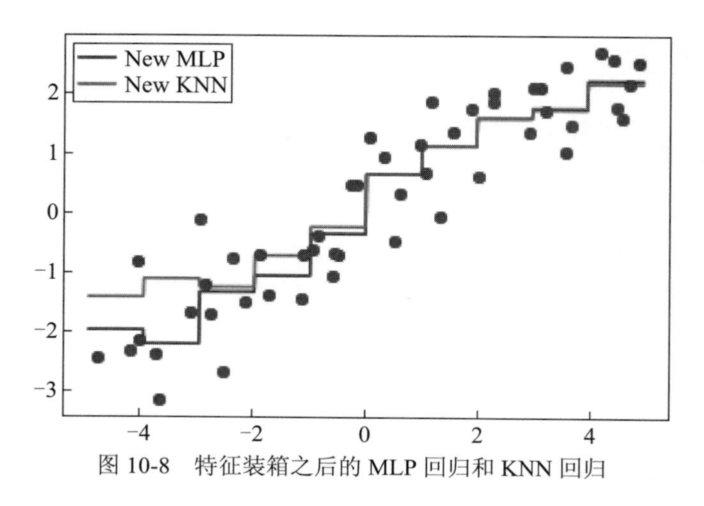

图 10-8 特征装箱之后的 MLP 回归和 KNN 回归

【结果分析】有意思的事情发生了，MLP 模型和 KNN 模型变得更相似了，尤其在 x>0 的部分，两个模型几乎完全重合。如果和图 10-5 对比的话，你会发现 MLP 的回归模型变得更复杂，而 KNN 的模型变得更简单。所以这是对样本特征进行装箱的一个好处：它可以纠正模型过拟合或者欠拟合的问题。尤其是当针对大规模高维度的数据集使用线性模型的时候，装箱处理可以大幅提高线性模型的预测准确率。

注意 这种对于样本数据进行装箱的操作对于基于决策树的算法（如随机森林、梯度上升决策树，当然也包括决策树本身）没有太多的作用，因为这类算法本身就是不停在拆分样本的特征数据，所以不需要再使用装箱操作。

10.2 数据“升维”

10.2.1 向数据集添加交互式特征

在实际应用中，常常会遇到数据集的特征不足的情况。要解决这个问题，就需要对数据集的特征进行扩充。这里我们介绍两种在统计建模中常用的方法——交互式特征（Interaction Features）和多项式特征（Polynomial Features）。现在这两种方法在机器学习领域也非常普遍。

首先我们先来介绍一下“交互式特征”，顾名思义，交互式特征是在原始数据特征中添加交互项，使特征数量增加。在 Python 中，我们可以通过 Numpy 的 hstack 函数来对数据集添加交互项，下面我们先通过一段代码了解一下 hstack 函数的原理。在 Jupyter Notebook 中输入代码如下：

```
#手工生成两个数组
array_1 = [1,2,3,4,5]
array_2 = [6,7,8,9,0]
#使用hstack将两个数组进行堆叠
array_3 = np.hstack((array_1, array_2))
#打印结果
print('将数组2添加到数据1中后得到:{}'.format(array_3))
```

这段代码中，我们先建立了一个数组 array_1，并且赋值为一个 1 ～ 5 的列表，然后又建立了另一个数组 array_2，赋值为一个 6 ～ 0 的列表之后我们使用 np.hstack 函数将两个数组堆叠到一起，运行代码会得到如图 10-9 所示的结果。

```
将数组2添加到数据1中后得到:[1 2 3 4 5 6 7 8 9 0]
```

图 10-9　将两个数组进行堆叠

【结果分析】从结果中看到，原来两个 5 维数组被堆放到一起，形成了一个新的十维数组。也就是说我们使 array_1 和 array_2 产生了交互。假如 array_1 和 array_2 分别代表两个数据点的特征，那么我们生成的 array_3 就是它们的交互特征。

接下来我们继续用之前生成的数据集来进行实验，看对特征进行交互式操作会对模型产生什么样的影响。在 Jupyter Notebook 中输入代码如下：

```
#将原始数据和装箱后的数据进行堆叠
X_stack = np.hstack([X, X_in_bin])
print(X_stack.shape)
```

在这段代码中，我们把数据集中的原始特征和装箱后的特征堆叠在一起，形成了一个新的特征 X_stack，运行代码，会得到如图 10-10 所示的结果。

```
(50, 11)
```

图 10-10　堆叠后的数据形态

从结果可以看到，X_stack 的数量仍然是 50 个，而特征数量变成了 11。下面我们要用新的特征 X_stack 来训练模型。输入代码如下：

```
#将数据进行堆叠
```

```
line_stack = np.hstack([line, new_line])
#重新训练模型
mlpr_interact = MLPRegressor().fit(X_stack, y)
#绘制图形
plt.plot(line, mlpr_interact.predict(line_stack),
         label='MLP for interaction')
plt.ylim(-4,4)
for vline in bins:
    plt.plot([vline,vline],[-5,5],':',c='k')
plt.legend(loc='lower right')
plt.plot(X, y,'o',c='r')
#显示图形
plt.show()
```

运行代码，会得到如图 10-11 所示的结果。

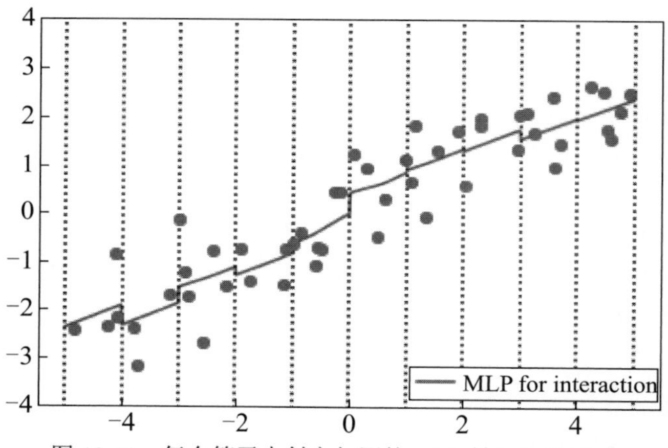

图 10-11　每个箱子中斜率相同的 MLP 神经网络模型

【结果分析】对比图 10-11 和图 10-8 中的 MLP 模型，我们会发现在每个数据的箱体中，图 10-6 中的模型是水平的，而图 10-11 中的模型是倾斜的，也就是说，在添加了交互式特征之后，在每个数据所在的箱体中，MLP 模型增加了斜率。相比图 10-8 中的模型来说，图 10-11 中的模型复杂度是有所提高的。

但是，这样的操作方式让每个箱体中模型的斜率都是一样的，这还不是我们想要的结果，我们希望达到的效果是，每个箱体中都有各自的截距和斜率。所以要换一种数据处理的方式，在 Jupyter Notebook 中输入下面的代码：

```
#使用新的堆叠方式处理数据
X_multi = np.hstack([X_in_bin, X*X_in_bin])
#打印结果
print(X_multi.shape)
print(X_multi[0])
```

运行代码，会得到如图 10-12 所示的结果。

```
(50, 20)
[ 0.         0.         0.         1.         0.         0.         0.
0.
  0.         0.        -0.        -0.        -0.        -1.1522688 -0.
-0.
 -0.        -0.        -0.        -0.        ]
```

图 10-12　新的数据形态和第一个数据点的特征

【**结果分析**】从结果中看到，经过以上的处理，新的数据集特征 X_multi 变成了每个样本有 20 个特征值的形态。试着打印出第一个样本，你会发现 20 个特征中大部分数值是 0，而在之前的 X_in_bin 中数值为 1 的特征，与原始数据中 X 的第一个特征值 -1.1522688 保留了下来。

下面用处理过的数据集训练神经网络，看看模型的结果会有什么不同。在 Jupyter Notebook 中输入代码如下：

```
#重新训练模型
mlpr_multi = MLPRegressor().fit(X_multi, y)
line_multi = np.hstack([new_line, line * new_line])
#绘制图形
plt.plot(line, mlpr_multi.predict(line_multi), label = 'MLP Regressor')
for vline in bins:
    plt.plot([vline,vline],[-5,5],':',c='gray')
plt.plot(X, y, 'o', c='r')
plt.legend(loc='lower right')
#显示图形
plt.show()
```

运行代码，将会得到如图 10-13 所示的结果。

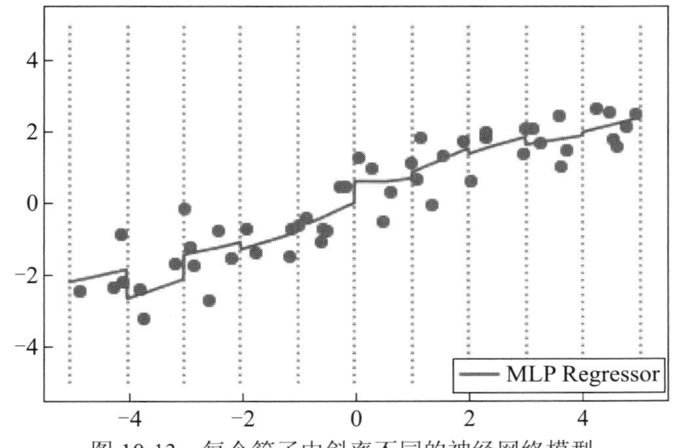

图 10-13　每个箱子中斜率不同的神经网络模型

【结果分析】通过这样的处理之后，大家会发现，每个箱子中模型的“截距”和“斜率”都不一样了。而这种数据处理的目的，主要是为了让比较容易出现欠拟合现象的模型能有更好的表现。例如，我们曾在第 4 章介绍过的线性模型，线性模型在高维数据集中有良好的性能，但是在低维数据集中却表现一般，因此我们需要用上面的方法来进行特征扩充，以便给数据集“升维”，从而提升线性模型的准确率。

当然对数据装箱只是其中一种方式，下面我们再来看另外一种方法：多项式特征。

10.2.2 向数据集添加多项式特征

首先回顾一下什么是多项式，在数学中，多项式指的是多个单项式相加所组成的代数式。当然如果是减号的话，可以看作加上这个单项式的相反数。下面是一个典型的多项式：

$$ax^4 + bx^3 + cx^2 + dx + e$$

而其中的 ax^4、bx^3、cx^2、dx 和 e 都是单项式。在机器学习当中，常用的扩展样本特征的方式就是将特征 X 进行乘方，如 X^5、X^4、X^3 等。你可能觉得这有点儿麻烦，不过没有关系，在 scikit-learn 中内置了一个功能，称为 PolynomialFeatures，使用这个功能可以轻松地将原始数据集的特征进行扩展。下面来看代码：

```
#导入多项式特征工具
from sklearn.preprocessing import PolynomialFeatures
#向数据集添加多项式特征
poly = PolynomialFeatures(degree=20, include_bias = False)
X_poly = poly.fit_transform(X)
#打印结果
print (X_poly.shape)
```

在这段代码中，首先我们指定了 PolynomialFeatures 的 degree 参数为 20，这样可以生成 20 个特征。include_bias 设定为 False，如果设定为 True 的话，PolynomialFeatures 只会为数据集添加数值为 1 的特征。运行代码，会得到如图 10-14 所示的结果。

```
(50, 20)
```

图 10-14　添加多项式特征后的数据形态

【结果分析】可以看到现在我们处理过的数据集中，仍然是 50 个样本，但每个样本的特征数变成了 20 个。

那么 PolynomialFeatures 对数据进行了怎样的调整呢？我们用下面的代码打印 1 个样本的特征来看一下：

```
#打印结果
print('原始数据集中的第一个样本特征：\n{}'.format(X[0]))
print('\n处理后的数据集中第一个样本特征：\n{}'.format(X_poly[0]))
```

运行代码，会得到如图 10-15 所示的结果。

```
原始数据集中的第一个样本特征：
[-1.1522688]

处理后的数据集中第一个样本特征：
[ -1.1522688     1.3277234    -1.52989425    1.76284942   -2.0312764
   2.34057643   -2.6969732     3.10763809   -3.58083443    4.1260838
  -4.75435765    5.47829801   -6.3124719     7.27366446   -8.38121665
   9.65741449 -11.12793745   12.82237519 -14.77482293   17.02456756]
```

图 10-15　经过多项式特征添加前后的样本特征对比

【结果分析】从结果中可以看到，原始数据集的样本只有一个特征，而处理后的数据集有 20 个特征。如果你的口算能力很强的话，大概可以看出处理后样本的第一个特征就是原始数据样本特征，而第二个特征是原始数据特征的 2 次方，第三个特征是原始数据特征的 3 次方，以此类推。

究竟是不是这样？我们可以用下面这一行代码来验证一下：

```
#打印多项式特征处理的方式
print ('PolynomialFeatures对原始数据的处理:\n{}'.format(
    poly.get_feature_names()))
```

运行代码，会得到如图 10-16 所示的结果。

```
PolynomialFeatures对原始数据的处理：
['x0', 'x0^2', 'x0^3', 'x0^4', 'x0^5', 'x0^6', 'x0^7', 'x0^8', 'x0^9', 'x0^10',
'x0^11', 'x0^12', 'x0^13', 'x0^14', 'x0^15', 'x0^16', 'x0^17', 'x0^18', 'x0^1
9', 'x0^20']
```

图 10-16　多项式特征处理的方式

【结果分析】没错，PolynomialFeatures 确实是把原始数据样本进行了从 1 到 20 的乘方处理。

经过这样处理之后，机器学习的模型会有什么变化呢？让我们用线性回归来实验一下，输入代码如下：

```
#导入线性回归
from sklearn.linear_model import LinearRegression
#使用处理后的数据训练线性回归模型
LNR_poly = LinearRegression().fit(X_poly, y)
```

```
line_poly = poly.transform(line)
#绘制图形
plt.plot(line,LNR_poly.predict(line_poly), label='Linear Regressor')
plt.xlim(np.min(X)-0.5,np.max(X)+0.5)
plt.ylim(np.min(y)-0.5,np.max(y)+0.5)
plt.plot(X,y,'o',c='r')
plt.legend(loc='lower right')
#显示图形
plt.show()
```

运行代码，会得到如图 10-17 所示的结果。

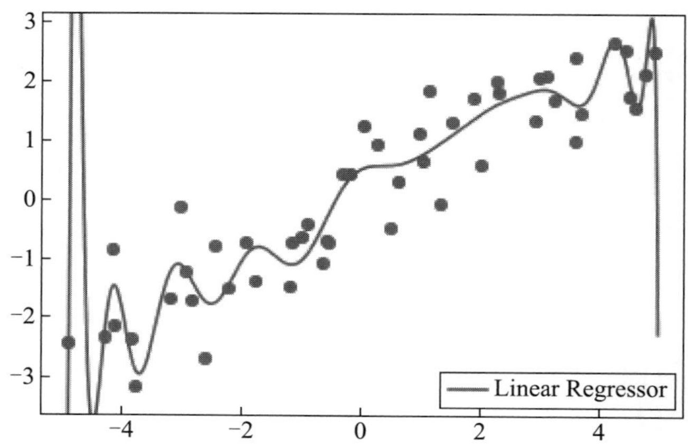

图 10-17　对经过 PolynomialFeatures 处理的数据进行线性回归

【结果分析】我知道这对读者朋友们对于线性模型的认知有一点冲击——本该是一条耿直的直线，现在变得分外妖娆。当然，从图 10-17 中可以得到这样的结论：对于低维数据集，线性模型常常会出现欠拟合的问题。而我们将数据集进行多项式特征扩展后，可以在一定程度上解决线性模型欠拟合的问题。

注意 **在上面的内容中，我们使用了一些对数据集特征进行扩展的方法，从而提升了线性模型或者是神经网络模型的回归分析性能，这种方法尤其在数据特征与目标呈现非线性关系时效果格外明显。当然，除了我们上面用到的 PolynomialFeatures 这种将特征值转化为多项式的方法之外，我们还可以用类似正弦函数 sin()、对数函数 log()，或是指数函数 exp() 等来进行相似的操作。**

10.3　自动特征选择

在经过前面两个小节的学习后，我们已经掌握了如何对低维数据集扩充特征的方法。但是在纷繁复杂的特征当中，有一些对于模型预测结果的影响比较大，而有一些重要性相对较低，本节我们将讨论如何使用 scikit-learn 进行自动特征选择。

10.3.1　使用单一变量法进行特征选择

有一定统计学基础的读者朋友可能了解，在统计学中，我们会分析在样本特征和目标之间是否会有明显的相关性。在进行统计分析的过程中，我们会选择那些置信度最高的样本特征来进行分析。当然这只适用于样本特征之间没有明显关联的情况，也就是大家常说的单一变量法（univariate）。

举个例子，在市场营销中，玩具厂商更关注目标人群的年龄，不同年龄段的儿童对于玩具的需求是不相同的，所以厂商更倾向于根据年龄来细分市场，并且进行产品设计。而小额贷款公司更关心客户的偿债能力，因此会将目标客户的收入情况作为更重要的特征。在这种情况下，有些不是那么重要的特征就会被剔除。这种方法的优点是计算量较小，而且不需要建模，只用基本的方差分析就可以实现了。

在 scikit-learn 中，有若干种方法可以用来进行特征选择，其中最简单的两种是 SelectPercentile 和 SelectKBest，其中 SelectPercentile 是自动选择原始特征的百分比，例如原始数据的特征数是 200 个，那么 SelectPercentile 的 pecentile 参数设置为 50，就会选择 100 个原始特征中的 50%，即 100 个，而 SelectKBest 是自动选择 *K* 个最重要的特征。

下面我们用一个非常刺激的数据集来做个实验。说这个数据集刺激，是因为它是来自中国股市。我们用证券交易软件导出了当日全部 A 股股票的交易数据，保存成为了一个 csv 文件，并且去掉了无效数据。下面我们试着用这个数据集训练一个机器学习模型。在 Jupyter Notebook 中输入代码如下：

```
#导入pandas
import pandas as pd
#读取股票数据集
stock = pd.read_csv('d:/stock dataset/071013.csv',encoding='GBK')
#打印结果
print(stock.head())
```

运行代码，会得到如图 10-18 所示的结果。

```
   代码    名称  涨幅%%      现价    涨跌     买价     卖价        总量    现量  涨
速%%  ...    \
0   1  平安银行 -2.53  11.19 -0.29  11.18  11.19  1074465  7745 -0.08  ...
1   2  万 科A -0.88  25.93 -0.23  25.93  25.94   197527  2678 -0.03  ...
2   4  国农科技  0.08  25.11  0.02  25.11  25.12     5261   189  0.08  ...
3   5  世纪星源  0.82   4.94  0.04   4.93   4.94    49066   582  0.00  ...
4   6  深振业A  0.00   9.85  0.00   0.00   0.00        0     0  0.00  ...

   3日涨幅%%  贝塔系数  市盈(静)  开盘%%  最高%%  最低%%  均涨幅%%  实体涨幅%%  回头
波%%  攻击波%%
0   -4.33  0.61   8.62 -0.78 -0.70 -2.87  -2.16   -1.76  -1.84   0.36
1   -1.90  0.28  12.57  0.04  0.15 -1.49  -0.80   -0.92  -1.03   0.62
2   -0.27  0.75  64.75  0.00  0.08 -1.08  -0.54    0.08   0.00   1.17
3    0.63  0.66   0.00  0.00  1.63  0.00   0.79    0.82  -0.80   0.82
4   10.92  1.02  14.36  0.00  0.00  0.00   0.00    0.00   0.00   0.00

[5 rows x 43 columns]
```

图 10-18　pandas 读取的股票数据集

【结果分析】从结果中可以看到，这个 csv 文件中包括 43 列，分别对应股票的代码、名称、涨幅（以百分比表示）、现价、涨跌、买价、卖价等信息。

我们的目标是通过回归分析，预测股票的涨幅（负数表示跌幅）。所以 target 是“涨幅”这一列，输入代码如下：

```
#设置回归分析的目标为涨幅
y = stock['涨幅%%']
#打印结果
print(y.shape)
print(y[0])
```

运行代码，会得到如图 10-19 所示的结果。

```
(3421,)
-2.53
```

图 10-19　*y* 的数据形态和第一个样本的数值

【结果分析】结果表示，我们一共有 3421 个样本，而第一个样本，也就是名称为“平安银行”的股票，当日的涨幅为 −2.53%。这说明我们指定 target 成功。

接下来要指定样本的特征，输入代码如下：

```
#提取特征值
features = stock.loc[:,'现价':'流通股(亿)']
X = features.values
#打印结果
print(X.shape)
print(X[:1])
```

运行代码，会得到如图 10-20 所示的结果。

```
(3421, 23)
[[  1.11900000e+01  -2.90000000e-01   1.11800000e+01   1.11900000e+01
    1.07446500e+06   7.74500000e+03  -8.00000000e-02   6.40000000e-01
    1.13900000e+01   1.14000000e+01   1.11500000e+01   1.14800000e+01
    7.52000000e+00   1.20688832e+09   1.49000000e+00   2.18000000e+00
    1.12300000e+01   5.74644000e+05   4.99821000e+05   1.15000000e+00
    3.40000000e+03   1.05410000e+04   1.69180000e+02]]
```

图 10-20　*X* 值的数据形态和第一个数据点的特征值

【结果分析】从结果我们看到，样本特征一共有 23 个，即从“现价”一直到“流通股（亿）”这一列。下面的数组是第一个样本的全部特征值，这里我们看到特征值之间的数量级差别比较大，从 e 的 -2 次方到 8 次方，这样的话，我们在训练模型之前，需要用 scikit-learn 的预处理模块进行一下数据缩放。

这里我们选择使用 StandardScaler。在 Jupyter Notebook 中输入代码如下：

```
#导入数据集拆分工具
from sklearn.model_selection import train_test_split
#导入StandardScaler
from sklearn.preprocessing import StandardScaler
#设置神经网络隐藏层参数和alpha参数
mlpr=MLPRegressor(random_state=62, hidden_layer_sizes=(100,100),alpha=0.001)
X_train, X_test, y_train, y_test=train_test_split(X,y, random_state=62)
#对数据进行预处理
scaler = StandardScaler()
scaler.fit(X_train)
X_train_scaled = scaler.transform(X_train)
X_test_scaled = scaler.transform(X_test)
#训练神经网络
mlpr.fit(X_train_scaled, y_train)
#打印模型分数
print('模型准确率: {:.2f}'.format(mlpr.score(X_test_scaled,y_test)))
```

运行代码，会得到模型的预测准确率如图 10-21 所示。

```
模型准确率：0.93
```

图 10-21　模型准确率为 0.93

【结果分析】我们看到，用神经网络对 A 股涨幅进行回归分析，模型的预测准确率达到了 93%，可以说是一个可以接受的成绩。

下面我们列出那些涨幅大于或等于 10% 的股票，输入代码如下：

```
#列出涨幅大于或等于9%的股票
wanted = stock.loc[:,'名称']
print(wanted[y>=10])
```

运行代码，会得到股票的名称如图 10-22 所示。

```
204        合金投资
305        北新建材
537        大港股份
677         合力泰
860        中远海科
1179        海洋王
1270       中装建设
1320       智能自控
1347       华阳集团
1624        海联讯
1989       民德电子
2034        阿石创
2035       威唐工业
2036       聚灿光电
2037       精研科技
2038       万隆光电
2148       长江投资
2646       凤凰股份
2744       上海物贸
3090       东方材料
3099       华贸物流
3118       金牌厨柜
3208        风语筑
3211       翔港科技
3223       掌阅科技
3268       畅联股份
3281       晶华新材
3336       洛凯股份
3373       N金鸿顺
Name: 名称, dtype: object
```

图 10-22　涨幅大于或等于 10% 的股票

注意 **股市有风险，投资需谨慎。上面的分析过程用的方法只是用来尝试对当日股票进行价格回归，不代表股票未来的价格变化，请勿以此作为投资建议。切记切记！**

下面我们使用 SelectPercentile 来进行特征选择，输入代码如下：

```
#导入特征选择工具
from sklearn.feature_selection import SelectPercentile
#设置特征选择参数
select = SelectPercentile(percentile=50)
select.fit(X_train_scaled, y_train)
X_train_selected = select.transform(X_train_scaled)
#打印特征选择结果
print('经过缩放的特征形态: {}'.format(X_train_scaled.shape))
print('特征选择后的特征形态:{}'.format(X_train_selected.shape))
```

这里我们指定 SelectPercentile 的百分比参数 percentile 为 50，即保留我们在上一部缩放之后的数据 50% 的特征，运行代码会得到如图 10-23 所示的结果。

```
经过缩放的特征形态: (2565, 23)
特征选择后的特征形态:(2565, 11)
```

图 10-23　经过特征选择前后特征数量对比

【结果分析】从结果中可以看出，原始数据集中的特征数是 23 个，而经过特征选择之后，特征数仅为 11 个了。

究竟哪些特征被保留下来，而哪些特征被去掉了呢？可以使用 get_support 方法来查看一下，输入代码如下：

```
#查看哪些特征被保留下来
mask = select.get_support()
print(mask)
```

运行代码，会得到如图 10-24 所示的结果。

```
[False  True False False  True  True  True  True False False False False
 False  True False  True False  True  True  True  True False False]
```

图 10-24　特征选择结果

【结果分析】在结果中，False 代表该特征没有被选择，相反地，True 代表特征被选择了，对照前面的特征名称，可以看出被选择的特征包括涨跌、总量、现量、换手率、总金额、量比、振幅、内盘、外盘、内外比和买量。如果是有股票投资经验的朋友可以看出，这几个交易数据确实是和涨幅有最直接的相关性。

下面我们还可以用图形直观地看一下特征选择的结果，输入代码如下：

```
#使用图像表示特征选择的结果
plt.matshow(mask.reshape(1,-1),cmap=plt.cm.cool)
plt.xlabel("Features Selected")
#显示图像
plt.show()
```

运行代码，会得到如图 10-25 所示的结果。

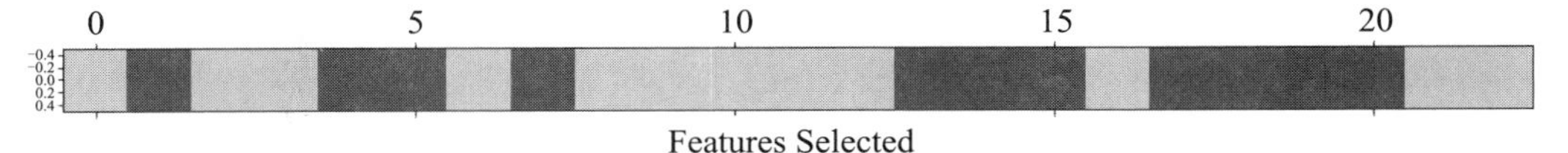

图 10-25　用图像展示特征选择的结果

那么经过特征选择之后的数据集训练的神经网络模型表现会怎样呢？我们用下面的代码来实验一下：

```
#使用特征选择后的数据集训练神经网络
X_test_selected = select.transform(X_test_scaled)
mlpr_sp=MLPRegressor(random_state=62, hidden_layer_sizes=(100,100),
                     alpha=0.001)
mlpr_sp.fit(X_train_selected, y_train)
```

```
#打印模型分数
print('特征选择后模型得分：{:.2f}'.format(mlpr_sp.score(X_test_selected,
                                            y_test)))
```

运行代码，会得到如图 10-26 所示的结果。

```
特征选择后模型得分：0.88
```

图 10-26　特征选择后的模型得分

【**结果分析**】在进行特征选择之后，模型的评分轻微地降低了。这是非常正常的，因为我们的数据集并不包括噪声。对于噪声特别多的数据集来说，进行特征选择之后模型评分会提高，而不是降低。

以上就是使用单一变量法进行特征选择的方法，这种方法并不依赖于你用什么样的算法进行建模，也就是说无论使用哪一个模型，它对数据进行处理的方式都是一样的。接下来，我们要介绍另外一种特征选择的方法：基于模型的特征选择。

10.3.2　基于模型的特征选择

在上面这个小节当中，我们使用了单一变量法对数据特征进行了选择，接下来我们要学习一个更加强大的工具来对数据特征进行选择，那就是基于模型的特征选择。基于模型的特征选择工作原理是，先使用一个有监督学习的模型对数据特征的重要性进行判断，然后把最重要的特征进行保留。当然，这一步中用到的模型和最终用来进行预测分析的模型不一定是同一个。

下面我们用 scikit-learn 中的 SelectFromModel 功能来对股票数据集进行实验，在 Jupyter Notebook 中输入代码如下：

```
#导入基于模型的特征选择工具
from sklearn.feature_selection import SelectFromModel
#导入随机森林模型
from sklearn.ensemble import RandomForestRegressor
#设置模型n_estimators参数
sfm = SelectFromModel(RandomForestRegressor(n_estimators=100,
                                            random_state=38),
                      threshold='median')
#使用模型拟合数据
sfm.fit(X_train_scaled, y_train)
X_train_sfm = sfm.transform(X_train_scaled)
#打印结果
print('基于随机森林模型进行特征后的数据形态：{}'.format(X_train_sfm.shape))
```

从上面的代码可以看到，我们使用了随机森林回归模型来进行特征选择。为什么要使用随机森林呢？因为包括随机森林在内的基于决策树的算法都会内置一个称为 feature_importances_ 的属性，我们可以让 SelectFromModel 直接从这个属性中抽取特征的重要性。当然除了随机森林之外，其他算法也是可以的，例如使用 L1 正则化的线性模型，它们可以对数据空间的稀疏系数进行学习，从而可以当作特征重要性来抽取。原本这个系数是线性模型用来为自己建模的，我们也可以借助它来帮助其他模型进行数据预处理。

现在运行上面的代码，会得到如图 10-27 所示的结果。

```
基于随机森林模型进行特征后的数据形态：(2565, 12)
```

图 10-27　经过随机森林模型进行特征筛选后的数据特征

【结果分析】从图 10-27 中我们看到，通过基于随机森林模型进行特征选择之后，数据集中样本的特征还剩下 12 个，比原始的特征数量少了 11 个，而比用单一变量法进行特征选择的结果多了一个。

下面我们看一下基于随机森林模型的特征选择有什么区别。输入代码如下：

```
#显示保留的特征
mask_sfm = sfm.get_support()
print(mask_sfm)
```

运行代码，会得到如图 10-28 所示的结果。

```
[False  True False  True False  True False False  True False  True  True
 False False  True  True False False  True  True  True  True False]
```

图 10-28　随机森林模型保留的数据特征

【结果分析】从结果中可以看出，基于随机森林的特征选择保留了数据的第 2、4、6、9、11、12、15、16、19、20、21、22 个特征，分别对应的是“涨跌”“换手”“今开”“最高”“最低”“昨收”“总金额”“量比”“振幅”“内外比”“卖量”和“流通股（亿）”。

同样地，我们也对特征选择进行一下可视化。输入代码如下：

```
#对特征选择进行可视化
plt.matshow(mask_sfm.reshape(1,-1),cmap=plt.cm.cool)
plt.xlabel('Features Selected')
plt.show()
```

运行代码，可以得到如图 10-29 所示的结果。

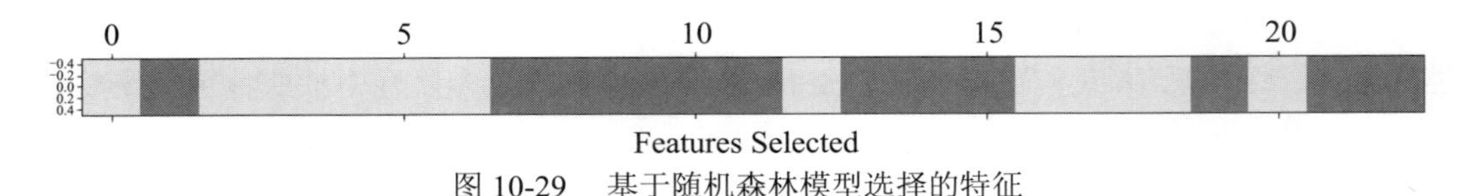

图 10-29　基于随机森林模型选择的特征

【结果分析】对比图 10-29 和图 10-25，大家可以很直观地看到基于随机森林模型进行的特征选择和使用单一变量法进行特征选择的区别。

我们在进行特征选择的过程中，使用了一个有 100 棵决策树的随机森林，这使得模型相当复杂，但是它的结果会比单一变量法强悍很多。同时我们指定 threshold 参数，也就是“阈值”为 median 中位数，这就意味着模型会选择一半左右的特征。下面我们实际看一下，经过随机森林模型选择的特征，在实际训练模型中表现如何。输入代码如下：

```
#使用特征选择后的数据集训练神经网络
X_test_sfm = sfm.transform(X_test_scaled)
mlpr_sfm=MLPRegressor(random_state=62, hidden_layer_sizes=(100,100),
                      alpha=0.001)
mlpr_sfm.fit(X_train_sfm, y_train)
#打印结果
print('随机森林进行特征选择后的模型得分：{:.2f}'.format(
    mlpr_sfm.score(X_test_sfm, y_test)))
```

运行代码，将会得到如图 10-30 所示的结果。

```
随机森林进行特征选择后的模型得分：0.95
```

图 10-30　特征选择后的模型评分达到 0.95

【结果分析】从结果中可以看出，使用随机森林进行特征选择之后，在其他参数都不变的情况下，模型的得分比使用单一变量法进行特征选择的分数高了很多，甚至比使用原始数据集的分数还要更高，看起来效果还是非常显著的。

接下来，我们还要再介绍一种更加强悍的特征选择方法——迭代式特征选择。

10.3.3　迭代式特征选择

顾名思义，迭代式特征选择是基于若干个模型进行特征选择。在 scikit-learn 中，有一个称为递归特征剔除法（Recurise Feature Elimination，RFE）的功能就是通过这种方式来进行特征选择的。在最开始，RFE 会用某个模型对特征进行选择，之后再建立两个模型，其中一个对已经被选择的特征进行筛选；另外一个对被剔除的模型进行筛选，然后一直重复这个步骤，直到达到我们指定的特征数量。这种方式比前面我们学习的基于单个模型进行特征选择更加强悍，但是相应地，对计算能力的要求也更高。

下面我们就试一下用 RFE 对股票数据集进行特征选择，看对预测结果会有什么样的影响。输入代码如下：

```
#导入RFE工具
from sklearn.feature_selection import RFE
rfe = RFE(RandomForestRegressor(n_estimators=100,
                                random_state=38),
        n_features_to_select=12)
#使用RFE工具拟合数据
rfe.fit(X_train_scaled, y_train)
#显示保留的特征
mask = rfe.get_support()
print(mask)
```

为了和前面基于单个模型的特征选择进行比较，我们设置 RFE 筛选的特征数量也为 12 个。运行代码，可以看到 RFE 保留的特征都有哪些，如图 10-31 所示。

```
[False  True False  True False  True False False  True False  True  True
 False False  True  True False False  True  True  True  True False]
```

图 10-31　RFE 进行的特征筛选

【结果分析】从结果中可以看到，RFE 选择的特征有“现价”“涨跌”“总量”“换手”“今开”“最低”“昨收”“总金额”“量比”“振幅”“均价”和“内外比”这 12 个特征。

下面用可视化的方式表示一下，输入代码如下：

```
#绘制RFE保留的特征
plt.matshow(mask.reshape(1,-1), cmap=plt.cm.cool)
plt.xlabel('Features Selected')
#显示图像
plt.show()
```

运行代码，会得到如图 10-32 所示的结果。

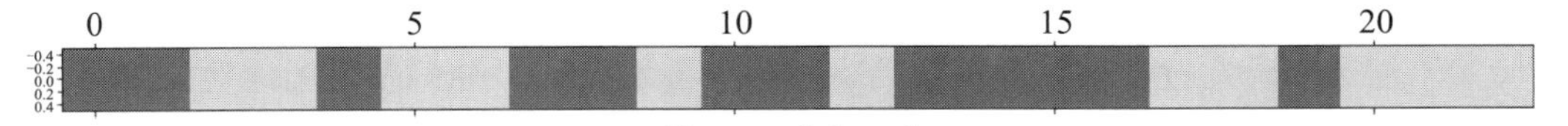

图 10-32　RFE 选择的特征

【结果分析】从图 10-32 中可以直观地看到，RFE 选择的特征和单一变量法及基于单个模型的特征选择结果都不相同，那么 RFE 筛选的结果在相同的模型下，预测准确率会发生什么样的变化呢？

我们继续用神经网络模型来实验一下，输入代码如下：

```
#使用新的数据集训练神经网络
X_train_rfe = rfe.transform(X_train_scaled)
X_test_rfe = rfe.transform(X_test_scaled)
mlpr_rfe = MLPRegressor(random_state=62, hidden_layer_sizes=(100,100),
                        alpha=0.001)
mlpr_rfe.fit(X_train_rfe, y_train)
#打印模型得分
print("RFE选择特征后的模型得分: {:.2f}".format(mlpr_rfe.score(X_test_rfe,
                                                       y_test)))
```

运行代码，会得到模型的评分如图 10-33 所示。

```
RFE选择特征后的模型得分：0.95
```

图 10-33　使用 RFE 进行特征选择之后的模型分数

【结果分析】从结果中我们看出，使用 RFE 进行特征选择后，模型得分比使用原始数据特征的得分略高，比单个模型选择的特征相比，分数基本一致。由此我们可以看出，不同的方法并没有绝对的好和不好，只是适用于不同的场景罢了。

10.4　小结

至此，本章的内容就告一段落了。回顾一下，我们在一开始先学习了对于类型特征的处理——使用 get_dummies 将字符串型的类型特征转化为整形数值的连续特征，之后又学习了如何对数据进行装箱处理。接下来是对数据进行“升维”：使用交互式特征（Interactive Features）或多项式特征（Polynomial Features）法，将原本维度较低的数据集的维度进行扩充，以便让本身比较简单的模型（如线性模型）能有更好的表现。最后我们学习 3 种不同的自动特征选择方法，包括单一变量法、基于模型的特征选择，以及迭代式特征选择。经过了本章的阅读后，相信读者朋友们已经可以自如地对数据集中的特征进行加工了，请各位尽量把本章的案例动手操作一遍，这样可以便于加深印象，有利于我们在实践中能够更加得心应手。

第 11 章 模型评估与优化——只有更好，没有最好

经过了前面几章的学习，相信很多读者朋友已经对常见的一些算法有了大概的了解，并且可以开始使用一些数据集进行模型的训练。但是，针对不同的数据集不同的模型表现如何？此外我们应该如何调整模型的参数，让它们的表现达到最佳？本章将为大家介绍这部分内容。

本章主要涉及的知识点有：

- 使用交叉验证对模型进行评估
- 使用网格搜索寻找模型的最优参数
- 对分类模型的可信度进行评估

11.1 使用交叉验证进行模型评估

在前面的内容中，我们常常使用 scikit-learn 中的 train_test_split 功能来将数据集拆分成训练数据集和测试数据集，然后使用训练数据集来训练模型，再用模型去拟合测试数据集并对模型进行评分，来评估模型的准确度。除了这种方法之外，我们还可以用一种更加粗暴的方式来验证模型的表现，也就是本节中要介绍的交叉验证法（Cross Validation）。

11.1.1 scikit-learn中的交叉验证法

在统计学中，交叉验证法是一种非常常用的对于模型泛化性能进行评估的方法。和我们之前所用的 train_test_split 方法所不同的是，交叉验证法会反复地拆分数据集，并用来训练多个模型。所以我们说这种方法更加粗暴。

在 scikit-learn 中默认使用的交叉验证法是 *K* 折叠交叉验证法（k-fold cross validation）。这种方法很容易理解——它将数据集拆分成 *k* 个部分，再用 *k* 个数据集对模型进行训练和评分。例如我们令 *k* 等于 5，则数据集被拆分成 5 个，其中第 1 个子集会被作为测试数据集，另外 4 个用来训练模型。之后再用第 2 个子集作为测试集，而另外 4 个用来训练模型。依此类推，直到把 5 个数据集全部用完，这样我们就会得到 5 个模型的评分。

此外，交叉验证法中还有其他的方法，例如“随机拆分交叉验证法”（shuffle-split cross validation）和“挨个儿试试”（leave-one-out）法。

下面我们先来了解一下交叉验证法的使用方法，在 Jupyter Notebook 中新建一个 Python 3 的记事本，输入代码如下：

```
#导入红酒数据集
from sklearn.datasets import load_wine
#导入交叉验证工具
from sklearn.model_selection import cross_val_score
#导入用于分类的支持向量机模型
from sklearn.svm import SVC
#载入红酒数据集
wine = load_wine()
#设置SVC的核函数为linear
svc = SVC(kernel='linear')
#使用交叉验证法对SVC进行评分
scores = cross_val_score(svc, wine.data, wine.target)
#打印结果
print('交叉验证得分：{}'.format(scores))
```

运行代码，会得到如图 11-1 所示的结果。

```
交叉验证得分：[ 0.83333333  0.95        1.        ]
```

图 11-1　SVC 的交叉验证得分

【结果分析】在这段代码中，我们先导入了 scikit_learn 的交叉验证评分类，然后使用 SVC 对酒的数据集进行分类，在默认情况下，cross_val_score 会使用 3 个折叠，因此，我们会得到 3 个分数。

那么究竟模型的得分是其中哪一个呢？这里我们一般使用 3 个得分的平均分来计算，可以通过如下的代码来计算平均分：

```
#使用.mean()来获得分数平均值
print('交叉验证平均分：{:.3f}'.format(scores.mean()))
```

运行代码，会得到如图 11-2 所示的结果。

```
交叉验证平均分：0.928
```

图 11-2　SVC 的交叉验证平均分

【结果分析】我们看到，在酒的数据集中，交叉验证法平均分为 0.928 分，是一个还不错的分数。

如果我们希望能够将数据集拆成 5 个部分来评分，只要修改 cross_val_score 的 cv 参数就可以了，例如我们想要修改为 6 个，输入代码如下：

```
#设置cv参数为6
scores = cross_val_score(svc, wine.data, wine.target, cv=6)
#打印结果
print('交叉验证得分：\n{}'.format(scores))
```

运行代码，会得到 6 个分数如图 11-3 所示。

```
交叉验证得分：
[ 0.86666667  0.9         0.93333333  0.96666667  1.          1.        ]
```

图 11-3　cv 参数等于 6 时交叉验证得分

接下来我们依然可以使用 score.mean() 来获得分数平均值，输入代码如下：

```
#计算交叉验证平均分
print('交叉验证平均分: {:.3f}'.format(scores.mean()))
```

运行代码，会得到如图 11-4 所示的结果。

```
交叉验证平均分: 0.944
```

图 11-4　cv 参数为 6 时的交叉验证平均分

【结果分析】从结果中，可以看到交叉验证法给出的模型平均分为 0.944，说明模型的表现还是非常不错的。需要说明的是，在 scikit-learn 中，cross_val_score 对于分类模型默认使用的是 *k* 折叠交叉验证，而对于分类模型则默认使用分层 *k* 交叉验证法。

要解释清楚什么是分层 *k* 折叠交叉验证法，我们需要先分析一下酒的数据集，我们使用下面这行代码来看一下酒的分类标签：

```
#打印红酒数据集的分类标签
print('酒的分类标签:\n{}'.format(wine.target))
```

运行代码，可以看到全部的分类标签如图 11-5 所示。

```
酒的分类标签:
[0 0 0 0 0 0 0 0 0 0 0 0 0 0 0 0 0 0 0 0 0 0 0 0 0 0 0 0 0 0 0 0 0 0 0 0 0
 0 0 0 0 0 0 0 0 0 0 0 0 0 0 0 0 0 0 0 0 0 1 1 1 1 1 1 1 1 1 1 1 1 1 1 1
 1 1 1 1 1 1 1 1 1 1 1 1 1 1 1 1 1 1 1 1 1 1 1 1 1 1 1 1 1 1 1 1 1 1 1 1 1
 1 1 1 1 1 1 1 1 1 1 1 1 1 1 1 1 1 1 1 1 2 2 2 2 2 2 2 2 2 2 2 2 2 2 2 2 2
 2 2 2 2 2 2 2 2 2 2 2 2 2 2 2 2 2 2 2 2 2 2 2 2 2 2 2 2 2 2 2]
```

图 11-5　红酒数据集的分类标签

【结果分析】从结果中可以看出，如果用不分层的 *k* 折叠的交叉验证法，那么在拆分数据集的时候，有可能每个子集中都是同一个标签，这样的话模型评分都不会太高。而分层 *k* 折叠交叉验证法的优势在于，它会在每个不同分类中进行拆分，确保每个子集中都有数量基本一致的不同分类标签。举例来说，假如你有一个人口性别数据集，其中有 80% 是“男性”，只有 20% 是“女性”，分层 *k* 折叠交叉验证法会保证在你的每个子集中，都有 80% 的男性，其余 20% 是女性。

11.1.2　随机拆分和“挨个儿试试”

接下来，我们要再介绍两种交叉验证的方法，一种是随机拆分交叉验证（shuffle-split cross-validation），另一种是“挨个儿试试”（leave-one-out）方法。先来看随机拆分交叉验证法，这种方法的原理是，先从数据集中随机抽一部分数据集作为训练集，再从其余的部分随机抽一部分作为测试集，进行评分后再迭代，重复上一步的动作，直到把我们希望迭代的次数全部跑完。为了让大家能够更直观地了解，我们还是使用酒的数据集来进行实验，在 Jupyter Notebook 中输入代码如下：

```
#导入随机差分工具
from sklearn.model_selection import ShuffleSplit
#设置拆分的份数为10个
shuffle_split = ShuffleSplit(test_size=.2, train_size=.7,
                             n_splits = 10)
#对拆分好的数据集进行交叉验证
scores = cross_val_score(svc, wine.data, wine.target, cv=shuffle_split)
#打印交叉验证得分
print('随机拆分交叉验证模型得分：\n{}'.format(scores))
```

从代码中大家可以看到，我们把每次迭代的测试集设置为数据集的 20%，而训练集设置为数据集的 70%，并且把整个数据集拆分成 10 个子集。运行代码，会得到如图 11-6 所示的结果。

```
随机拆分交叉验证模型得分：
[ 0.94444444  0.88888889  0.97222222  0.97222222  0.97222222  0.91666667
  0.97222222  0.94444444  0.91666667  0.97222222]
```

图 11-6　拆分为 10 个子集后的交叉验证得分

【结果分析】从结果中可以看出，ShuffleSplit 一共为 SVC 模型进行了 10 次评分。而模型最终的得分也就是 10 个分数的平均值。

下面我们再来介绍一下“挨个儿试试”法，这种方法的原理就和名字一样搞笑——它其实有点像 k 折叠交叉验证，不同的是，它把每一个数据点都当成一个测试集，所以你的数据集里有多少样本，它就要迭代多少次。如果数据集大的话，这个方法还是真挺耗时的。但是如果数据集很小的话，它的评分准确度是最高的。下面我们用酒的数据集来进行实验，在 Jupyter Notebook 中输入代码如下：

```
#导入LeaveOneOut
from sklearn.model_selection import LeaveOneOut
#设置cv参数为leaveoneout
cv = LeaveOneOut()
#重新进行交叉验证
scores = cross_val_score(svc, wine.data, wine.target, cv=cv)
#打印迭代次数
print('迭代次数:{}'.format(len(scores)))
打印评分结果
print("模型平均分：{}".format(scores.mean()))
```

在经过漫长的等待之后，终于得到了如图 11-7 所示的结果。

```
迭代次数:178
模型平均分: 0.955
```

图 11-7　LeaveOneOut 的交叉验证结果

【结果分析】由于酒的数据集中一共有 178 个样本，这意味着“挨个儿试试”法得迭代 178 次，最后给出评分为 0.955 分。

11.1.3　为什么要使用交叉验证法

现在读者朋友可能在想，既然我们有了 train_test_split，为什么还要使用交叉验证法呢？毕竟交叉验证法最后对模型进行的评分也只是一个平均数而已啊！

原因是这样的：当我们使用 train_test_split 方法进行数据集的拆分时，train_test_splt 用的是随机拆分的方法，万一我们拆分的时候，测试集中都是比较容易进行分类或者回归的数据，而训练集中都比较难，那么模型的得分就会偏高，反之模型的得分就会偏低。我们又不太可能把所有的 random_state 遍历一遍。而交叉验证法正好弥补了这个缺陷，它的工作原理导致它要对多次拆分进行评分再取平均值，这样就不会出现我们前面所说的问题。

此外，train_test_split 总是按照 25% ～ 75% 的比例来拆分训练集与测试集（默认情况下），但当我们使用交叉验证法的时候，可以更加灵活地指定训练集和测试集的大小，比如当 cv 参数为 10 的时候，训练集就会占整个数据集的 90%，测试集占 10%；cv 参数为 20 的时候，训练集的占比就会达到 95%，而测试集占比 5%。这也意味着训练集会更大，对于模型的准确率也有促进的作用。

不过交叉验证法往往要比 train_test_split 更加消耗计算资源，如果读者朋友按上面的代码进行了实验，就会发现交叉验证法比 train_test_split 要慢一些。所以在实际应用中，大家可以灵活使用这两种方法来对模型进行评估。

接下来，我们要介绍的是如何调整模型的参数，让分数更高。

11.2　使用网格搜索优化模型参数

在本书前面的内容中，我们接触了很多不同的算法，也初步学习了不同的算法模型中比较重要的参数。相信很多读者朋友在实验的时候，会手动逐个尝试不同的参数对于模型泛化表现的影响，这种方法固然是有效的，不过我们还可以使用一点小技巧，能够让我们一次性找到相对更优的参数设置，也就是我们本节中要介绍的网格搜索法。

11.2.1 简单网格搜索

这里我们用 Lasso 算法为例，可能大家还有印象，在 Lasso 算法中，有两个参数比较重要，一个是正则化系数 alpha，另一个是最大迭代次数 max_iter。在默认的情况下，alpha 的取值是 1.0，而 max_iter 的默认值是 1 000，假设我们想试试当 alpha 分别取 10.0，1.0，0.1，0.01 这 4 个数值，而 max_iter 分别取 100，1 000，5 000，10 000 这 4 个数值时，模型的表现有什么差别，如果按照我们之前所用的手动调整的话，要试 16 次才可以找到最高分，如表 11-1 所列。

表 11-1 Lasso 算法中不同的参数调整次数

	alpha=0.01	alpha=0.1	alpha=1.0	alpha=10.0
max_iter=100	1	2	3	4
max_iter=1000	5	6	7	8
max_iter=5000	9	10	11	12
max_iter=10000	13	14	15	16

下面我们试试以酒的数据集为例，用网格搜索的方法，一次找到模型评分最高的参数。输入代码如下：

```
#导入套索回归模型
from sklearn.linear_model import Lasso
#导入数据集拆分工具
from sklearn.model_selection import train_test_split
#将数据集拆分为训练集与测试集
X_train, X_test, y_train, y_test=train_test_split(wine.data,
                                                   wine.target,
                                                   random_state=38)
#设置初始分数为0
best_score = 0
#设置alpha参数遍历0.01、0.1、1和10
for alpha in [0.01,0.1,1.0,10.0]:
#最大迭代数遍历100、1000、5000和10000
    for max_iter in [100,1000,5000,10000]:
        lasso = Lasso(alpha=alpha,max_iter=max_iter)
#训练套索回归模型
        lasso.fit(X_train, y_train)
        score = lasso.score(X_test, y_test)
#另最佳分数为所有分数中的最高值
        if score > best_score:
            best_score = score
#定义字典，返回最佳参数和最佳最大迭代数
            best_parameters={'alpha':alpha,'最大迭代次数':max_iter}
```

```
#打印结果
print("模型最高分为: {:.3f}".format(best_score))
print('最佳参数设置: {}'.format(best_parameters))
```

在这段代码中，我们使用了 for 循环，让模型遍历全部的参数设置，并找出最高分和对应的参数。运行代码，会得到如图 11-8 所示的结果。

```
模型最高分为: 0.889
最佳参数设置: {'alpha': 0.01, '最大迭代次数': 100}
```

图 11-8　网格搜索结果

【结果分析】从结果中可以看到，使用网格搜索法，我们快速找到了模型的最高分 0.889，并且看到在模型得分最高时，alpha 的设置为 0.01，而最大迭代次数 max_iter 为 100。

或许看到这里，大家会觉得我们找到了一个很好的调节参数的办法，但是这种方法也是有局限性的。因为我们所进行的 16 次评分都是基于同一个训练集和测试集，这只能代表模型在该训练集和测试集的得分情况，不能反映出新的数据集的情况，例如修改一下 train_test_split 的 random_state 参数如下：

```
#导入套索回归
from sklearn.linear_model import Lasso
#导入数据集拆分工具
from sklearn.model_selection import train_test_split
#修改random_state参数为0
X_train, X_test, y_train, y_test=train_test_split(wine.data,
                                                  wine.target,
                                                  random_state=0)
#下面代码保持不变
best_score = 0
for alpha in [0.01,0.1,1.0,10.0]:
    for max_iter in [100,1000,5000,10000]:
        lasso = Lasso(alpha=alpha,max_iter=max_iter)
        lasso.fit(X_train, y_train)
        score = lasso.score(X_test, y_test)
        if score > best_score:
            best_score = score
            best_parameters={'alpha':alpha,'最大迭代次数':max_iter}

print("模型最高分为: {:.3f}".format(best_score))
print('最佳参数设置: {}'.format(best_parameters))
```

在这段代码中，我们把 train_test_split 的参数从 38 改为 0，运行代码，会得到如图 11-9 所示的结果。

```
模型最高分为：0.830
最佳参数设置：{'alpha': 0.1, '最大迭代次数': 100}
```

图 11-9　修改 random_state 参数后的网格搜索结果

【结果分析】现在大家看到，稍微对 train_test_split 拆分数据集的方式做一点变更，模型的最高分就降到了 0.83，而且此时 lasso 模型的最佳 alpha 参数也从 0.01 变成了 0.1。为了解决这个问题，我们可以用前面介绍的交叉验证法和网格搜索法结合起来寻找最优参数。

11.2.2　与交叉验证结合的网格搜索

相信大家还记得交叉验证的原理，就是通过将原始数据集拆分多次，生成多个不同的训练集与测试集，然后在里面找到最优的模型得分。下面我们仍旧以酒的数据集为例，来学习一下如何将交叉验证法与网格搜索法结合起来找到模型的最优参数。输入代码如下：

```
#导入numpy
import numpy as np
#alpha参数遍历0.01、0.1、1和10
for alpha in [0.01,0.1,1.0,10.0]:
#最大迭代次数遍历100、1000、5000和10000
for max_iter in [100,1000,5000,10000]:
#训练套索回归模型
        lasso = Lasso(alpha=alpha,max_iter=max_iter)
        scores = cross_val_score(lasso, X_train, y_train, cv=6)
        score = np.mean(scores)
        if score > best_score:
            best_score = score
            best_parameters={'alpha':alpha, '最大迭代数':max_iter}

#打印结果
print("模型最高分为：{:.3f}".format(best_score))
print('最佳参数设置：{}'.format(best_parameters))
```

运行代码，可以得到如图 11-10 所示的结果。

```
模型最高分为：0.865
最佳参数设置：{'alpha': 0.01, '最大迭代数': 100}
```

图 11-10　针对训练集的网格搜索结果

【结果分析】这里我们做了一点手脚，就是只用先前拆分好的 X_train 来进行交叉验证，以便于我们找到最佳参数之后，再用来拟合 X_test 来看一下模型的得分。输入代码如下：

```
#用最佳参数模型拟合数据
lasso = Lasso(alpha=0.01, max_iter=100).fit(X_train, y_train)
#打印测试数据集得分
print('测试数据集得分：{:.3f}'.format(lasso.score(X_test,y_test)))
```

运行代码，会得到如图 11-11 的结果。

```
测试数据集得分：0.819
```

图 11-11　模型在测试数据集中的得分

【结果分析】当然了，0.819 的模型得分是比较差强人意的。不过这并不是参数的问题，而是 lasso 算法会对样本的特征进行正则化，导致一些特征的系数变成 0，也就是说会抛弃一些特征值。对于酒的数据集来说，本身特征数量并不多，因此使用 lasso 来进行分类的话，得分是会相对低一些。

接下来要告诉大家一个好消息，那就是在 scikit-learn 中，内置了一个类，称为 GridSearchCV，有了这个类，我们进行参数调优的过程就会稍微简单一些。比如上面这个例子，我们用 GridSearchCV 再来实验一下，输入代码如下：

```
#导入网格搜索工具
from sklearn.model_selection import GridSearchCV
#将需要遍历的参数定义为字典
params = {'alpha':[0.01,0.1,1.0,10.0],
          'max_iter':[100,1000,5000,10000]}
#定义网格搜索中使用的模型和参数
grid_search = GridSearchCV(lasso,params,cv=6)
#使用网格搜索模型拟合数据
grid_search.fit(X_train, y_train)
#打印结果
print('模型最高分：{:.3f}'.format(grid_search.score(X_test, y_test)))
print('最优参数：{}'.format(grid_search.best_params_))
```

可以看到，使用 GridSearchCV 写出的代码更加简洁，运行代码，可以得到如图 11-2 所示的结果。

```
模型最高分：0.819
最优参数：{'alpha': 0.01, 'max_iter': 100}
```

图 11-12　使用 GridSearchCV 得到的模型评分和最佳参数

【结果分析】我们可以看到使用 GridSearchCV 得到的结果和我们在上一步中用 cross_val_score 结合网格搜索得到的结果是一样的。但是需要说明的是，在 GridSearchCV 中，还有一个属性称为 best_score_，这个属性会存储模型在交叉验证中所得的最高分，而不是在测试数据集上的得分，我们可以用下面这行代码打印出来看一看：

```
#打印网格搜索中的best_score_属性
print('交叉验证最高得分：{:.3f}'.format(grid_search.best_score_))
```

运行代码，可以得到如图 11-13 所示的结果。

交叉验证最高得分：0.865

图 11-13　网格搜索中的 best_score_ 属性

【结果分析】回过头去看我们在使用 cross_val_score 进行评分的步骤，大家会发现这里的分数和 cross_val_score 的得分是完全一致的。这说明，GridSearchCV 本身就是将交叉验证和网格搜索封装在一起的方法。这样的话，我们完全可以采用这种方法，来对参数进行调节。

注意 **GridSearchCV 虽然是个非常强悍的功能，但是由于需要反复建模，因此所需要的计算时间往往更长。**

11.3　分类模型的可信度评估

不知道读者朋友们有没有这样的经历，就是有时候你的女朋友（或者男朋友）会问你：

哎，你觉得这件衣服我穿好看不？

一般来说，如果你是一个耿直的孩子，那么答案可能是“好看”“不好看”，还有“还可以”。

在这个过程中，其实你在大脑里进行了一个分类的过程，将目标数据集分成了“好看”“不好看”和“还可以”3 种。但如果你细想一下的话，“还可以”其实是一个非常模棱两可的描述。假如“好看”是 1，“不好看”是 0，那么“还可以”是多少？ 0.8 ？或是 0.7 ？抑或是 0.4 ？

没错，这就是我们想和大家研究的一个问题。虽然分类算法的目标是为目标数据的预测结果是离散型的数值，但实际上算法在分类过程中，会认为某个数据点有“80%”

的可能性属于分类 1，而有“20%”的可能性属于分类 0，那么在最终结果中，模型会依据“可能性比较大”的方式来分配分类标签。下面我们来看一看，在机器学习中，算法是如何对这种分类的可能性进行计算的。

11.3.1　分类模型中的预测准确率

在 scikit-learn 中，很多用于分类的模型都有一个 predict_proba 功能，这个功能就是用于计算模型在对数据集进行分类时，每个样本属于不同分类的可能性是多少。下面用实例来进行展示，在 Jupyter Notebook 中输入代码如下：

```
#导入数据集生成工具
from sklearn.datasets import make_blobs
#导入画图工具
import matplotlib.pyplot as plt
#生成样本数为200，分类为2，标准差为5的数据集
X, y=make_blobs(n_samples=200, random_state=1,centers=2,cluster_std=5)
#绘制散点图
plt.scatter(X[:,0],X[:,1],c=y, cmap=plt.cm.cool, edgecolor='k')
#显示图像
plt.show()
```

没错，我们又使用了 make_blobs 来制作我们的数据集，为了给算法增加一点难度，我们故意把样本数据的方差设高一些，即 cluster_std=5。运行代码，会得到如图 11-14 所示的结果。

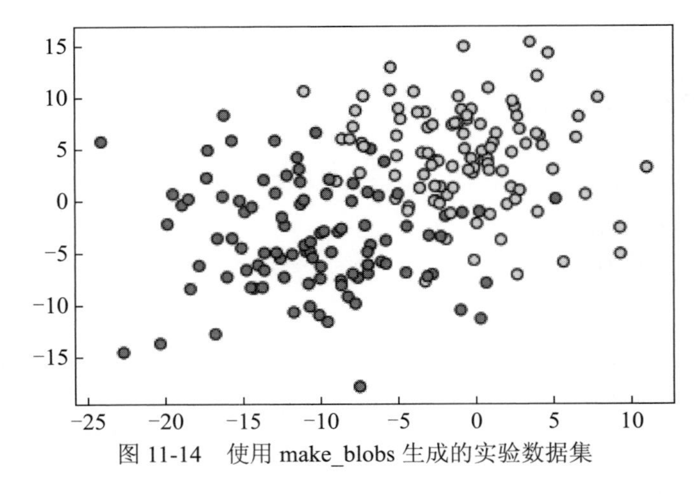

图 11-14　使用 make_blobs 生成的实验数据集

【结果分析】从图 11-14 中，可以看到两类样本在中间有一些重合，如果说深色圆点表示“好看”，而浅色圆点表示“不好看”，那么中间交叉的部分就有点像我们所说

的“还可以”。下面我们使用高斯朴素贝叶斯来进行分类，输入代码如下：

```
#导入高斯贝叶斯模型
from sklearn.naive_bayes import GaussianNB
#将数据集拆分为训练集与测试集
X_train, X_test, y_train, y_test=train_test_split(X,y,random_state=68)
#训练高斯贝叶斯模型
gnb = GaussianNB()
gnb.fit(X_train, y_train)
#获得高斯贝叶斯的分类准确概率
predict_proba = gnb.predict_proba(X_test)
#打印结果
print('预测准确率形态: {}'.format(predict_proba.shape))
```

从代码中可以看到，模型预测准确率是存储在 GaussianNB 的 predict_proba 属性当中的，运行代码，可以看到这个属性的形态如图 11-15 所示。

```
预测准确率形态：(50, 2)
```

图 11-15　高斯贝叶斯的预测准确率数据形态

【结果分析】这说明，在 predict_proba 属性中存储了 50 个数组（也就是测试数据集的大小），每个数组中有 2 个元素。我们可以打印一下前 5 个看看是什么样子。输入代码如下：

```
#打印准确概率的前5个
print(predict_proba[:5])
```

运行代码，会得到如图 11-16 所示的结果。

```
[[ 0.98849996  0.01150004]
 [ 0.0495985   0.9504015 ]
 [ 0.01648034  0.98351966]
 [ 0.8168274   0.1831726 ]
 [ 0.00282471  0.99717529]]
```

图 11-16　预测准确概率的前 5 个数据

【结果分析】这个结果反映的是所有测试集中前 5 个样本的分类准确率，例如第一个数据点，有 98.8% 的概率属于第一个分类，而只有不到 1.2% 的概率属于第二个分类，所以模型会将这个点归于第一个分类当中。后面 4 个数据点的道理也是一样的。

我们可以用图像更直观地看一下 predict_proba 在分类过程中的表现，输入代码如下：

```
#设定横纵轴的范围
x_min, x_max = X[:, 0].min() - .5, X[:, 0].max() + .5
y_min, y_max = X[:, 1].min() - .5, X[:, 1].max() + .5
```

```
xx, yy = np.meshgrid(np.arange(x_min, x_max, 0.2),
#用不同色彩表示不同分类
                     np.arange(y_min, y_max, 0.2))

Z = gnb.predict_proba(np.c_[xx.ravel(), yy.ravel()])[:, 1]
Z = Z.reshape(xx.shape)
#绘制等高线
plt.contourf(xx, yy, Z, cmap=plt.cm.summer, alpha=.8)
#绘制散点图
plt.scatter(X_train[:, 0], X_train[:, 1], c=y_train, cmap=plt.cm.cool,
               edgecolor='k')
plt.scatter(X_test[:, 0], X_test[:, 1], c=y_test, cmap=plt.cm.cool,
               edgecolor='k', alpha=0.6)
#设置横纵轴范围
plt.xlim(xx.min(), xx.max())
plt.ylim(yy.min(), yy.max())
#设置横纵轴的单位
plt.xticks(())
plt.yticks(())
#显示图像
plt.show()
```

运行代码，会得到如图 11-17 所示的结果。

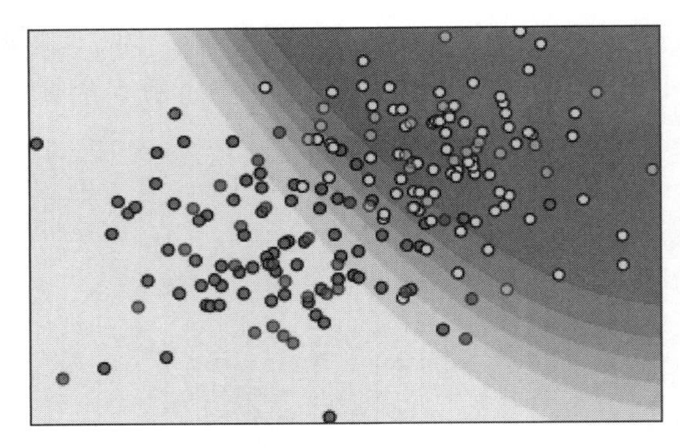

图 11-17　高斯朴素贝叶斯中的 predict_proba 示意图

【结果分析】从图 11-17 中可以看到，半透明的深色圆点和浅色圆点代表的是测试集中的样本数据。浅色区域代表第一个分类，而深色部分代表另一个分类，在两个区域中间，有一部分渐变色的区域，处于这个区域中的数据点便是模型觉得“还可以”的那一部分。

注意 **并不是每个分类算法都有 predict_proba 属性，不过我们还可以使用另外一种方式来检查分类的可信度，就是决定系数 decision_function。**

11.3.2 分类模型中的决定系数

同预测准确率类似，决定系数 decision_function 也会给我们返回一些数值，告诉我们模型认为某个数据点处于某个分类的“把握”有多大。不同的是，在二元分类任务中，它只返回一个值，如果是正数，则代表该数据点属于分类 1；如果是负数，则代表属于分类 2。我们还是用刚才生成的数据集来进行实验，不过由于高斯朴素贝叶斯没有 decision_function 属性，我们换成支持向量机 SVC 算法来进行建模。输入代码如下：

```
#导入SVC模型
from sklearn.svm import SVC
#使用训练集训练模型
svc = SVC().fit(X_train, y_train)
#获得SVC的决定系数
dec_func = svc.decision_function(X_test)
#打印决定系数中的前5个
print (dec_func[:5])
```

运行代码，会得到如图 11-18 所示的结果。

```
[ 0.02082432  0.87852242  1.01696254 -0.30356558  0.95924836]
```

图 11-18 SVC 模型决定系数的前 5 个

【结果分析】从这个结果中可以看出，在 5 个数据点中，有 4 个 decision_function 数值为正数，1 个为负数。这说明 decision_function 为正的 4 个数据点属于分类 1，而 decision_function 为负的那 1 个数据点属于分类 2。

接下来我们也可以用图形化的方式来展示 decision_function 的工作原理，输入代码如下：

```
#使用决定系数进行绘图
Z = svc.decision_function(np.c_[xx.ravel(), yy.ravel()])
Z = Z.reshape(xx.shape)
#绘制等高线
plt.contourf(xx, yy, Z, cmap=plt.cm.summer, alpha=.8)

plt.scatter(X_train[:, 0], X_train[:, 1], c=y_train, cmap=plt.cm.cool,
                    edgecolor='k')
#绘制散点图
plt.scatter(X_test[:, 0], X_test[:, 1], c=y_test, cmap=plt.cm.cool,
                    edgecolor='k', alpha=0.6)
#设置横纵轴范围
plt.xlim(xx.min(), xx.max())
plt.ylim(yy.min(), yy.max())
#设置图题
```

```
plt.title('SVC decision_function')
#设置横纵轴单位
plt.xticks(())
plt.yticks(())
#显示图像
plt.show()
```

运行代码，会得到如图 11-19 所示的结果。

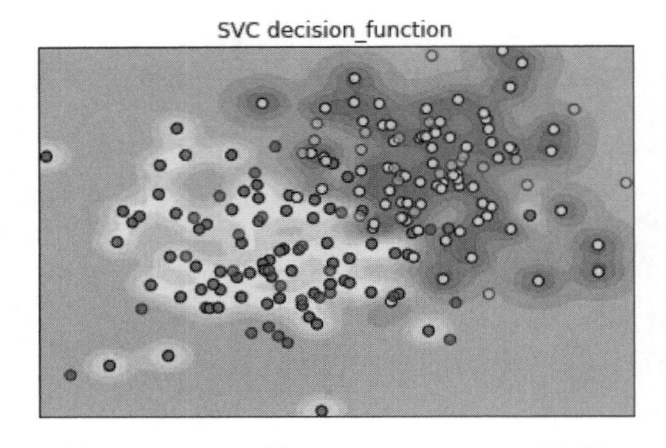

图 11-19　SVC 的 decision_function 示意图

【结果分析】对比图 11-19 和图 11-17，你会发现 SVC 的 decision_function 和 GaussianNB 的 predict_proba 有相似的地方，但也有很大的差异。在图 11-19 中，分类同样是用浅色和深色区域来表示，如果某个数据点所处的区域浅色越明显，说明模型越确定这个数据点属于分类 1，反之则属于分类 2，而那些处于渐变色区域的数据点，则是模型觉得“模棱两可”的数据点，也就是咱们说得“还可以”那一种。

注意 **在本例中，我们使用的都是只有两个分类的数据集，即二元分类任务，但是 predict_proba 和 decision_function 同样适用于多元分类任务，感兴趣的读者可以调整 make_blobs 的 centers 参数进行实验。**

11.4　小结

在本章中，我们一起探讨了交叉验证法、网格搜索法，以及分类模型的可信度评估。这些方法都可以帮助我们对模型进行评估并且找到相对较优的参数。还要多介绍一点知识，那就是我们一直使用的 .score 给模型评分的方法——对于分类模型来说，默认情况下 .score 给出的评分是模型分类的准确率（accuracy），而对于回归模型来说，默认情况

下 .score 给出的是回归分析中的 R^2 分数，在中文当中有翻译成可决系数，或者拟合优度。R^2 分数的计算方法是用“回归平方和”（explain sum of squares，ESS）除以“总变差”（total sum of squares，TSS），计算公式为

$$R^2 = 1 - \frac{\sum (y - \hat{y})^2}{\sum (y - \bar{y})^2}$$

当然本书并不会要求读者朋友掌握太艰涩的数学公式，这里也仅供大家了解就好。实际上我们想抛出另外的话题——除了上面我们说的准确率和 R^2 分数，还可以使用其他的方法来对模型进行评分，如精度（Precision）、召回率（Recall）、f1 分数（f1-score）、ROC（Receiver Operating Characteristic Curve）、AUC（Area Under Curve）。在实践当中，这几种评分方法也都非常常用，它们与网格搜索法经常配合在一起使用。限于篇幅，我们在这里不展开阐述这几种评分方法的计算公式，需要读者朋友了解的是，在 scikit-learn 中，使用网格搜索 GridSearchCV 类时，如果要改变评分的方式，只需修改 scoring 参数即可。例如，我们要对随机森林分类进行评分，我们可以这样来写代码：

```
#修改scoring参数为roc_auc
grid = GridSearchCV(RandomForestClassifier(), param_grid = param_grid, scoring
= 'roc_auc')
```

这样模型评分的方式就是 roc_auc 方式了。

最后我们要讲的是，在真实世界中，大部分数据集都不像我们在本书中使用的示例数据集那样规范，因此模型评估和参数调节的方法可能是数据科学家们必备的知识之一。而不同的方法适合于不同的数据集，所以首先了解你的数据集才是至关重要的。

第 12 章 建立算法的管道模型——团结就是力量

理解管道模型是非常简单的，我们可以想象一下自己身处一个汽车制造厂中，你会发现在这里，汽车的生产过程是在一个流水线当中完成的——有些设备负责喷漆，有些设备负责把零件运输到下一个环节，有些设备负责安装玻璃，有些设备负责安装座椅等直到一部完整的车辆从流水线中成功驶出。在机器学习中，我们把一系列算法打包在一起，让它们各司其职，形成一个流水线，这就是我们所说的管道模型。

本章主要涉及的知识点有：

- 管道模型的基本概念和使用
- 使用管道模型进行模型选择
- 使用管道模型进行参数调优
- 实例：使用管道模型对股票涨幅进行回归分析

12.1 管道模型的概念及用法

本节主要和读者朋友们一起来了解管道模型的基本概念和它的基本用法，相信通过本节的学习，大家会喜欢上这个能够让我们的若干模型完美配合的功能，或者更加严谨一点的叫法——scikit-learn 中的类（class）。

12.1.1 管道模型的基本概念

在前面的章节中，我们学习了如何进行数据的预处理，如何使用交叉验证对模型进行评估，以及如何使用网格搜索来找到模型的最优参数。假如我们要用某个数据集进行模型训练的话，大概的做法会像下面这样。

首先，要载入数据集，这里我们继续使用 make_blobs 来生成数据集，然后对数据集进行预处理（假设模型需要），输入代码如下：

```
#导入数据集生成器
from sklearn.datasets import make_blobs
#导入数据集拆分工具
from sklearn.model_selection import train_test_split
#导入预处理工具
from sklearn.preprocessing import StandardScaler
#导入多层感知器神经网络
from sklearn.neural_network import MLPClassifier
#导入画图工具
import matplotlib.pyplot as plt
#生成样本数量200，分类为2，标准差为5的数据集
X, y = make_blobs(n_samples=200, centers=2, cluster_std=5)
#将数据集拆分为训练集和测试集
X_train, X_test, y_train, y_test=train_test_split(X,y,random_state=38)
#对数据进行预处理
scaler = StandardScaler().fit(X_train)
X_train_scaled = scaler.transform(X_train)
X_test_scaled = scaler.transform(X_test)
#将处理后的数据形态进行打印
print('\n\n\n')
print('代码运行结果：')
print('==============================\n')
print('训练集数据形态：', X_train_scaled.shape,
      '\n测试集数据形态：', X_test_scaled.shape)
print('\n==============================')
print('\n\n\n')
```

在这段代码中，我们选择使用 MLP 多层感知神经网络作为下一步要用的分类器模型（因为 MLP 是典型的需要进行数据预处理的算法模型），用 StandardScaler 作为数据预处理的工具，用 make_blobs 生成样本数量为 200，分类数为 2，标准差为 5 的数据集。

和以往一样，我们用 train_test_split 工具将数据集拆分为训练集与测试集，运行代码，会得到如图 12-1 所示的结果。

```
代码运行结果：
==============================

训练集数据形态： (150, 2)
测试集数据形态： (50, 2)

==============================
```

图 12-1　拆分好的训练集和测试集

【结果分析】从结果中我们看出，训练集中的数据样本为 150 个，而测试集中的样本数量为 50 个，特征数都是 2 个。

下面我们来看一下未经预处理的训练集和经过预处理的数据差别，输入代码如下：

```
#原始的训练集
plt.scatter(X_train[:,0], X_train[:,1])
#经过预处理的训练集
plt.scatter(X_train_scaled[:,0], X_train_scaled[:,1], marker='^',
            edgecolor='k')
#添加图题
plt.title('training set & scaled training set')
#显示图片
plt.show()
```

运行代码，将会得到如图 12-2 所示的结果。

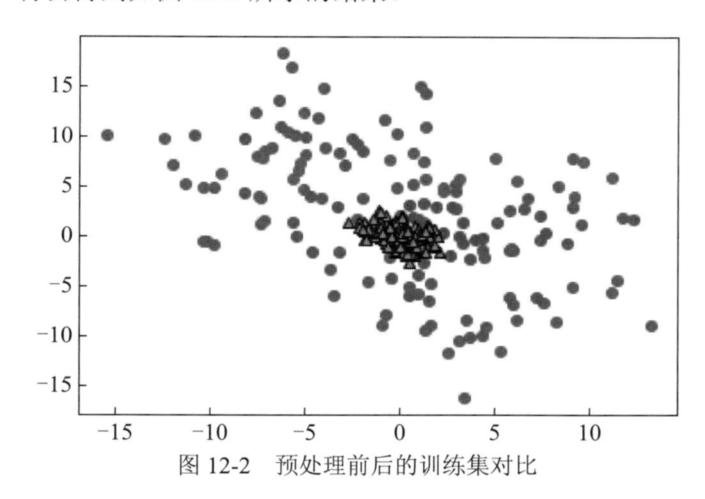

图 12-2　预处理前后的训练集对比

【结果分析】从图 12-2 中可以看到，StandardScaler 将训练集的数据变得更加“聚拢”，这样有利于我们使用神经网络模型进行拟合。

接下来，我们要用到前面所学到的网格搜索来确定 MLP 的最优参数，在本例中，我们选择的参数为 hidden_layer_sizes 和 alpha 这两个来进行实验。输入代码如下：

```
#导入网格搜索
from sklearn.model_selection import GridSearchCV
#设定网格搜索的模型参数字典
params = {'hidden_layer_sizes':[(50,),(100,),(100,100)],
         'alpha':[0.0001, 0.001, 0.01, 0.1]}
#建立网格搜索模型
grid = GridSearchCV(MLPClassifier(max_iter=1600,
                                random_state=38), param_grid=params, cv=3)
#拟合数据
grid.fit(X_train_scaled, y_train)
#将结果进行打印
print('\n\n\n')
print('代码运行结果：')
print('================================\n')
print('模型最佳得分：{:.2f}'.format(grid.best_score_))
print('模型最佳参数：{}'.format(grid.best_params_))
print('\n================================')
print('\n\n\n')
```

在这段代码中，我们想测试的是 MLP 的隐藏层为（50，），（100，）和（100，100），以及 alpha 值为 0.0001，0.001，0.01 和 0.1 时，哪个参数的组合可以让模型的得分最高，为了避免让模型提示最大迭代次数太小，我们把 max_iter 参数设置为 1600。运行代码，会得到如图 12-3 所示的结果。

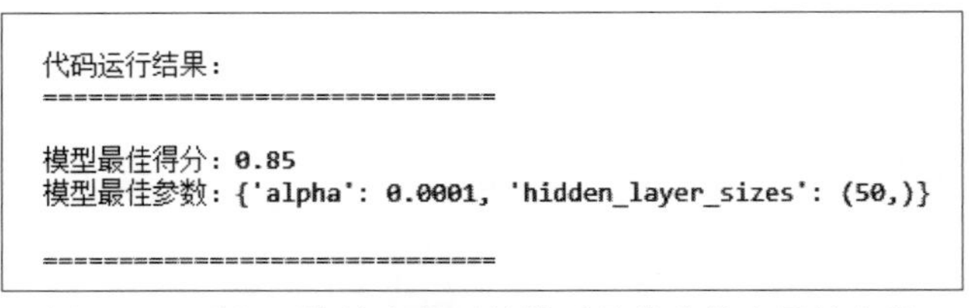
代码运行结果：
==============================
模型最佳得分：0.85
模型最佳参数：{'alpha': 0.0001, 'hidden_layer_sizes': (50,)}
==============================

图 12-3 进行网格搜索得到的模型最佳分数和最佳参数

【结果分析】从结果中看出，当 alpha 参数等于 0.0001 时，有 1 个 50 个节点的隐藏层，即 hidden_layer_sizes 参数为（50，）时，模型评分最高，为 0.85，总的来说还可以。那我们下一步可以高高兴兴地去拟合测试集了吧！于是我们输入代码如下：

```
#打印模型在测试集中的得分
print('\n\n\n')
print('代码运行结果：')
print('================================\n')
```

```
print('测试集得分：{}'.format(grid.score(X_test_scaled, y_test)))
print('\n==============================')
print('\n\n\n')
```

运行代码，可以得到如图 12-4 所示的结果。

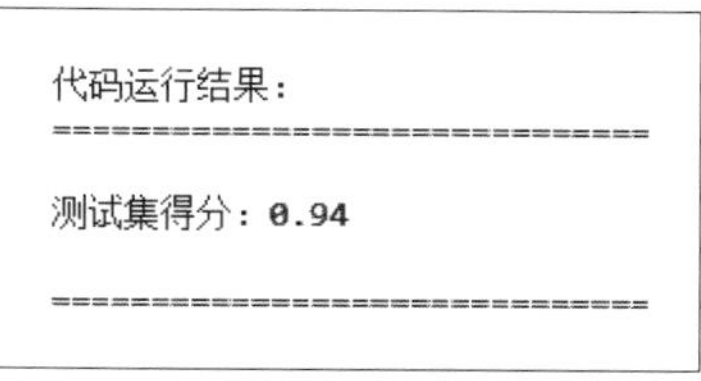

图 12-4　模型在测试集中的得分

【**结果分析**】测试集上模型得分是 0.94，好像很不错，那么是不是大功告成了？等一下！好像哪里不对？

细心的读者朋友可能发现了一个问题，那就是我们在进行数据预处理的时候，用 StandardScaler 拟合了训练数据集 X_train，而后用这个拟合的 scaler 去分别转换了 X_train 和 X_test，这一步没有问题。但是，我们在进行网格搜索的时候，是用了 X_train 来拟合的 GrindSearchCV。如果大家还记得我们在网格搜索中讲的内容的话，就会发现，在这一步中，由于交叉验证是会把数据集分成若干份，然后依次作为训练集和测试集给模型评分，并且找到最高分。

那么问题就来了，这里我们把 X_train_scaled 进行了拆分，那么拆出来的每一部分，都是基于 X_train 本身对于 StandardScaler 拟合后再对自身进行转换。相当于我们用交叉验证中生成的测试集拟合了 StandardScaler 后，再用这个 scaler 转换这个测试集自身，如图 12-5 所示。

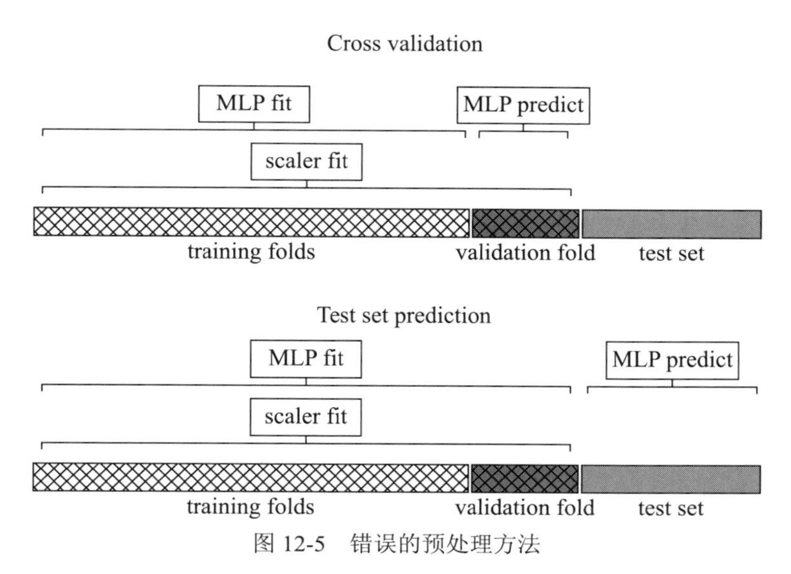

图 12-5　错误的预处理方法

在图 12-5 中可以看到，这样的做法是错误的。我们在交叉验证中，将训练集又拆分成了 training fold 和 validation fold，但用 StandardScaler 进行预处理的时候，是使用 training fold 和 validation fold 一起进行的拟合。这样一来，交叉验证的得分就是不准确的了。这一点我们在第 9 章中已经详细阐述过。

那怎么办呢？由于我们想测试的参数组合有 3×4，也就是 12 个之多，难道我们要做 12 次预处理才行吗？那也太麻烦了！

不要担心，我们这里就为大家讲解如何使用管道模型（Pipeline）来解决这个问题。首先我们看下 Pipeline 的基本用法，输入代码如下：

```
#导入管道模型
from sklearn.pipeline import Pipeline
#建立包含预处理和神经网络的管道模型
pipeline = Pipeline([('scaler',StandardScaler()),
                     ('mlp',MLPClassifier(max_iter=1600,random_state=38))])
#用管道模型对训练集进行拟合
pipeline.fit(X_train, y_train)
#打印管道模型的分数
print('使用管道模型的MLP模型评分: {:.2f}'.format(
    pipeline.score(X_test,y_test)))
```

在这段代码中，我们导入了 scikit-learn 中的 Pipeline 类，然后在这条“流水线”中“安装”了两个“设备”，一个是用来进行预处理的 StandardScaler，另一个是最大迭代数为 1600 的 MLP 多层感知神经网络。然后我们用管道模型 pipeline 来拟合训练数据集，并对测试集进行评分。运行代码，会得到如图 12-6 所示的结果。

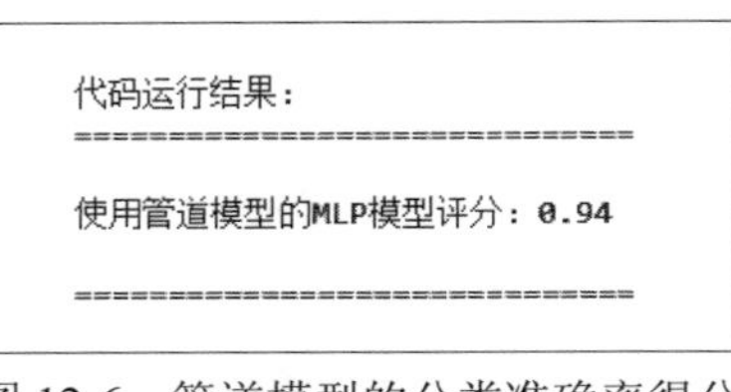
代码运行结果：
==============================
使用管道模型的MLP模型评分：0.94
==============================

图 12-6　管道模型的分类准确率得分

【结果分析】从图 12-6 中看到，管道模型在测试数据集的得分达到了 0.94，和之前的分数好像没有什么差别，这是因为我们生成的数据集中的数据点量级差别并不大，如果是来自真实世界的数据，那么得分的差距会更加明显。接下来我们会介绍如何使用管道模型配合网格搜索来寻找最佳参数组合。

12.1.2　使用管道模型进行网格搜索

刚刚我们介绍了如何使用管道模型将数据预处理和模型训练打包在一起，下面来介绍如何使用管道模型进行网格搜索。我们继续沿用前面的例子，以便进行对比。在 Jupyter Notebook 中输入代码如下：

```
#设置参数字典
```

```
params = {'mlp__hidden_layer_sizes':[(50,),(100,),(100,100)],
          'mlp__alpha':[0.0001, 0.001, 0.01, 0.1]}
#将管道模型加入网格搜索
grid = GridSearchCV(pipeline, param_grid=params, cv=3)
#对训练集进行拟合
grid.fit(X_train, y_train)
#打印模型交叉验证分数、最佳参数和测试集得分
print('\n\n\n')
print('代码运行结果：')
print('==============================\n')
print('交叉验证最高分:{:.2f}'.format(grid.best_score_))
print('模型最优参数：{}'.format(grid.best_params_))
print('测试集得分：{}'.format(grid.score(X_test,y_test)))
print('\n==============================')
print('\n\n\n')
```

运行代码，会得到如图 12-7 所示的结果。

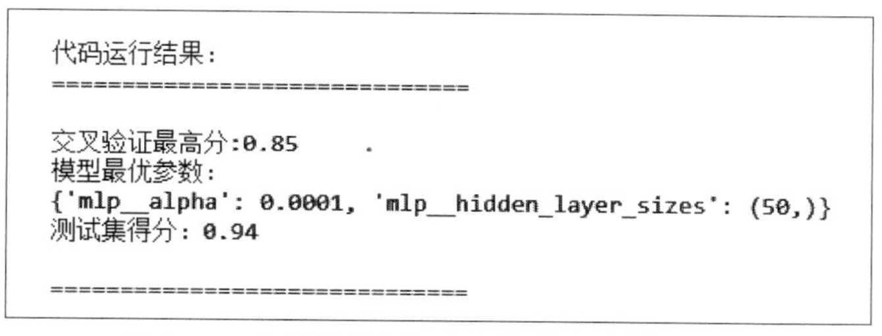

```
代码运行结果：
==============================

交叉验证最高分:0.85
模型最优参数：
{'mlp__alpha': 0.0001, 'mlp__hidden_layer_sizes': (50,)}
测试集得分：0.94

==============================
```

图 12-7　将管道模型加入网格搜索的模型评分

【结果分析】从图 12-7 中可以看到，管道模型在交叉验证集中的最高分是 0.85，而 MLP 的最优参数是 alpha 等于 0.0001，而 hidden_layer_sizes 的数值为（50，）。这个参数下测试集的得分达到了 0.94。

在上面这段代码中，大家会发现我们传给参数 params 的方法发生了一点变化，那就是我们在 hidden_layer_sizes 和 alpha 前面都添加了 mlp__ 这样一个前缀。为什么要这样做呢？这是因为 pipeline 中会有多个算法，我们需要让 pipeline 知道这个参数是传给哪一个算法的。比如在本例中，我们建立的管道模型 pipeline 有 scaler 也有 mlp，如果我们不用前缀进行指定的话，pipeline 便会搞不清楚参数究竟是给 scaler 的还是 mlp 的，于是程序就会报错。

通过使用管道模型，我们改变了交叉验证的方式，如图 12-8 所示。

对比图 12-5 和图 12-8，我们可以看到，在前面我们没有使用 pipeline 的时候，GridSearchCV 会把经过 scaler 处理的数据拆分成若干个训练集与验证集。而使用了 pipeline 之后，相当于每次模型会先拆分训练集和验证集，然后单独对训练集和验证机分

别进行预处理，再由网格搜索寻找最优参数。这样就避免了我们在前文中所说的错误操作。

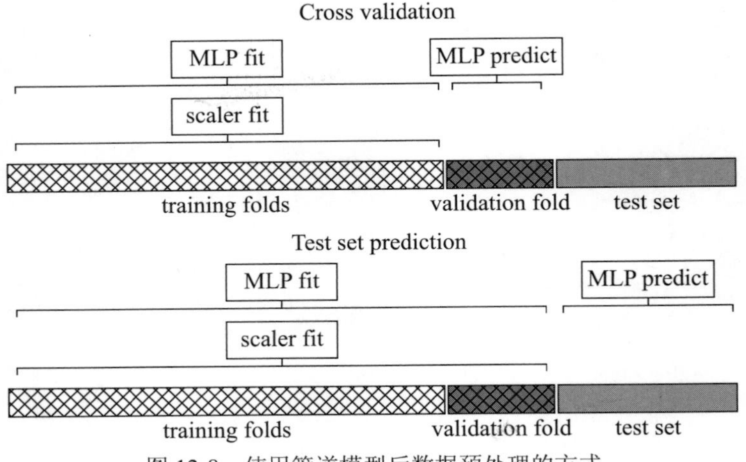

图 12-8　使用管道模型后数据预处理的方式

注意 **GridSearchCV 拆分的训练集和验证集，不是 train_test_split 拆分的训练集和测试集，而是在 train_test_split 拆分的训练集上再进行拆分，所得到的结果。**

我们可以使用如下的代码来透视一下 pipeline 所进行处理的过程：

```
#打印管道模型中的步骤
print('\n\n\n')
print('代码运行结果：')
print('==============================\n')
print(pipeline.steps)
print('\n==============================')
print('\n\n\n')
```

运行代码，会得到如图 12-9 所示的结果。

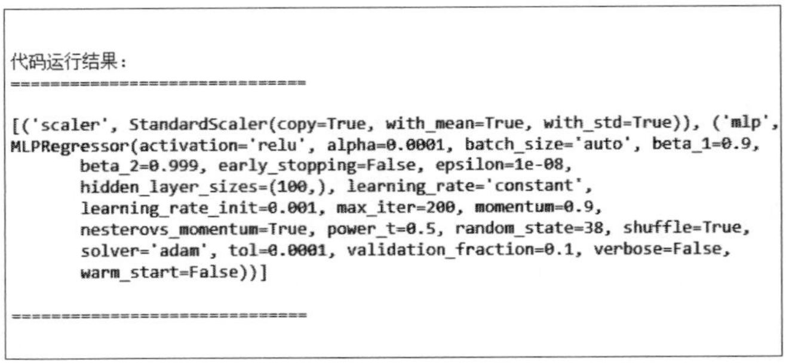

```
代码运行结果:
==============================

[('scaler', StandardScaler(copy=True, with_mean=True, with_std=True)), ('mlp',
MLPRegressor(activation='relu', alpha=0.0001, batch_size='auto', beta_1=0.9,
       beta_2=0.999, early_stopping=False, epsilon=1e-08,
       hidden_layer_sizes=(100,), learning_rate='constant',
       learning_rate_init=0.001, max_iter=200, momentum=0.9,
       nesterovs_momentum=True, power_t=0.5, random_state=38, shuffle=True,
       solver='adam', tol=0.0001, validation_fraction=0.1, verbose=False,
       warm_start=False))]

==============================
```

图 12-9　管道模型中的步骤

【**结果分析**】从图 12-9 的结果中可以看到，pipeline.steps 把包含在管道模型中的数据预处理 scaler 和多层感知神经网络 MLP 的全部参数返回给我们，这就如同是流水线的工作流程一样。从这个结果中也可以看出，在 GridsearchCV 进行每一步交叉验证之前，pipeline 都会对训练集和验证集进行 StandardScaler 预处理操作。

当然，管道模型不仅仅可以把数据预处理和模型训练集成在一起，它还可以将很多不同的算法打包进来。接下来我们和大家一起，对管道模型 Pipeline 进行更多的探索。

12.2　使用管道模型对股票涨幅进行回归分析

为了更好地介绍管道模型的用法，下面我们使用一个来自真实世界的数据集进行演示——中国股票市场的股价涨幅数据集。该数据集是 2017 年 10 月 20 日收盘之后从证券交易软件中导出的部分数据，首先我们先来了解一下数据集的情况。

12.2.1　数据集准备

首先，我们需要一个股票交易软件，如果你在某个证券交易公司开过户，就应该会有该公司提供的软件，如果没有开过户，可以使用一些第三方软件，如通达信、同花顺或者大智慧一类的软件来获取股票数据，这里我们使用通达信的软件为例进行展示。

打开股票交易软件，看到全部股票的信息如图 12-10 所示。

系统　功能　报价　分析　港股期货　财富证券　资讯　工具　帮助　　交易已登录

	代码	名称	涨幅%	现价	涨跌	买价	卖价	总量
1	000001	平安银行	1.40	14.45	0.20	14.44	14.45	249.5万
2	000002	万科A	10.00	31.79	2.89	31.79	–	108.2万
3	000004	国农科技	10.01	30.23	2.75	30.23	–	64584
4	000005	世纪星源	-0.67	4.47	-0.03	4.47	4.48	24833
5	000006	深振业A	–	–	–	–	–	0
6	000007	全新好	–	–	–	–	–	0
7	000008	神州高铁	-0.56	8.85	-0.05	8.84	8.85	46804
8	000009	中国宝安	-0.26	7.58	-0.02	7.58	7.59	128587
9	000010	美丽生态	-0.57	5.21	-0.03	5.20	5.21	90826
10	000011	深物业A	1.94	17.32	0.33	17.32	17.33	38630
11	000012	南玻A	0.23	8.90	0.02	8.90	8.91	434277
12	000014	沙河股份	-3.82	15.10	-0.60	15.09	15.10	30033
13	000016	深康佳A	2.45	6.69	0.16	6.68	6.69	427843
14	000017	深中华A	-1.15	6.87	-0.08	6.87	6.88	22554
15	000018	神州长城	0.88	6.89	0.06	6.88	6.89	62753
16	000019	深深宝A	–	–	–	–	–	0
17	000020	深华发A	-2.87	14.53	-0.43	14.52	14.53	23852
18	000021	深科技	0.00	9.87	0.00	9.87	9.88	306221
19	000022	深赤湾A	–	–	–	–	–	0
20	000023	深天地A	2.30	22.66	0.51	22.64	22.66	8512

图 12-10　股票交易软件界面

下面我们使用软件自带的数据导出功能获得股票数据，点击系统菜单，选择数据导出功能，如图 12-11 所示。

单击“数据导出”按键之后，会弹出对话框如图 12-12 所示。

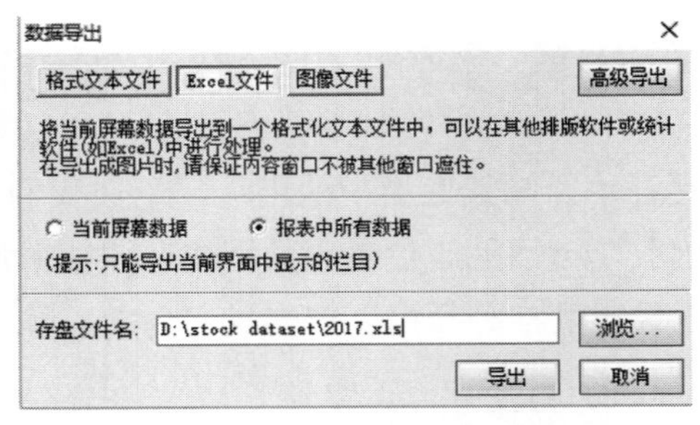

图 12-11　系统菜单中的数据导出　　　图 12-12　数据导出对话框

在图 12-12 的对话框中，我们选择导出格式为 Excel 文件格式，选择导出报表中所有数据，然后修改文件保存路径和文件名，单击导出按钮，就可以将数据导出为 xls 文件了。

数据导出之后，可以使用 Excel 软件打开。打开后看到的数据如图 12-13 和图 12-14 所示。

	A	B	C	D	E	F	G	H	I	J	K	L
1	代码	名称	涨幅%%	现价	涨跌	买价	卖价	总量	现量	涨速%%	换手%%	今开
2	000001	平安银行	-1.29	11.48	-0.15	11.47	11.48	461808	2415	0.17	0.27	11.59
3	000002	万 科A	0.42	26.16	0.11	26.15	26.16	145915	3845	0.08	0.15	26
4	000004	国农科技	0.44	25.09	0.11	25.09	25.1	3465	116	0.04	0.42	24.77
5	000005	世纪星源	1.24	4.9	0.06	4.89	4.9	53274	955	0	0.56	4.84
6	000006	深振业A	--	9.85	--	--	--	0	0	--	0	--
7	000007	全新好	--	16.66	--	--	--	0	0	--	0	--
8	000008	神州高铁	-1.22	8.94	-0.11	8.94	8.95	69071	629	0.45	0.35	9.04
9	000009	中国宝安	1.44	8.43	0.12	8.42	8.43	120758	1206	0	0.57	8.31
10	000010	美丽生态	5.11	7	0.34	7	7.01	1237926	23150	0.57	23.71	7.02
11	000011	深物业A	3.63	19.12	0.67	19.11	19.12	57458	782	0.26	3.27	18.59
12	000012	南 玻A	1.37	8.15	0.11	8.14	8.15	53605	604	0	0.36	8
13	000014	沙河股份	1.18	16.32	0.19	16.32	16.35	6976	221	0	0.35	16.1
14	000016	深康佳A	-0.71	5.62	-0.04	5.62	5.63	75695	1575	0	0.47	5.63
15	000017	深中华A	2.79	7.74	0.21	7.73	7.74	39950	430	-0.38	1.32	7.52
16	000018	神州长城	0.67	7.51	0.05	7.5	7.51	78295	1442	0.27	1.04	7.45
17	000019	深深宝A	--	12.15	--	--	--	0	0	--	0	--
18	000020	深华发A	3.68	19.71	0.7	19.7	19.71	29505	473	0.1	1.63	19.01
19	000021	深科技	0.88	9.12	0.08	9.12	9.13	65913	585	-0.1	0.45	9.04
20	000022	深赤湾A	5.53	26.13	1.37	26.13	26.15	76331	496	0.15	1.64	24.94
21	000023	深天地A	1.11	23.62	0.26	23.61	23.62	3876	78	0.04	0.28	23.56
22	000025	特 力A	0.7	44.58	0.31	44.58	44.59	38207	514	-0.01	1.97	44
23	000026	飞亚达A	1.89	12.41	0.23	12.4	12.41	49905	1252	-0.07	1.4	12.11
24	000027	深圳能源	0.62	6.46	0.04	6.45	6.46	38469	563	0.16	0.1	6.42
25	000028	国药一致	-0.24	70.08	-0.17	70.08	70.1	6732	69	0.03	0.22	70.35
26	000029	深深房A	--	11.17	--	--	--	0	0	--	0	--
27	000030	富奥股份	1.88	8.66	0.16	8.65	8.66	36995	883	0.23	0.3	8.5

图 12-13　从证券交易软件导出的股票数据（一）

	Q	R	S	T	U	V	W	X	Y	Z	AA	AB	A(
1	总金额	量比	细分行业	地区	振幅%%	均价	内盘	外盘	内外比	买量	卖量	未匹配量	流通月
2	5.3E+08	0.6	银行	深圳	1.55	11.47	264639	197169	1.34	1666	6306	--	16
3	3.8E+08	0.53	全国地产	深圳	1.92	26.02	73669	72246	1.02	158	383	--	9
4	8670536	0.47	生物制药	深圳	1.92	25.02	1650	1814	0.91	20	116	--	
5	25963730	0.58	房产服务	深圳	1.45	4.87	23490	29783	0.79	1514	1438	--	
6	0	0	区域地产	深圳	0	9.85	0	0	--	0	0	--	1
7	0	0	酒店餐饮	深圳	0	16.66	0	0	--	0	0	--	
8	61262064	0.84	运输设备	北京	2.98	8.87	41828	27243	1.54	312	739	--	1
9	1.01E+08	0.56	综合类	深圳	1.68	8.39	57087	63671	0.9	3334	1368	--	
10	8.68E+08	4.2	建筑施工	深圳	9.01	7.02	511225	726701	0.7	1856	2113	--	
11	1.09E+08	1.22	区域地产	深圳	3.14	18.94	23567	33891	0.7	57	1120	--	
12	43430152	0.6	玻璃	深圳	2.11	8.1	23058	30547	0.75	490	1700	--	1
13	11344775	0.63	全国地产	深圳	1.74	16.26	2338	4638	0.5	261	23	--	
14	42360468	0.6	家用电器	深圳	2.12	5.6	43824	31870	1.38	490	354	--	1
15	30814384	0.58	文教休闲	深圳	5.31	7.71	15216	24734	0.62	348	725	--	
16	58679964	0.57	装修装饰	深圳	2.14	7.49	39552	38742	1.02	1212	797	--	
17	0	0	软饮料	深圳	0	12.15	0	0	--	0	0	--	
18	57361920	2.12	元器件	深圳	4.31	19.44	11424	18081	0.63	4	70	--	
19	60005640	0.67	电脑设备	深圳	1.44	9.1	31592	34320	0.92	138	30	--	1
20	1.98E+08	2.67	港口	深圳	7.51	25.92	34948	41382	0.84	165	241	--	
21	9135129	0.65	其他建材	深圳	2.35	23.57	1801	2075	0.87	70	12	--	
22	1.71E+08	0.58	汽车服务	深圳	4.27	44.68	19035	19171	0.99	109	4	--	
23	61143980	1.44	其他商业	深圳	3.04	12.25	22291	27613	0.81	442	170	--	
24	24776170	0.49	火力发电	深圳	0.78	6.44	19805	18664	1.06	1094	526	--	3
25	47174972	0.7	医药商业	深圳	1.01	70.07	4087	2645	1.55	124	5	--	

图 12-14　从证券交易软件导出的股票数据（二）

注意 **图 12-13 和图 12-14 中展示的只是所有数据中的一部分，仅作为案例演示。**

观察这个数据集，发现其中有几个问题。

一是在“细分行业”和“地区”这两列全部都是字符串类型的特征。当然我们可以使用之前学过的 get_dummies 把它们转化成整型数值，但这里我们假定这两个特征对分析结果影响不大，因此将这两列进行删除处理。

二是我们看到在“未匹配量”这一列中，几乎全部都是“- -”符号，表示无效数值，因此这一列我们也进行删除处理。

三是我们看到在其他的行和列中，零星散布着一些“- -”符号，这些大部分是由于当日该股票处于停牌状态，因此相对应的数值缺失。所以我们把这些“- -”符号全部替换为 0。

另外还有一些其他的冗余信息，比如所导出的数据中，包含数据来源信息，这些也全部删掉。在这些工作完成之后，我们把数据集保存为一个 CSV 文件，以供下一步使用。

接下来，我们在 Jupyter Notebook 中输入代码如下：

```
#导入pandas
import pandas as pd
#记得把文件路径和文件名替换成你自己的
stocks = pd.read_csv('d:/stock dataset/stock dataset10-20.csv',
                     encoding = 'gbk')
#定义数据集中的特征X和目标y
X = stocks.loc[:,'现价':'流通股(亿)'].values
y = stocks['涨幅%%']
#验证数据集形态
```

```
print('\n\n\n')
print('代码运行结果: ')
print('==============================\n')
print (X.shape, y.shape)
print('\n==============================')
print('\n\n\n')
```

运行代码，会得到如图 12-15 所示的结果。

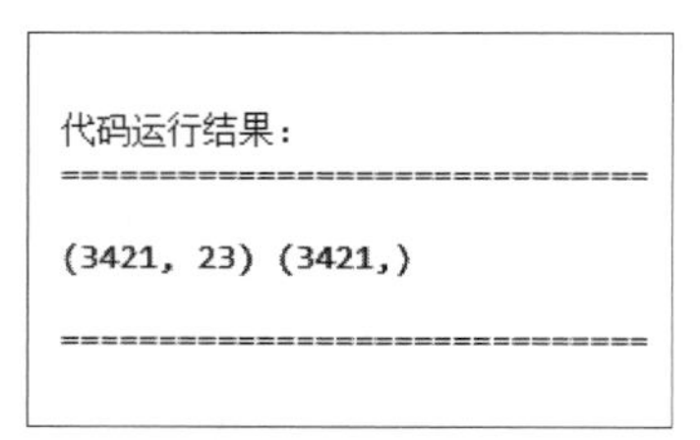

图 12-15　打印股票数据集中的特征形态和目标形态

【结果分析】从图 12-15 中看到数据已经加载成功，数据集中共有 3421 支股票，每支股票包含 23 个特征。接下来可以先尝试用 MLP 多层感知神经网络来进行回归分析，看模型的表现如何。当然，这里还是使用交叉验证 cross_val_score 来进行评分的工作。输入代码如下：

```
#导入交叉验证
from sklearn.model_selection import cross_val_score
#导入MLP神经网络
from sklearn.neural_network import MLPRegressor
#使用交叉验证对MLP模型进行评分
scores = cross_val_score(MLPRegressor(random_state=38),X,y,cv=3)
#打印评分
print('\n\n\n')
print('代码运行结果: ')
print('==============================\n')
print ('模型平均分: {:.2f}'.format(scores.mean()))
print('\n==============================')
print('\n\n\n')
```

运行代码，我们会得到一个让人揪心的结果，如图 12-16 所示。

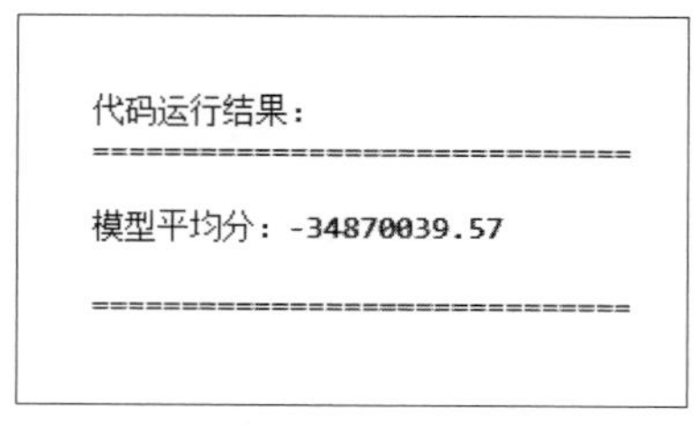

图 12-16　数据未经预处理时的模型评分

【结果分析】从结果中看出，模型的表现实在是够糟糕，得分居然达到 -3000 多万。这是什么原因呢？我们说过 MLP 对数据预处理的要求很高，而原始数据集中各个特征的数量级差得又比较远，因此用原始数据集进行训练，结果必然是很差的。

所以接下来，我们要建立一个管道模型，将数据预处理和 MLP 模型打包进去。

12.2.2　建立包含预处理和MLP模型的管道模型

这里再引入一个知识点，在 sklearn 中，可以使用 make_pipeline 来便捷地建立管道模型，大家看下面的代码：

```
#导入make_pipeline模块
from sklearn.pipeline import make_pipeline
#对比两种方法的语法
pipeline = Pipeline([('scaler',StandardScaler()),
                    ('mlp',MLPRegressor(random_state=38))])
pipe = make_pipeline(StandardScaler(), MLPRegressor(random_state=38))
#打印两种建立管道模型方法的步骤
print(pipeline.steps)
print('\n',pipe.steps)
```

从这段代码中，我们对比了使用 Pipeline 建立管道模型和使用 make_pipeline 建立管道模型。这两种方法的结果是完全一样的。但是 make_pipeline 要相对更简洁一些。我们不需要在 make_pipeline 中指定每个步骤的名称，直接把每个步骤中我们希望用到的功能模块传进去就可以了。运行代码，可以得到如下的结果：

```
[('scaler', StandardScaler(copy=True, with_mean=True, with_std=True)),
('mlp', MLPRegressor(activation='relu', alpha=0.0001, batch_size='auto',
beta_1=0.9,
       beta_2=0.999, early_stopping=False, epsilon=1e-08,
       hidden_layer_sizes=(100,), learning_rate='constant',
       learning_rate_init=0.001, max_iter=200, momentum=0.9,
       nesterovs_momentum=True, power_t=0.5, random_state=38,
shuffle=True,
       solver='adam', tol=0.0001, validation_fraction=0.1, verbose=False,
       warm_start=False))]

 [('standardscaler', StandardScaler(copy=True, with_mean=True, with_
std=True)), ('mlpregressor', MLPRegressor(activation='relu', alpha=0.0001,
batch_size='auto', beta_1=0.9,
       beta_2=0.999, early_stopping=False, epsilon=1e-08,
       hidden_layer_sizes=(100,), learning_rate='constant',
       learning_rate_init=0.001, max_iter=200, momentum=0.9,
       nesterovs_momentum=True, power_t=0.5, random_state=38,
shuffle=True,
       solver='adam', tol=0.0001, validation_fraction=0.1, verbose=False,
       warm_start=False))]
```

【结果分析】结果向我们返回了两种方法建立的管道模型中的步骤，从参数上看，两种方法得到的结果是完全一致的。下面我们继续尝试用交叉验证 cross_val_score 来给模型评分，这次输入的代码如下：

```
#进行交叉验证
scores = cross_val_score(pipe,X,y,cv=3)
#打印交叉验证得分
print('\n\n\n')
print('代码运行结果：')
print('==============================\n')
print('模型平均分：{:.2f}'.format(scores.mean()))
print('\n==============================')
print('\n\n\n')
```

和之前我们直接使用 MLP 多层感知神经网络不同的是，这次我们用来进行评分的模型是刚刚建立好的管道模型 pipe，也就是说在交叉验证中，每次都会先对数据集进行 StandardScaler 预处理，再拟合 MLP 回归模型。然后看看这次结果如何。运行代码，将会得到如图 12-17 所示的结果。

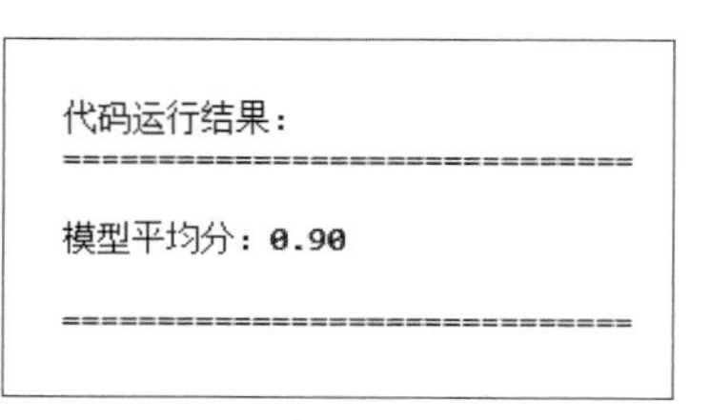

图 12-17　建立管道模型后交叉验证的得分

【结果分析】虽然 0.90 并不是一个非常高的得分，但是对比之前没有经过预处理的 -3000 多万分，可以说模型还是表现得有如天壤之别。接下来，我们会继续向管道模型中添加新的步骤，并介绍如何调用每个模块中的属性。

12.2.3　向管道模型添加特征选择步骤

也许读者朋友们还记得我们在之前的章节中介绍过使用随机森林模型对股票数据集进行特征选择。下面我们尝试使用 pipeline 管道模型将特征选择的部分也添加进来。输入代码如下：

```
#导入特征选择模块
from sklearn.feature_selection import SelectFromModel
#导入随机森林模型
from sklearn.ensemble import RandomForestRegressor
#建立管道模型
pipe = make_pipeline(StandardScaler(),
```

```
                    SelectFromModel(RandomForestRegressor(random_state=38)),
                   MLPRegressor(random_state=38))
#显示管道模型步骤
pipe.steps
```

这里我们把 SelectFromModel 这个步骤也添加进了 make_pipeline 中，为了让多次运行的结果能够保持一致，也将随机森林的 random_state 进行指定，我们这里指定为 38，读者朋友可以自己任意指定一个数字，对结果的影响不会太大。

运行代码，管道模型 pipeline 会把其中所有的步骤反馈如下：

```
[('standardscaler', StandardScaler(copy=True, with_mean=True, with_
std=True)),
 ('selectfrommodel',
   SelectFromModel(estimator=RandomForestRegressor(bootstrap=True,
criterion='mse', max_depth=None,
            max_features='auto', max_leaf_nodes=None,
            min_impurity_decrease=0.0, min_impurity_split=None,
            min_samples_leaf=1, min_samples_split=2,
            min_weight_fraction_leaf=0.0, n_estimators=10, n_jobs=1,
            oob_score=False, random_state=38, verbose=0,
warm_start=False),
         norm_order=1, prefit=False, threshold=None)),
 ('mlpregressor',
  MLPRegressor(activation='relu', alpha=0.0001, batch_size='auto',
beta_1=0.9,
        beta_2=0.999, early_stopping=False, epsilon=1e-08,
        hidden_layer_sizes=(100,), learning_rate='constant',
        learning_rate_init=0.001, max_iter=200, momentum=0.9,
        nesterovs_momentum=True, power_t=0.5, random_state=38,
shuffle=True,
        solver='adam', tol=0.0001, validation_fraction=0.1,
verbose=False,
        warm_start=False))]
```

【结果分析】读者朋友们可以从结果中看到 pipeline 中每个步骤所使用的模型参数，这里不再展开解释。下面就使用交叉验证法来给管道模型进行评分，输入代码如下：

```
#使用交叉验证进行评分
scores = cross_val_score(pipe, X,y, cv=3)
#打印模型分数
print('\n\n\n')
print('代码运行结果：')
print('==============================\n')
print('管道模型平均分：{:.2f}'.format(scores.mean()))
print('\n==============================')
print('\n\n\n')
```

运行代码，会得到如图 12-18 所示的结果。

```
代码运行结果：
================================
管道模型平均分：0.89
================================
```

图 12-18　在管道模型中添加特征选择的模型评分

【结果分析】对比之前没有添加特征选择的管道模型，这次的 pipeline 得分为 0.89，分数再一次有了显著的提升。当然，针对不同数据集，我们可以在管道模型中增加更多的步骤，以便提高模型的性能表现。

同样地，我们还可以提取管道模型中每个步骤的属性，例如 SelectFromModel 步骤中，模型选择了哪些特征，输入代码如下：

```
#使用管道模型拟合数据
pipe.fit(X,y)
#查询哪些特征被选择
mask = pipe.named_steps['selectfrommodel'].get_support()
#打印特征选择的结果
print(mask)
```

运行代码，我们会得到如下的结果：

```
[False  True False  True False False False False False False False False
 False  True False  True False False False False False False False]
```

【结果分析】从结果中看到，pipeline 可以把管道模型中特征选择 SelectFromModel 的选择结果返回给我们。这里 SelectFromModel 只选择了 4 个特征，便使得模型的效率有了显著的提高。

除了进行交叉验证之外，pipeline 也可以用于网格搜索来寻找最佳模型以及模型最佳参数，下一节中我们将和读者朋友一起进行研究。

12.3　使用管道模型进行模型选择和参数调优

本节中，我们会和大家一起探索，如何使用管道模型选择相对更好的算法模型，以及找到模型中更优的参数。

12.3.1　使用管道模型进行模型选择

这部分内容主要讨论的是，我们应该如何利用管道模型从若干算法中找到适合我们数据集的算法。比如我们想知道，对于股票数据集来说，是使用随机森林算法好一些，还是使用 MLP 多层感知神经网络好一些，就可以利用管道模型来进行对比。有趣的地方在于，我们知道 MLP 需要对数据进行良好的预处理，而随机森林并不需要这么做。因此，我们要在设置好管道模型的参数字典，输入代码如下：

```
#定义参数字典
params = [{'reg':[MLPRegressor(random_state=38)],
           'scaler':[StandardScaler(),None]},
         {'reg':[RandomForestRegressor(random_state=38)],
         'scaler':[None]}]
#下面对pipeline进行实例化
pipe = Pipeline([('scaler',StandardScaler()),('reg',MLPRegressor())])
#对管道模型进行网格搜索
grid = GridSearchCV(pipe, params, cv=3)
#拟合数据
grid.fit(X,y)
#打印网格搜索结果
print('最佳模型是：\n{}'.format(grid.best_params_))
print('\n模型最佳得分是:{:.2f}'.format(grid.best_score_))
```

在这段代码中，我们定义了一个字典的列表 params，作为 pipeline 的参数。在参数中，我们指定对 MLP 模型使用 StandardScaler，而 RandomForest 不使用 StandardScaler，所以 scaler 这一项对应的值是 None。运行代码，会得到如下的结果：

```
最佳模型是：
{'reg': RandomForestRegressor(bootstrap=True, criterion='mse', max_depth=None,
           max_features='auto', max_leaf_nodes=None,
           min_impurity_decrease=0.0, min_impurity_split=None,
           min_samples_leaf=1, min_samples_split=2,
           min_weight_fraction_leaf=0.0, n_estimators=10, n_jobs=1,
              oob_score=False, random_state=38, verbose=0, warm_start=False),
'scaler': None}
模型最佳得分是：0.89
```

【结果分析】从结果中可以看到，经过网格搜索的评估，在 MLP 和随机森林二者之间，MLP 神经网络的表现要更好一些。其模型的预测准确度，也就是 R^2 分数达到了 0.89。这还是在我们没有调整参数的情况下。下面，我们再试试用网格搜索和管道模型进行模型选择的同时，一并寻找更优参数。

12.3.2　使用管道模型寻找更优参数

相信现在读者朋友们都已经掌握了如何用网格搜索来进行参数调优，也掌握了如何使用管道模型进行模型选择。不过相信大家会有一个新的问题：在上一个例子中，我们对比的两个模型使用的基本都是默认参数，如 MLP 的隐藏层，我们使用的是缺省值(100,)，而随机森林我们使用的 n_estimators 也是默认的 10 个。那如果我们修改了参数，会不会 MLP 的表现会不如随机森林呢？

就让我们带着这个问题，一起来进行实验。我们可以通过在网格搜索中扩大搜索空间，将需要进行对比的模型参数，也放进管道模型中进行对比。现在我们输入代码如下：

```
#在参数字典中增加MLP隐藏层和随机森林中estimator数量的选项
params = [{'reg':[MLPRegressor(random_state=38)],
           'scaler':[StandardScaler(),None],
           'reg__hidden_layer_sizes':[(50,),(100,),(100,100)]},
          {'reg':[RandomForestRegressor(random_state=38)],
          'scaler':[None],
          'reg__n_estimators':[10,50,100]}]
#建立管道模型
pipe = Pipeline([('scaler',StandardScaler()),('reg',MLPRegressor())])
#建立网格搜索
grid = GridSearchCV(pipe, params, cv=3)
#拟合数据
grid.fit(X,y)
#打印网格搜索结果
print('最佳模型是: \n{}'.format(grid.best_params_))
print('\n模型最佳得分是:{:.2f}'.format(grid.best_score_))
```

从这段代码可以看到，除了在上一例中我们给管道模型设置的参数 params 之外，这次我们把几个想要实验的参数，也包含在了 params 的字典当中，一个是 MLP 的隐藏层数量，我们传入一个列表，分别是（50，），（100，）和（100，100）；另一个是随机森林的 n_estimators 数量，分别是 10，50 和 100。接下来我们就让 GridSearchCV 去遍历两个模型中所有给出的备选参数，看看结果会有什么变化。运行代码，我们先得到一个报警信息如图 12-19 所示。

```
c:\program files\python36\lib\site-packages\sklearn\neural_network\multilayer_p
erceptron.py:564: ConvergenceWarning: Stochastic Optimizer: Maximum iterations
(200) reached and the optimization hasn't converged yet.
  % self.max_iter, ConvergenceWarning)
```

图 12-19　提示最大迭代数已经达到的报警信息

图 12-19 中的这段信息是提示我们，在 MLP 中，我们使用的最大迭代数 max_iter 参数是缺省值 200，而在模型拟合的过程中，MLP 某一个参数的设置使得它在达到最大迭代数之后仍然没有实现模型优化的最佳收敛程度。要解决这个问题，只要我们把 max_iter 的数值调高即可。这里先不做修改，来看看网格搜索返回的结果如下：

```
最佳模型是:
{'reg': MLPRegressor(activation='relu', alpha=0.0001, batch_size='auto',
beta_1=0.9,
       beta_2=0.999, early_stopping=False, epsilon=1e-08,
       hidden_layer_sizes=(50,), learning_rate='constant',
```

```
        learning_rate_init=0.001, max_iter=200, momentum=0.9,
        nesterovs_momentum=True, power_t=0.5, random_state=38, shuffle=True,
        solver='adam', tol=0.0001, validation_fraction=0.1, verbose=False,
           warm_start=False), 'reg__hidden_layer_sizes': (50,), 'scaler':
StandardScaler(copy=True, with_mean=True, with_std=True)}
模型最佳得分是: 0.92
```

【结果分析】和我们在前面所预料的是一样的，在多给出几个参数选项之后，两个模型的表现出现了逆转。上面的结果告诉我们，这次的网格搜索发现，当 MLP 的隐藏层为（50，）的时候，MLP 模型的评分超过了随机森林，达到了 0.92。当然，如果继续多提供一些参数供管道模型进行选择的话，如让随机森林的 n_estimators 数量可以选择 500 或 1000，那么结果可能还会出现反转。下面我们实验一下，输入代码如下：

```
#再次给出新的参数字典
params = [{'reg':[MLPRegressor(random_state=38, max_iter=1000)],
           'scaler':[StandardScaler(),None],
           'reg__hidden_layer_sizes':[(50,),(100,),(100,100)]},
          {'reg':[RandomForestRegressor(random_state=38)],
          'scaler':[None],
          'reg__n_estimators':[100,500,1000]}]
#管道模型建立
pipe = Pipeline([('scaler',StandardScaler()),('reg',MLPRegressor())])
#再次运行网格搜索
grid = GridSearchCV(pipe, params, cv=3)
grid.fit(X,y)
#打印结果
print('最佳模型是: \n{}'.format(grid.best_params_))
print('\n模型最佳得分是:{:.2f}'.format(grid.best_score_))
```

这次我们把随机森林 n_estimators 参数的选项设置为 100，500 和 1000，随便把 MLP 模型的 max_iter 最大迭代数增加到 1000，以避免再次出现上面的警告信息。这次模型拟合的时间会相对更长一些，毕竟 n_estimors 达到 500 或 1000，是非常消耗计算资源的。

在等待了大约 1min，网格搜索向我们返回结果如下：

```
最佳模型是:
{'reg': MLPRegressor(activation='relu', alpha=0.0001, batch_size='auto',
beta_1=0.9,
        beta_2=0.999, early_stopping=False, epsilon=1e-08,
        hidden_layer_sizes=(50,), learning_rate='constant',
        learning_rate_init=0.001, max_iter=1000, momentum=0.9,
        nesterovs_momentum=True, power_t=0.5, random_state=38, shuffle=True,
        solver='adam', tol=0.0001, validation_fraction=0.1, verbose=False,
           warm_start=False), 'reg__hidden_layer_sizes': (50,), 'scaler':
StandardScaler(copy=True, with_mean=True, with_std=True)}
模型最佳得分是: 0.92
```

【结果分析】这一次仍然没有出现我们所期待的剧情反转，MLP 模型依旧以微弱的优势保持领先。增加了 n_estimators 数量的随机森林，依然没能实现反超。这说明对于我们使用的这个数据集来说，隐藏层为（50，）的 MLP 多层感知神经网络，确实更加适合一些。

12.4 小结

本章主要对算法的管道模型进行了探讨，在经过实验之后，相信大家对于管道模型 Pipeline 的便捷与高效产生了深刻的印象。诚然，在真实世界当中，我们很难遇到只用一个步骤便可以完成模型训练的数据。实际上本章中我们使用的股票数据集已经是相对简单的数据集了——如果你不使用 MLP 或者 SVR 这种对数据预处理要求较高的模型的话，还是可以通过简单的步骤实现模型的训练（前提是我们针对当天的股票涨幅进行回归分析）。

除了能够将更多的算法进行整合，实现代码的简洁之外，管道模型还可以避免我们在预处理过程中，使用不当的方式对训练集和验证集进行错误的预处理，正如在 12.1 小节中介绍的那样。通过使用管道模型，可以在网格搜索每次拆分训练集与验证集之前，重新对训练集和验证集进行预处理操作，避免了模型在训练集中得分很高，但在测试集却得分较低的情况出现。

让我自己都觉得非常有趣的是，通过管道模型，打包了数据预处理 StandardScaler、特征提取 SelectFromModel，以及 MLP 多层感知神经网络，一点一点地把模型从最初的 -3000 万分，提高到 0.92，可以说是眼看着模型一步一步在成长，变得更加准确，这个过程无疑是激动人心的。

最后我们还使用了管道模型进行了模型选择和参数调优的工作，从 12.3 小节看到，从一开始网格搜索给随机森林模型评出最高分，到最后通过实验，找到了表现更加优异的隐藏层为（50，）的 MLP 模型，如果读者朋友一直跟随我们的进度，在 Jupyter Notebook 中用代码做实验，相信也会非常有成就感。而这种成就感也将激励大家在机器学习的道路上进行更加深入的探索。

之所以这里讲了这么多，是因为到本章为止，我们已经把 scikit-learn 中常见的算法、功能模块和相关的技巧介绍完了。当然，我们并没有把所有的内容完全进行展示。实际上我们也不需要这样做——在 scikit-learn 官网有完整的文档供大家阅读，英语阅读能力较强的读者朋友可以随时到官网上查询各个模块的介绍。在接下来的章节中，我们会一起研究一些更加有趣而且适用的技能，也是当前非常火爆的一个机器学习的方向，自然语言处理 NLP 的基础——文本数据处理。欢迎各位和我们一起，继续机器学习的旅程。

第 13 章　文本数据处理——亲，见字如“数”

一直以来，自然语言处理（Natural Language Processing, NLP）作为人工智能的重要分支之一，其研究的内容是如何实现人与计算机之间用自然语言进行有效的通信。在本章中，我们将带领大家学习自然语言处理中的基础知识——如何对文本数据进行处理。

本章主要涉及的知识点有：

- 文本数据的特征提取
- 中文文本的分词方法
- 用*n*-Gram模型优化文本数据
- 使用tf-idf模型改善特征提取
- 删除停用词（Stopwords）

13.1　文本数据的特征提取、中文分词及词袋模型

在本节中，我们将一起学习如何对文本数据进行特征提取，如何对中文进行分词处理，以及如何使用词袋模型将文本特征转化为数组的形式，以便于将文本转化为机器可以“看懂”的数字形式。

13.1.1　使用CountVectorizer对文本进行特征提取

在前面的章节中，我们用来展示的数据特征大致可以分为两种：一种是用来表示数值的连续特征；另一种是表示样本所在分类的类型特征。而在自然语言处理的领域中，我们会接触到的是第三种数据类型——文本数据。举个例子，假如我们想知道用户对某个商品的评价是“好”还是“差”，就需要使用用户评价的内容文本对模型进行训练。例如，用户评论说“刚买的手机总是死机，太糟糕了！”或者“新买的衣服很漂亮，老公很喜欢。”这就需要我们提取出两个不同评论中的关键特征，并进行标注用于训练机器学习模型。

文本数据在计算机中往往被存储为字符串类型（String），在不同的场景中，文本数据的长度差异会非常大，这也使得文本数据的处理方式与数值型数据的处理方式完全不同。而中文的处理尤其困难，因为在一个句子当中，中文的词与词之间没有边界，也就是说，中文不像英语那样，在每个词之间有空格作为分界线，这就要求我们在处理中文文本的时候，需要先进行分词处理。

例如这句英语：“The quick brown fox jumps over a lazy dog”，翻成中文是“那只敏捷的棕色狐狸跳过了一只懒惰的狗”。这两句话在处理中非常不同，我们来看下面的代码：

```
#导入向量化工具CountVectorizer工具
from sklearn.feature_extraction.text import CountVectorizer
vect = CountVectorizer()
#使用CountVectorizer拟合文本数据
en = ['The quick brown fox jumps over a lazy dog']
vect.fit(en)
#打印结果
print('单词数：{}'.format(len(vect.vocabulary_)))
print('分词：{}'.format(vect.vocabulary_))
```

运行代码，会得到如图 13-1 所示的结果。

```
单词数：8
分词：{'the': 7, 'quick': 6, 'brown': 0, 'fox': 2, 'jumps': 3, 'over': 5, 'l
azy': 4, 'dog': 1}
```

图 13-1　使用 CountVectorizer 拟合数据的结果

【结果分析】可能读者朋友们对这个结果会感觉到有点奇怪，明明这句话当中有 9 个单词，为什么程序告诉我们单词数是 8 呢？我们来检查一下分词的结果，原来程序没有将冠词“a”统计进来。因为“a”只有一个字母，所以程序没有把它作为一个单词。下面我们再来看中文的情况，输入代码如下：

```
#使用中文文本进行实验
cn = ['那只敏捷的棕色狐狸跳过了一只懒惰的狗']
#拟合中文文本数据
vect.fit(cn)
#打印结果
print('单词数：{}'.format(len(vect.vocabulary_)))
print('分词：{}'.format(vect.vocabulary_))
```

运行代码，会得到如图 13-2 所示的结果。

```
单词数：1
分词：{'那只敏捷的棕色狐狸跳过了一只懒惰的狗': 0}
```

图 13-2　对中文文本进行向量化的结果

【结果分析】可以看到，程序无法对中文语句进行分词，它把整句话当成了一个词，这是因为中文与英语不同，英语的词与词之间有空格作为天然的分隔符，而中文却没有。在这种情况下，我们就需要使用专门的工具来对中文进行分词。目前市面上有几款用于中文分词的工具，使用较多的工具之一是“结巴分词”，下面我们以“结巴分词”为例，向大家介绍一下中文的分词方法。

13.1.2　使用分词工具对中文文本进行分词

首先我们需要安装“结巴分词”，以管理员身份运行命令提示符，键入命令如下：

```
pip install jieba
```

稍等片刻，“结巴分词”的安装就会自动完成。接下来我们使用“结巴分词”来对上文中的中文语句进行分词。输入代码如下：

```
#导入结巴分词
import jieba
#使用结巴分词对中文文本进行分词
cn = jieba.cut('那只敏捷的棕色狐狸跳过了一只懒惰的狗')
#使用空格作为词与词之间的分界线
cn = [' '.join(cn)]
#打印结果
print(cn)
```

运行代码，首先我们会得到一个报警，不过没有关系，这是“结巴分词”导入预置的词典和建立模型的信息，不影响程序的运行，接下来会得到如图 13-3 所示的结果。

```
Building prefix dict from the default dictionary ...
Loading model from cache D:\Temp\jieba.cache
Loading model cost 1.550 seconds.
Prefix dict has been built succesfully.
['那 只 敏捷 的 棕色 狐狸 跳过 了 一只 懒惰 的 狗']
```

图 13-3　结巴分词对中文文本分词的结果

借助“结巴分词”，我们把这句中文语句进行了分词操作，并在每个单词之间插入空格作为分界线。下面我们重新使用 CountVectorizer 对其进行特征抽取，输入代码如下：

```
#使用CountVectorizer对中文文本进行向量化
vect.fit(cn)
#打印结果
print('单词数：{}'.format(len(vect.vocabulary_)))
print('分词：{}'.format(vect.vocabulary_))
```

运行代码，会得到如图 13-4 所示的结果。

```
单词数：6
分词：{'敏捷': 2, '棕色': 3, '狐狸': 4, '跳过': 5, '一只': 0, '懒惰': 1}
```

图 13-4　使用 CountVectorizer 提取出的特征

【结果分析】经过了分词工具的处理，我们看到 CountVecterizer 已经可以从中文文本中提取出若干个整型数值，并且生成了一个字典。

接下来，我们要将使用这个字典将文本的特征表达出来，以便可以用来训练模型。

13.1.3　使用词袋模型将文本数据转为数组

在上面的实验中，CountVectorizer 给每个词编码为一个从 0 到 5 的整型数。经过这样的处理之后，我们便可以用一个稀疏矩阵（sparse matrix）对这个文本数据进行表示了。输入代码如下：

```
#定义词袋模型
bag_of_words = vect.transform(cn)
#打印词袋模型中的数据特征
print('转化为词袋的特征：\n{}'.format(repr(bag_of_words)))
```

运行代码，可以得到如图 13-5 所示的结果。

```
转化为词袋的特征：
<1x6 sparse matrix of type '<class 'numpy.int64'>'
        with 6 stored elements in Compressed Sparse Row format>
```

图 13-5　转化为词袋模型的特征

【**结果分析**】从结果中可以看到，原来的那句话，被转化为一个 1 行 6 列的稀疏矩阵，类型为 64 位整型数值，其中有 6 个元素。

下面我们看看 6 个元素都是什么，输入代码如下：

```
#打印词袋模型的密度表达
print('词袋的密度表达：\n{}'.format(bag_of_words.toarray()))
```

运行代码，会得到如图 13-6 所示的结果。

```
词袋的密度表达：
[[1 1 1 1 1 1]]
```

图 13-6　词袋的密度表达

【**结果分析**】可能你会觉得这个结果有点让人费解，它的意思是，在这一句话中，我们通过分词工具拆分出的 6 个单词在这句话中出现的次数。比如在数组中的第一个元素是 1，它代表在这句话中，“一只”这个词出现的次数是 1 次；第二个元素 1，代表这句话中，“懒惰”这个词出现的次数也是 1。

现在我们可以试着换一句话来看看结果有什么不同，例如，“懒惰的狐狸不如敏捷的狐狸敏捷，敏捷的狐狸不如懒惰的狐狸懒惰”。输入代码如下：

```
#输入新的中文文本
cn_1 = jieba.cut('懒惰的狐狸不如敏捷的狐狸敏捷,敏捷的狐狸不如懒惰的狐狸懒惰')
#以空格进行分隔
cn2 = [' '.join(cn_1)]
#打印结果
print(cn2)
```

上面这段代码主要是使用“结巴分词”将刚才我们编造的这段话进行分词。运行代码，将会得到如图 13-7 所示的结果。

```
['懒惰 的 狐狸 不如 敏捷 的 狐狸 敏捷 , 敏捷 的 狐狸 不如 懒惰 的 狐狸 懒惰']
```

图 13-7　对新的文本进行分词处理

接下来，我们再用 CountVectorizer 将这句文本进行转化，输入代码如下：

```
#建立新的词袋模型
new_bag = vect.transform(cn2)
#打印结果
print('转化为词袋的特征：\n{}'.format(repr(new_bag)))
print('词袋的密度表达：\n{}'.format(new_bag.toarray()))
```

运行代码，会得到如图 13-8 所示的结果。

```
转化为词袋的特征：
<1x6 sparse matrix of type '<class 'numpy.int64'>'
        with 3 stored elements in Compressed Sparse Row format>
词袋的密度表达：
[[0 3 3 0 4 0]]
```

图 13-8　新文本的词袋特征和密度表达

【结果分析】同样还是 1 行 6 列的矩阵，不过存储的元素只有 3 个，而数组 [[0 3 3 0 4 0]] 的意思是，“一只”这个词出现的次数是 0，而“懒惰”这个词出现了 3 次，“敏捷”这个词出现了 3 次，“棕色”这个词出现了 0 词，“狐狸”这个词出现了 4 次，“跳过”这个词出现了 0 次。

上面这种用数组表示一句话中，单词出现次数的方法，被称为“词袋模型”（bag-of-words）。这种方法是忽略一个文本中的词序和语法，仅仅将它看作一个词的集合。这种方法对于自然语言进行了简化，以便于机器可以读取并且进行模型的训练。但是词袋模型也具有一定的局限性，下面我们将继续介绍对于文本类型数据的进一步优化处理。

13.2　对文本数据进一步进行优化处理

本节中，我们将和大家一起学习如何使用 *n*_Gram 算法来改善词袋模型，以及如何使用 tf-idf 算法对文本数据进行处理，和如何删除文本数据中的停用词。

13.2.1　使用*n*-Gram改善词袋模型

我们在 13.1 节中提到，虽然用词袋模型可以简化自然语言，利于机器学习算法建模，但是它的劣势也很明显——由于词袋模型把句子看作单词的简单集合，那么单词出现的顺序就会被无视，这样一来可能会导致包含同样单词，但是顺序不一样的两句话在机器看来成了完全一样的意思。

比如下面这句话：“道士看见和尚亲吻了尼姑的嘴唇”，我们用词袋模型来将这句话的特征进行提取，输入代码如下：

```
#随便写一句话
joke = jieba.cut('道士看见和尚亲吻了尼姑的嘴唇')
#插入空格
joke = [' '.join(joke)]
#转化为向量
vect.fit(joke)
joke_feature = vect.transform(joke)
#打印文本数据特征
```

```
print('这句话的特征表达：\n{}'.format(joke_feature.toarray()))
```

这里我们首先用“结巴分词”对这句话进行了分词，然后使用 CountVectorizer 将其表达为数组，运行代码，会得到如图 13-9 所示的结果。

```
这句话的特征表达：
[[1 1 1 1 1 1]]
```

图 13-9　文本数据的特征表达

接下来，我们把这句话的顺序打乱，变成“尼姑看见道士的嘴唇亲吻了和尚”，再试试看结果会有什么不同，输入代码如下：

```
#将刚才的文本打乱顺序
joke2 = jieba.cut('尼姑看见道士的嘴唇亲吻了和尚')
#插入空格
joke2 = [' '.join(joke2)]
#进行特征提取
joke2_feature = vect.transform(joke2)
#打印文本的特征
print('这句话的特征表达：\n{}'.format(joke2_feature.toarray()))
```

运行代码，会得到如图 13-10 所示的结果。

```
这句话的特征表达：
[[1 1 1 1 1 1]]
```

图 13-10　打乱顺序后的文本特征

【结果分析】和上面的结果进行对比的话，我们会发现两个结果是完全一样的。也就是说，这两句意思完全不同的话，对于机器来讲，意思是一模一样的！

要解决这个问题，我们可以对 CountVectorizer 中的 ngram_range 参数进行调节。这里我们先介绍一下，*n*_Gram 是大词汇连续文本或语音识别中常用的一种语言模型，它是利用上下文相邻词的搭配信息来进行文本数据转换的，其中 *n* 代表一个整型数值，例如 *n* 等于 2 的时候，模型称为 bi-Gram，意思是 *n*-Gram 会对相邻的两个单词进行配对；而 *n* 等于 3 时，模型成为 tri-Gram，也就是会对相邻的 3 个单词进行配对。下面我们来演示如何在 CountVectorize 中调节 *n*-Gram 函数，来进行词袋模型的优化。输入代码如下：

```
#修改CountVectorizer的ngram参数
vect = CountVectorizer(ngram_range=(2,2))
#重新进行文本数据的特征提取
cv = vect.fit(joke)
joke_feature = cv.transform(joke)
```

```
#打印新的结果
print('调整n-Gram参数后的词典：{}'.format(cv.get_feature_names()))
print('新的特征表达：{}'.format(joke_feature.toarray()))
```

这里，我们将 CountVectorizer 的 ngram_range 参数调节为（2，2），意思是进行组合的单词数量的下限是 2，上限也是 2。也就是说，我们限制 CountVectorizer 将句子中相邻的两个单词进行组合。运行代码，将会得到如图 13-11 所示的结果。

```
调整n-Gram参数后的词典：['亲吻 尼姑', '和尚 亲吻', '尼姑 嘴唇', '看见 和尚', '道士 看见']
新的特征表达：[[1 1 1 1 1]]
```

图 13-11　调整 *n*-Gram 参数后的数据处理结果

现在再来试试另外一句“尼姑看见道士的嘴唇亲吻了和尚”，看看转化的特征是否有了变化，输入代码如下：

```
#调整文本顺序
joke2 = jieba.cut('尼姑看见道士的嘴唇亲吻了和尚')
#插入空格
joke2 = [' '.join(joke2)]
#提取文本数据特征
joke2_feature = vect.transform(joke2)
#打印文本数据特征
print('这句话的特征表达：\n{}'.format(joke2_feature.toarray()))
```

运行代码，会得到如图 13-12 所示的结果。

```
这句话的特征表达：
[[0 0 0 0 0]]
```

图 13-12　调整顺序后的文本数据特征

【结果分析】现在我们看到，在调整了 CountVectorizer 的 ngram_range 参数之后，机器不再认为这两句是同一个意思了。而除了使用 *n*-Gram 模型对文本特征提取进行优化之外，在 scikit-learn 中，还有另外一种使用 tf-idf 模型来进行文本特征提取的类，称为 TfidfVectorizer。下面我们简单介绍一下 TfidfVectorizer。

13.2.2　使用tf-idf模型对文本数据进行处理

tf-idf 全称为“term frequency-inverse document frequency”，一般翻译为“词频 - 逆向文件频率”。它是一种用来评估某个词对于一个语料库中某一份文件的重要程度，如果某个词在某个文件中出现的次数非常高，但在其他文件中出现的次数很少，那么 tf-idf

就会认为这个词能够很好地将文件进行区分，重要程度就会较高，反之则认为该单词的重要程度较低。

下面我们来看一下 tf-idf 的公式，请大家简单了解就好。

首先是计算 tf 值的公式：

$$\text{tf} = \frac{n_{i,j}}{\sum_k n_{k,j}}$$

式中：$n_{i,j}$ 表示某个词在语料库中某个文件内出现的次数；$\sum_k n_{k,j}$ 表示的是该文件中所有单词出现的次数之和。

而在 scikit-learn 中，idf 的计算公式如下：

$$\text{idf} = \log\left(\frac{N+1}{N_w+1}\right)+1$$

式中：N 代表的是语料库中文件的总数；N_w 代表语料库中包含上述单词的文件数量。

那么最终计算 tf-idf 值的公式就是：

$$\text{tf-idf} = \text{tf} \times \text{idf}$$

注意 读者朋友们可能会在其他地方看到和此处不太一样的公式，不要觉得奇怪，这是因为 tf-idf 的计算公式本身就有很多种变体，如果读者朋友感兴趣的话，可以自己用 Google 搜索一下看看它有多少种变体。

在 scikit-learn 当中，有两个类使用了 tf-idf 方法，其中一个是 TfidfTransformer，它用来将 CountVectorizer 从文本中提取的特征矩阵进行转化；另一个是 TfidfVectorizer，它和 CountVecterizer 的用法是相同的——简单理解的话，它相当于把 CountVectorizer 和 TfidfTransformer 所做的工作整合在了一起。

为了进一步介绍 TfidfVectorizer 的用法，以及它和 CountVectorizer 的区别，我们下面使用一个相对复杂的数据集，也是一个非常经典的用于进行自然语言处理的案例，就是 IMDB 电影评论数据集。这个数据集是由斯坦福大学的研究人员创建的，包括 100 000 条 IMDB 网站用户对于不同电影的评论，每条评论被标注为“正面”（Positive）或者“负面”（Negtive）两种类型。如果用户在 IMDB 网站上给某个电影的评分大于或等于 6，那么他的评论将被标注为“正面”，否则被标注为“负面”。

值得称赞的是，创建者已经将数据集拆分成了训练集和测试集，分别有 25 000 条数据，并且放在了不同的文件夹中，正面评论放在“pos”文件夹中，而负面评论放在了“neg”

文件夹中，还有 50000 条没有进行分类的数据集，可以供我们进行无监督学习的实验。可以看出创建者在制作这个数据集时，颇费了一番心思。唯一美中不足的是，这个数据集中全部是英文文本，对我们学习中文自然语言处理来讲，稍有不足，可惜目前还没有公开的质量可以与之媲美的中文文本数据集。所以这里我们只好用它来进行演示了。读者朋友们可以在 http://ai.stanford.edu/~amaas/data/sentiment/ 中下载这个数据集来进行实验。

接下来，我们使用 Jupyter Notebook 载入 IMDB 电影评论数据集，来看看它的结构，输入命令如下：

```
!tree ACLIMDB
#请将aclImdb替换成你放置数据集的文件夹地址
```

运行命令，可以得到如图 13-13 所示的树状文件夹列表。

```
卷 Windows 的文件夹 PATH 列表
卷序列号为 00000169 2889:5EA9
C:\USERS\CHAO\DOCUMENTS\JUPYTER NOTEBOOK\ACLIMDB
├─test
│  ├─neg
│  └─pos
└─train
    ├─neg
    ├─pos
    └─unsup
```

图 13-13　IMDB 影评数据文件结构

【结果分析】从结果中，可以看出 IMDB 影评数据集解压后是存放在一个名叫 aclImdb 的文件中，训练集和测试集分别保存在名为“train”和“test”子文件夹中，每个子文件夹下还有存放正面评论的“pos”文件夹和“neg”文件夹，而“train”文件夹下还有一个“unsup”的子文件夹，存放的是不含分类标注的用于进行无监督学习的数据。

为了能够减低数据载入的时间，更好地为大家进行展示，我们从 train 和 test 文件夹中各抽取 50 个正面评论和 50 个负面评论，保存在新的文件夹中，命名为 Imdblite。

下面我们使用 scikit-learn 来载入这些文本数据，输入代码如下：

```
#导入文件载入工具
from sklearn.datasets import load_files
#定义训练数据集
train_set = load_files('Imdblite/train')
X_train, y_train = train_set.data, train_set.target
#打印训练数据集文件数量
print('训练集文件数量:{}'.format(len(X_train)))
#随便抽取一条影评打印出来
print('随机抽一个看看:', X_train[22])
```

运行代码，会得到如图 13-14 所示的结果。

```
训练集文件数量:100

随机抽一个看看:
 b"All I could think of while watching this movie was B-grade slop. Many hav
e spoken about it's redeeming quality is how this film portrays such a reali
stic representation of the effects of drugs and an individual and their subs
equent spiral into a self perpetuation state of unfortunate events. Yet real
ly, the techniques used (as many have already mentioned) were overused and t
hus unconvincing and irrelevant to the film as a whole.<br /><br />As far as
the plot is concerned, it was lacklustre, unimaginative, implausible and con
voluted. You can read most other reports on this film and they will say pret
ty much the same as I would.<br /><br />Granted some of the actors and actre
sses are attractive but when confronted with such boring action... looks can
only carry a film so far. The action is poor and intermittent: a few punches
thrown here and there, and a final gunfight towards the end. Nothing really
to write home about.<br /><br />As others have said, 'BAD' movies are great
to watch for the very reason that they are 'bad', you revel in that fact. Th
is film, however, is a void. It's nothing.<br /><br />Furthermore, if one is
really in need of an educational movie to scare people away from drug use th
en I would seriously recommend any number of other movies out there that boa
rd such issues in a much more effective way. 'Requiem For A Dream', 'Trainsp
otting', 'Fear and Loathing in Las Vegas' and 'Candy' are just a few example
s. Though one should also check out some more lighthearted films on the same
subject like 'Go' (overall, both serious and funny) and 'Halfbaked'.<br /><b
r />On a final note, the one possibly redeeming line in this movie, delivere
d by Vinnie Jones was stolen from 'Lock, Stock and Two Smokling Barrels'. To
think that a bit of that great movie has been tainted by 'Loaded' is vile.<b
r /><br />Overall, I strongly suggest that you save you money and your time
by NOT seeing this movie."
```

图 13-14　训练集文件数量和某条影评内容

【结果分析】由于我们各从 pos 文件夹中的正面评论和 neg 文件夹的负面评论中抽取了 50 个样本，因此整个训练集中有 100 个样本。通过打印第 22 个样本，我们看到这段影评内容还是相当丰富的，但大家会发现在评论正文中，有很多
 的符号，这是在网页中用来分行的符号。为了不让它影响机器学习的模型，我们把它用空格替换掉，输入代码如下：

```
#将文本中的<br/>全部去掉
X_train = [doc.replace(b'<br />', b' ') for doc in X_train]
```

运行这行代码之后，再打印同一条影评的话，你就会发现
 全部被空格替换掉了。感兴趣的读者朋友可以自己测试一下，为了节省篇幅，我们这里就不粘贴结果给大家看了。

接下来，我们再载入测试集，输入代码如下：

```
#载入测试集
test = load_files('Imdblite/test/')
X_test, y_test = test.data, test.target
#同样替换掉<br/>
X_test = [doc.replace(b'<br />', b' ') for doc in X_test]
#返回测试数据集文件数量
len(X_test)
```

运行代码，会看到程序返回给我们测试集的样本数 100，说明测试集也加载成功了。同时，我们也把测试集中的
 符号替换完成，可以进行下一步的工作了。

下面要对文本数据进行特征提取，首先使用前面学到的 CountVectorizer 来进行特征提取，输入代码如下：

```
#用CountVectorizer拟合训练数据
vect = CountVectorizer().fit(X_train)
#将文本转化为向量
X_train_vect = vect.transform(X_train)
#打印训练集特征数量
print('训练集样本特征数量：{}'.format(len(vect.get_feature_names())))
#打印最后10个训练集样本特征
print('最后10个训练集样本特征：{}'.format(vect.get_feature_names()[-10:]))
```

运行代码，会得到如图 13-15 所示的结果。

```
训练集样本特征数量：3941
最后10个训练集样本特征：['young', 'your', 'yourself', 'yuppie', 'zappa', 'zer
o', 'zombie', 'zoom', 'zooms', 'zsigmond']
```

图 13-15　训练集的特征数量和最后 10 个特征

【结果分析】从结果中可以看到，训练集的特征数高达近 4 000 个，同时我们打印了最后 10 个特征名称，来大概了解一下情况。下面我们就使用一个有监督学习算法来进行交叉验证评分，看看模型是否能较好地拟合训练集数据，输入代码如下：

```
#导入线性SVC分类模型
from sklearn.svm import LinearSVC
#导入交叉验证工具
from sklearn.model_selection import cross_val_score
#使用交叉验证对模型进行评分
scores = cross_val_score(LinearSVC(), X_train_vect, y_train)
#打印交叉验证平均分
print('模型平均分：{:.3f}'.format(scores.mean()))
```

这里我们使用了 LinearSVC 算法来进行建模，运行代码，会得到如图 13-16 所示的结果。

```
模型平均分：0.778
```

图 13-16　训练数据集的模型交叉验证平均分

【结果分析】从结果中看出，模型的平均得分是 0.778，虽然不是很低，但仍然有些差强人意。那如果泛化到测试集会怎么样呢？我们用下面的代码来实验一下。

```
#把测试数据集转化为向量
X_test_vect = vect.transform(X_test)
#使用线性SVC拟合训练数据集
clf = LinearSVC().fit(X_train_vect, y_train)
#打印测试数据集得分
```

```
print('测试集模型得分：{}'.format(clf.score(X_test_vect, y_test)))
```

运行代码，会得到如图 13-17 所示的结果。

```
测试集模型得分：0.58
```

图 13-17　模型在测试集的得分

【结果分析】从结果中看到，模型在测试集中的得分就低多了，仅有 0.58，说明有接近一半的样本被分到了错误的分类中。

当然这很大一部分原因是我们抽取的样本较少，不过我们还是希望能稍微提高一下模型的表现，所以接下来尝试用 tf-idf 算法来处理一下数据。输入代码如下：

```
#导入tfidf转化工具
from sklearn.feature_extraction.text import TfidfTransformer
#用tfidf工具转化训练集和测试集
tfidf = TfidfTransformer(smooth_idf = False)
tfidf.fit(X_train_vect)
X_train_tfidf = tfidf.transform(X_train_vect)
X_test_tfidf = tfidf.transform(X_test_vect)
#将处理前后的特征打印进行比较
print('未经tfidf处理的特征：\n',X_train_vect[:5,:5].toarray())
print('经过tfidf处理的特征：\n',X_train_tfidf[:5,:5].toarray())
```

运行代码，会得到如图 13-18 所示的结果。

```
未经tfidf处理的特征：
 [[0 0 0 0 0]
 [0 0 0 0 0]
 [0 1 0 0 0]
 [0 0 0 0 0]
 [0 0 0 0 0]]
经过tfidf处理的特征：
 [[ 0.          0.          0.          0.          0.        ]
 [ 0.          0.          0.          0.          0.        ]
 [ 0.          0.13862307  0.          0.          0.        ]
 [ 0.          0.          0.          0.          0.        ]
 [ 0.          0.          0.          0.          0.        ]]
```

图 13-18　tf-idf 处理前后的特征对比

【结果分析】由于训练集中的样本有近 4000 个特征，我们只打印前 5 个样本的前 5 个特征就好了。从结果中可以看到，在未经 TfidfTransformer 处理的时候，CountVectorizer 只是计算某个词在该样本中某个特征出现的次数，而 tf-idf 计算的是词频乘以逆向文档频率，所以是一个浮点数。

现在看看经过处理之后的数据集训练的模型评分是否有什么变化，输入代码如下：

```
#重新训练线性SVC模型
clf = LinearSVC().fit(X_train_tfidf, y_train)
#使用新数据进行交叉验证
scores2 = cross_val_score(LinearSVC(), X_train_tfidf, y_train)
#打印新的分数进行对比
print('经过tf-idf处理的训练集交叉验证得分：{:.3f}'.format(scores.mean()))
print('经过tf-idf处理的测试集得分：{:.3f}'.format(clf.score(X_test_tfidf,
                                                y_test)))
```

运行代码，将会得到如图 13-19 所示的结果。

```
经过tf-idf处理的训练集交叉验证得分：0.778
经过tf-idf处理的测试集得分：0.580
```

图 13-19　经过 tf-idf 处理后模型的得分

【结果分析】看起来模型的表现并没有得到提升，不过不要担心，接下来继续尝试对模型进行改进，下面我们试着去掉文本中的“停用词”。

注意 “停用词”的英文原文是 Stopwords，也有文献称为“应删除词”或者“停止词”，意思是一样的。

13.2.3　删除文本中的停用词

在自然语言处理领域，有一个概念称为“停用词”（Stopwords），指的是那些在文本处理过程中被筛除出去的，出现频率很高但又没有什么实际意义的词，如各种语气词、连词、介词等。目前并没有一个通用的定义“停用词”的规则或工具，但常见的方法是：统计文本数据中出现频率过高的词然后将它们作为“停用词”去掉，或者是使用现有的停用词表。

在不同的语言中，停用词表的差异也非常大。比如英语中常见的停用词包括“above”“into”“also”等，而中文常见的停用词包括“啊”“哎呀”“即便”“具体地说”等。感兴趣的读者可以尝试在网上搜索“哈工大停用词词库”“百度停用词表”等资源进行更加深入的了解。在我们所使用的 scikit-learn 中，也内置了英语的停用词表，其中包括常见的停用词 318 个。下面我们可以载入这个停用词表来大致了解一下，输入代码如下：

```
#导入内置的停用词库
from sklearn.feature_extraction.text import ENGLISH_STOP_WORDS
#打印停用词个数
print('停用词个数：', len(ENGLISH_STOP_WORDS))
```

```
#打印停用词中前20个和后20个
print('列出前20个和最后20个：\n', list(ENGLISH_STOP_WORDS)[:20],
     list(ENGLISH_STOP_WORDS)[-20:])
```

运行代码，可以得到如图 13-20 所示的结果。

```
停用词个数： 318
列出前20个和最后20个：
 ['because', 'above', 'many', 'first', 'indeed', 'noone', 'nowhere', 'them', 'u
pon', 'whenever', 'afterwards', 'her', 'that', 'whoever', 'fire', 'hereupon',
'hasnt', 'less', 'get', 'throughout'] ['front', 'also', 'become', 'its', 'mov
e', 'nobody', 'our', 'whereafter', 'hundred', 'almost', 'would', 'thereby', 'yo
urs', 'amongst', 'otherwise', 'may', 'put', 'whom', 'amount', 'there']
```

图 13-20　停用词个数及前后各 20 个

【结果分析】从结果中，我们可以看到，在 scikit-learn 中，作为停用词的单词包括“around”“fifty”“together”“un”“very”等，一共 318 个。而网上流传比较广泛的中文停用词表基本都超过了 1000 个。不知道是不是我们可以得出中文确实比英语更加复杂的结论。

接下来尝试在精简版 IMDB 影评数据集中进行停用词的删除，看是否可以提高模型的分数，输入代码如下：

```
#导入Tfidf模型
from sklearn.feature_extraction.text import TfidfVectorizer
#激活英语停用词参数
tfidf = TfidfVectorizer(smooth_idf = False, stop_words = 'english')
#拟合训练数据集
tfidf.fit(X_train)
#将训练数据集文本转化为向量
X_train_tfidf = tfidf.transform(X_train)
#使用交叉验证进行评分
scores3 = cross_val_score(LinearSVC(), X_train_tfidf, y_train)
clf.fit(X_train_tfidf, y_train)
#将测试数据集转化为向量
X_test_tfidf = tfidf.transform(X_test)
#打印交叉验证评分和测试集评分
print('去掉停用词后训练集交叉验证平均分：{:.3f}'.format(scores3.mean()))
print('去掉停用词后测试集模型得分：{:.3f}'.format(clf.score(X_test_tfidf,
                                                      y_test)))
```

在这段代码中，直接使用了 TfidfVectorizer 来对文本数据进行特征抽取，这和使用 CountVectorizer 提取特征后，再用 TfidfTransformer 进行转化的效果基本是一样的。随后我们通过指定 TfidfVectorizer 的 stop_words 参数，让模型将文本中的英语停用词去掉，运行代码，会得到如图 13-21 所示的结果。

```
去掉停用词后训练集交叉验证平均分：0.890
去掉停用词后测试集模型得分：0.670
```

图 13-21　去掉停用词之后的交叉验证分数和测试集分数

【结果分析】从结果中看到，去掉停用词之后，模型的得分有了显著的提高。这说明去掉停用词确实可以让机器学习模型更好地拟合文本数据，并且能够有效提高模型的泛化能力。

注意 截至本书写作之时，scikit-learn 中并没有内置中文停用词表。不过我们可以下载网上的中文停用词表，并在 scikit-learn 中自己定义一个停用词的字典，来实现去掉中文文本停用词的目的。

13.3 小结

文本数据处理就介绍到这里，以上内容只是自然语言处理最基础的知识，如果读者朋友希望在这个领域深入研究，建议试一试另外一个 Python 工具包——NLTK。这是一个在自然语言领域最常用的工具之一，是由宾夕法尼亚大学的研究人员开发的开源项目。在 Python 中安装 NLTK 包也非常简单，只要使用 pip install nltk 即可。使用 NLTK 同样可以实现分词、为文本加注标签等功能，此外，还可以进行词干提取（Stemming）以及词干还原（Lemmatization）等进阶功能。

另外，读者朋友们还可以再了解一下话题建模（Topic Modeling）和文档聚类（Document Clustering）。关于这两种技术所使用的模型，可以简单地理解成是一种文本数据的降维方法，但是它和 PCA 或者 NMF 算法都不同，而是另外一种被称为“潜狄利克雷分布”的模型（Latent Dirichlet Allocation，LDA）。LDA 所进行的所谓话题建模，这里“话题”二字的意思，并不是咱们平时所说的话题，而是指机器对数据进行分析后，将相似的文本进行聚类的结果。

当然，自然语言处理是一个非常博大精深的领域，近年来随着神经网络的再次崛起，自然语言处理领域也诞生了很多新的技术和应用，说到这里不得不提的一个工具就是 word2vec 库，另外也有很多学者使用 Tensorflow 建立循环神经网络（RNN）在该领域实现了重大的突破。如果有读者朋友计划在这一领域发展自己的职业生涯，可以阅读自然语言处理相关的专业书籍和论文，并且根据相关内容多进行实验，相信一定可以从中受益匪浅。

第 14 章　从数据获取到话题提取——从“研究员”到“段子手”

在前面的章节当中，我们一直在使用现成的数据集或者是 scikit-learn 自带的数据集生成工具来进行机器学习模型的演示，而在我们的工作当中，有很多时候没有现成的数据集可用，必须想办法自己去获取数据，本章我们一起研究如何使用 Python 进行数据的爬取并进行分析。

本章主要涉及的知识点有：

- 使用Requests进行网页爬取
- 使用BeautifulSoup进行HTML解析
- 正则表达式入门
- 使用潜在狄利克雷分布模型进行话题提取

14.1 简单页面的爬取

在我们的日常工作中，除了要关注具体的事务之外，还应该常常关心一下宏观政策和形势，以便做出对应的商业决策。但是毕竟人每天的时间和精力有限，不可能靠人工去进行超大规模的阅读，因此我们需要一个简单的程序去爬取有用的信息，也就是我们常说的“爬虫”程序。

14.1.1 准备Requests库和User Agent

在 Python 当中，能够实现爬虫功能的库有若干个，而最简单最容易上手的，要数 Requests 库了，首先我们要安装这个库，先以管理员身份运行命令提示符，输入：

```
pip install requests
```

如图 14-1 所示。

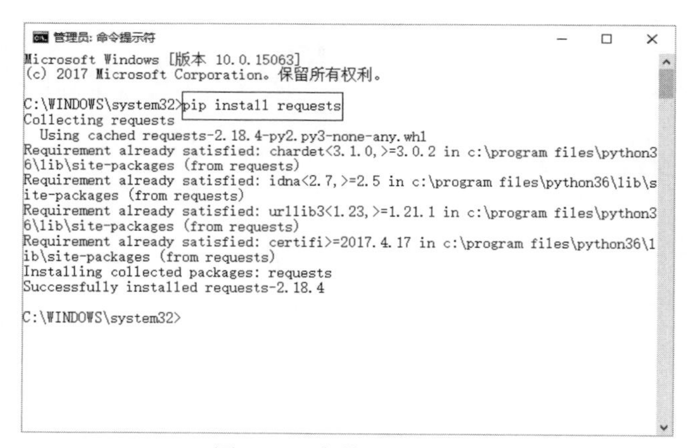

图 14-1 安装 requests 库

图 14-1 中画框的地方就是我们要输入的命令，安装完成后会出现图 14-1 中所显示的 Successfully installed requests – 2.18.4。Requests 库是一个常用的 http 请求库，它本身就是用 Python 编写的。Requests 基于 urllib，但是比 urllib 的易用性要好很多。它的语法简单易懂，但功能一点也不弱，可以说不管是对新手还是老手，都非常友好。

在 Requests 库安装完成之后，下面我们要对目标网站进行请求，不过在此之前，还需要做一件事，那就是搞清楚我们的 user agent。

User agent 一般翻译为“用户代理”，它的作用是向服务器“自报家门”，告诉服务器我们的电脑操作系统是什么，CPU 的类型是什么，浏览器是哪一款，以及浏览器版本是什么。为什么需要这个 user agent 呢？因为我们要让爬虫假装是一个正常的用户在使用浏览器对目标网站的服务器发出请求，不然很容易被人识破身份。对于有些网站，会对用户的 user agent 进行校验，如果没有的话，就会被服务器拒之门外了。

要想知道自己的 user agent，方法也有很多，最简单的方式就是在百度中搜索“UA 查询”，如图 14-2 所示。

图 14-2　使用百度搜索“UA 查询”

从图 14-2 中看到，在百度中搜索“UA 查询”可以得到大约 300 多万个结果，我们随便点开一个结果链接来看一下，比如第一个。打开链接之后会得到如图 14-3 所示的结果。

图 14-3　查询到的 user agent

【**结果分析**】从图 14-3 中可以看到，我们的浏览器是 Google 的 Chrome 浏览器，版本是 62.0.3202.94，渲染引擎是 Webkit 537.36，而操作系统是 Windows 10。现在我们把上方那一段：

```
AppleWebKit/537.36 (KHTML, like Gecko) Chrome/62.0.3202.94 Safari/537.36'
```

复制下来，一会儿会用到。

注意 **根据读者的操作系统和浏览器的不同，你查询到的 user agent 也和此处的会有一定的差异。当然你可以使用自己的 user agent，也可以直接使用我们这里的 user agent，都是没有问题的。**

14.1.2 确定一个目标网站并分析其结构

在经过了上面的准备之后，我们可以开始爬取第一个网站了。前文中我们提到，要多关心宏观政策和形势，那么我们这里就以中华人民共和国中央人民政府官网作为目标，爬取一下最新的政策文件。首先我们先打开中华人民共和国中央人民政府官网来了解一下它的结构，在浏览器地址栏输入：http://www.gov.cn，打开网页如图 14-4 所示。

图 14-4 中画方框的地方，也就是网站的“政策”专栏，是我们最感兴趣的部分，下面单击“政策”，打开相应页面，如图 14-5 所示。

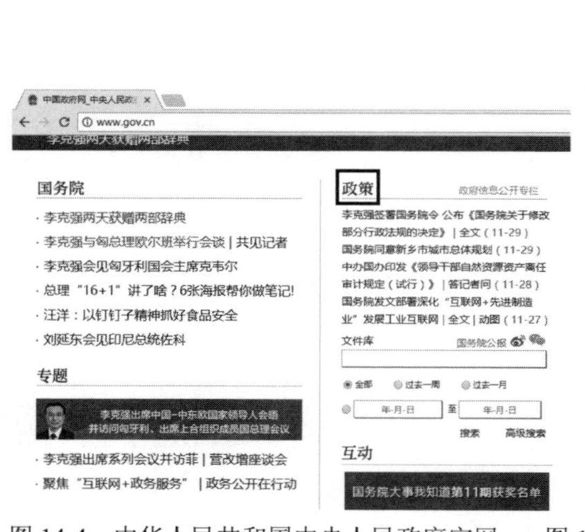

图 14-4　中华人民共和国中央人民政府官网

图 14-5　中华人民共和国中央人民政府官网的政策专栏

从图 14-5 中看到，“政策”专栏的地址是 http://www.gov.cn/zhengce/index.htm，而其中我们最关心的是“最新”这个子栏目，就是图 14-5 中画框的位置。下面我们单击“最新”，打开页面如图 14-6 所示。

在图 14-6 中可以看到，最新政策栏目的地址是：http://www.gov.cn/zhengce/zuixin.htm。页面显示的是近期国家发布的重要政策信息，下面我们选取图中画框部分的链接“国务院办公厅关于创建‘中国制造 2025’国家级示范区的通知”这一条信息，单击链接，我们会打开页面如图 14-7 所示。

图 14-6　中华人民共和国中央人民政府官网的最新政策栏目

图 14-7　中华人民共和国中央人民政府官网的政策文件正文页面

从图 14-7 中我们可以看到，该条政策文件页面的链接地址为 http://www.gov.cn/zhengce/content/2017-11/23/content_5241727.htm

这条地址我们要复制下来，一会儿会用到。

14.1.3　进行爬取并保存为本地文件

接下来，我们要用上面这条政策文件的页面来进行实验，用安装好的 Requests 库来请求这个页面的内容。现在打开 Jupyter notebook，新建一个 Python3 记事本，并输入代码如下：

```
#导入requests库
import requests
#指定我们的User Agent
user_agent = 'Mozilla/5.0 (Windows NT 10.0; Win64; x64)\
AppleWebKit/537.36 (KHTML, like Gecko) Chrome/62.0.3202.94 Safari/537.36'
```

```
headers = {'User-Agent':user_agent}
```

在这段代码中，先导入了 requests 库，并且使用之前查询到的 User Agent 来制定爬虫的 headers。接下来开始使用 requests 向服务器发送请求，输入代码如下：

```
#requests库用来发送请求的语句是requests.get
r = requests.get("http://www.gov.cn/zhengce/content/2017-11/23/content_5241727.
htm",
                 headers = headers)
#打印结果
print(r.text)
```

在这段代码中，使用 requests.get 来请求页面内容，后面页面的链接就是刚刚我们看过的“国务院办公厅关于创建‘中国制造 2025’国家级示范区的通知”这条文件的正文页面链接。headers 参数传入我们的 user agent 就可以了。运行代码，会得到如图 14-8 所示的结果。

```
<!DOCTYPE html PUBLIC "-//W3C//DTD XHTML 1.0 Transitional//EN" "http://www.w3.
org/TR/xhtml1/DTD/xhtml1-transitional.dtd">
<!-- saved from url=(0062)http://www.gov.cn/zhengce/content/2015-10/18/content
_10244.htm -->
<html xmlns="http://www.w3.org/1999/xhtml">
<head><script id="allmobilize" charset="utf-8" src="http://ysp.www.gov.cn/0135
82404bd78ad3c016b8fffefe6a9a/allmobilize.min.js"></script><meta http-equiv="Ca
che-Control" content="no-siteapp" /><link rel="alternate" media="handheld" hre
f="#"/>
<meta http-equiv="Content-Type" content="text/html; charset=UTF-8">
<meta http-equiv="Cache-Control" content="no-siteapp">
<title>å½å¡é¢åå¬åå³äºåå»ºâä¸å½å¶é 2025âå½å®¶çº§ç¤ºèåºçéç¥ï¼å½åå2017ã90å·ï¼ æ¿
åºä¿¡æ¯å¬å¼ä¸æ </title>
<meta name="others" content="é¡µé¢çææ¶é´ 2017-11-23 17:41:22" />
<meta name="template,templategroup,version" content="2269,3141,4.2" />
<meta http-equiv="X-UA-Compatible" content="IE=7">
<meta name="keywords" content="éç¥,ç¤ºèåº,ä¸å½å¶é ,">
<meta name="description" content='å½å¡é¢åå¬åå³äºåå»ºâä¸å½å¶é 2025âå½å®¶çº§ç¤ºè
åºçéç¥,2017-11-23-16:11:00' />
```

图 14-8　使用 requests.get 获得的页面内容

【结果分析】从图 14-8 中可以看到，requests 得到了一个 html 文件，但其中本来应该显示中文字体的地方却是显示乱码（如画线部分），这是什么原因呢？

我们使用 encoding 来查询一下 requests 的编码方式，输入代码如下：

```
print('\n\n\n')
print('代码运行结果：')
print('==============================\n')
#使用.encoding查询编码方式
print('编码方式：',r.encoding)
print('\n==============================')
print('\n\n\n')
```

运行代码，将会得到如图 14-9 所示的结果。

从图 14-9 中可以看到，requests 默认的编码方式是 ISO-8895-1，我们回过头看一下页面的编码方式，在上一个运行结果中找到 charset 的部分，如图 14-10 所示。

```
代码运行结果：
==============================

编码方式： ISO-8859-1

==============================
```

图 14-9　requests 默认的编码方式

```
<!DOCTYPE html PUBLIC "-//W3C//DTD XHTML 1.0 Transitional//EN" "http://www.w3.
org/TR/xhtml1/DTD/xhtml1-transitional.dtd">
<!-- saved from url=(0062)http://www.gov.cn/zhengce/content/2015-10/18/content
_10244.htm -->
<html xmlns="http://www.w3.org/1999/xhtml">
<head><script id="allmobilize" charset="utf-8" src="http://ysp.www.gov.cn/0135
82404bd78ad3c016b8fffefe6a9a/allmobilize.min.js"></script><meta http-equiv="Ca
che-Control" content="no-siteapp" /><link rel="alternate" media="handheld" hre
f="#"/>
<meta http-equiv="Content-Type" content="text/html; charset=UTF-8">
<meta http-equiv="Cache-Control" content="no-siteapp">
<title>å½å¡é¢åå¬åå³äºåå»ºâä¸å½å¶é 2025âå½å®¶çº§ç¤ºèåºçéç¥ï¼å½åå2017ã90å·ï¼ æ¿
åºä¿¡æ¯å¬å¼ä¸æ </title>
<meta name="others" content="é¡µé¢çææ¶é´ 2017-11-23 17:41:22" />
<meta name="template,templategroup,version" content="2269,3141,4.2" />
<meta http-equiv="X-UA-Compatible" content="IE=7">
<meta name="keywords" content="éç¥,ç¤ºèåº,ä¸å½å¶é ,">
<meta name="description" content='å½å¡é¢åå¬åå³äºåå»ºâä¸å½å¶é 2025âå½å®¶çº§ç¤ºè
åºçéç¥,2017-11-23-16:11:00' />
```

图 14-10　政策正文页面编码方式

【结果分析】从图 14-10 的画框部分可以看到，这条政策的正文页面采用的是“utf-8”的编码方式，难怪我们直接打印出来的结果会出现乱码呢！

注意　理论上，requests 库可以根据页面头猜测页面的编码方式，但它猜测的正确率并不高。

下面我们就调整 requests 的编码方式，让中文文本可以正常显示。输入代码如下：

```
#修改encoding为utf-8
r.encoding = 'utf-8'
#重新打印结果
print(r.text)
```

运行代码，将会得到如图 14-11 所示的结果。

```
<!DOCTYPE html PUBLIC "-//W3C//DTD XHTML 1.0 Transitional//EN" "http://www.w3.
org/TR/xhtml1/DTD/xhtml1-transitional.dtd">
<!-- saved from url=(0062)http://www.gov.cn/zhengce/content/2015-10/18/content
_10244.htm -->
<html xmlns="http://www.w3.org/1999/xhtml">
<head><script id="allmobilize" charset="utf-8" src="http://ysp.www.gov.cn/0135
82404bd78ad3c016b8fffefe6a9a/allmobilize.min.js"></script><meta http-equiv="Ca
che-Control" content="no-siteapp" /><link rel="alternate" media="handheld" hre
f="#"/>
<meta http-equiv="Content-Type" content="text/html; charset=UTF-8">
<meta http-equiv="Cache-Control" content="no-siteapp">
<title>国务院办公厅关于创建“中国制造2025”国家级示范区的通知（国办发〔2017〕90号）
政府信息公开专栏</title>
<meta name="others" content="页面生成时间 2017-11-23 17:41:22" />
<meta name="template,templategroup,version" content="2269,3141,4.2" />
<meta http-equiv="X-UA-Compatible" content="IE=7">
<meta name="keywords" content="通知,示范区,中国制造,">
<meta name="description" content='国务院办公厅关于创建“中国制造2025”国家级示范区
的通知,2017-11-23-16:11:00' />
```

图 14-11　调整 encoding 之后的中文文本显示

【结果分析】从图 14-11 中看到，经过修改 encoding 的方式，中文文本已经可以正常显示了。但现在的问题是，这个页面夹杂了大量的 html 语言，给我们的阅读造成极大的不便。为了能够让页面更加清晰易读，我们有两种方式：一是将这个页面保存为 html

文件，这样就可以用浏览器打开，从而清晰地阅读其中的内容；另一种方法是使用 html 解析器，将页面中重要的内容抽取出来，保存为我们需要的任意格式的文件（如 CSV 文件）。

下面先来介绍第一种方法的实现，在 Jupyter Notebook 中输入代码如下：

```
#指定保存html文件的路径、文件名和编码方式
with open ('d:/crawler/requests.html','w',encoding = 'utf8') as f:
    #将文本写入
    f.write(r.text)
```

运行代码之后，会看到指定的路径下产生了一个新的 html 文件，如图 14-12 所示。

双击图 14-12 中的 html 文件，将会看到浏览器自动弹出并打开这个页面，如图 14-13 所示。

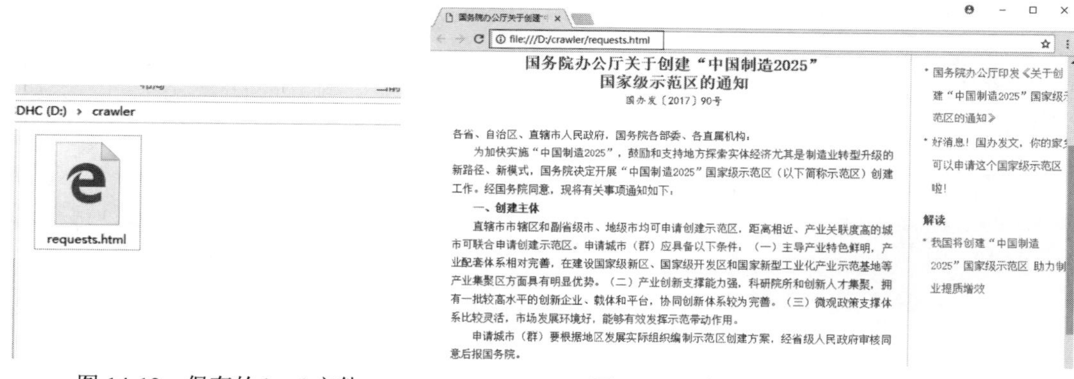

图 14-12　保存的 html 文件

图 14-13　保存好的 html 文件

从图 14-13 画框的位置可以看到，页面已经保存到本地，并且可以正常阅读。

【结果分析】当然，上面这部分只是为了展示 requests 的基本用法，实际上这样的爬取并没有实际的意义。因为如果把每一个页面地址都复制下来，再由 requests 进行爬取后保存到本地进行阅读，并没有提高我们的工作效率，反而还有所降低。所以接下来，我们要换一种方式来进行爬取的工作。

14.2　稍微复杂一点的爬取

正如前面所说，如果只是单独爬取一个页面并保存，并不会真正提高我们的效率。事实上，对于日常的工作场景来说，我们可能更希望爬取的结果像图 14-14 这样。

A	B	C
发文部门	标题	链接
某部门	标题1	链接1
某部门	标题2	链接2
某部门	标题3	链接3
某部门	标题4	链接4
某部门	标题5	链接5

图 14-14　我们期望的爬取结果

【**结果分析**】图 14-14 展示的是我们在日常工作中更希望得到的结果，用一个表格呈现相关政策文件的发文单位、标题以及链接。这样可以大致浏览一下有没有和我们业务相关的政策文件，如果有的话，再单击链接阅读详细内容。而且这样也便于我们使用邮件或 IM 工具进行分享。

接下来，一起研究如何将爬取数据并保存为我们想要的结果。

14.2.1　确定目标页面并进行分析

下面我们就来分析，看对哪些页面进行爬取可以达到我们想要的效果。大家还记得在上一节中打开的中华人民共和国中央人民政府官网的“最新政策”子栏目吗？地址是：http://www.gov.cn/zhengce/zuixin.htm，下面我们重新回到这个页面，如图 14-15 所示。

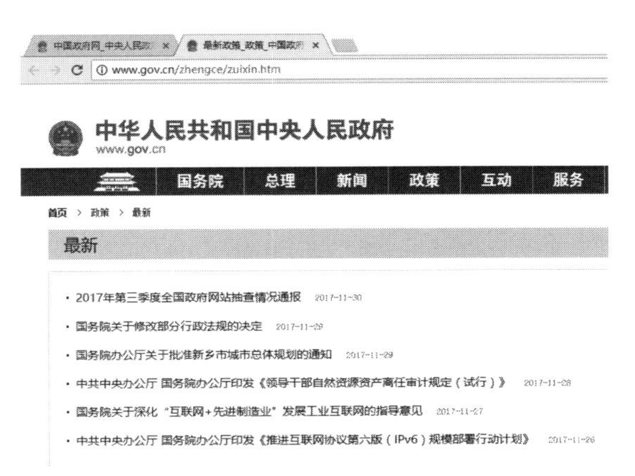

图 14-15　中华人民共和国中央人民政府官网的“最新政策”子栏目页面

从图 14-15 中可以看到，这个页面显示的是最新发布的政策标题，单击每个标题即可进入该条政策的正文页面，那么我们就选取这个页面作为爬取的对象。下面来分析一下这个页面的源代码，在网页上面单击鼠标右键，在弹出的菜单中单击“检查”这一项，如图 14-16 所示。

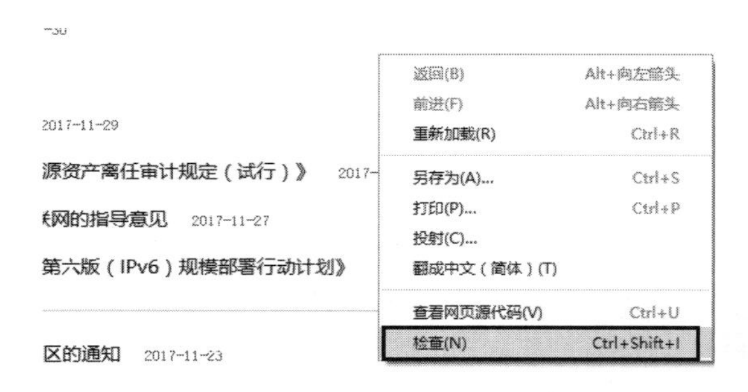

图 14-16　单击右键菜单中的“检查”

在单击“检查”之后，我们会看到浏览器右侧出现一个新的窗口，如图 14-17 所示。

图 14-17　目标网页中的元素

从图 14-17 中可以看到，新出现的窗口中显示的是该网页的元素，黑色方框框住的位置，注释为“要闻列表”，那么我们需要爬取的内容应该就存储在这个元素当中，下面单击方框中 <ul> 标签左边的小三角，可以展开这个元素，如图 14-18 所示。

【结果分析】从图 14-18 中我们看到，展开 <ul> 元素之后，它的下一级是若干个 <li> 元素，展开第一个 <li> 元素后，我们可以看到一个 <h4> 元素，继续展开后，出现了我们想要爬取的政策标题和链接之一。黑色方框中便是我们想要的内容。

图 14-18　展开后的 <ul> 元素

接下来，我们就要使用 HTML 解析器来获取这些内容，但是现在又有了一个新的问题，我们需要让 HTML 解析器只抓取标题的文本和对应的链接，而不希望有多余的内容被提取出来，所以接下来，要先介绍一下“正则表达式”，作为后面内容的基础。

14.2.2　Python中的正则表达式

正则表达式是一个特殊的字符序列，它能帮助你方便地检查一个字符串是否与某种模式匹配。这样说可能有些抽象，所以接下来还是用几个例子来进行讲解。在 Python 中，有一个称为 re 的模块能够提供全部的正则表达式功能。先来看第一个例子，在 jupyter notebook 中输入代码如下：

```
#导入re模块
import re
#指定匹配模式为从开始位置匹配数字
pattern = re.compile(r'\d+')
print('\n\n\n')
print('代码运行结果: ')
print('==============================\n')
#第一句话前面是文本，后面是数字
```

```
result1 = re.match(pattern, '你说什么都是对的23333')
#如果匹配成功，打印匹配的内容
if result1:
    print(result1.group())
#否则打印"匹配失败"
else:
    print('匹配失败')
#第二句话前面是数字，后面是文本
result2 = re.match(pattern, '23333你说什么都是对的')
#如果匹配成功，则打印匹配结果
if result2:
    print(result2.group())
#否则打印"匹配失败"
else:
    print('匹配失败')
print('\n================================')
print('\n\n\n')
```

在上一段代码中，我们首先导入 re 模块，指定 re 的匹配模式为：\d+，意思是匹配一个或多个数字，这里“\d+”被称为元字符，如果我们不添加“+”的话，那就只会匹配 1 个数字。

注意 ‘\d+’前面的“r”意思是不要对“\”进行转义——我们知道，在 Python 中，“\”表示转义符，如我们常用的“\n”就表示换行。如果不希望 Python 对“\”进行转义，有两种方法；一是在转义符前面再增加一个斜杠“\”，如“\\n”，那么 Python 就不会对字符进行转义；另一种方法就是在前面添加“r”，如本例中的“r’\d+’”。

运行上面的代码，会得到如图 14-19 所示的结果。

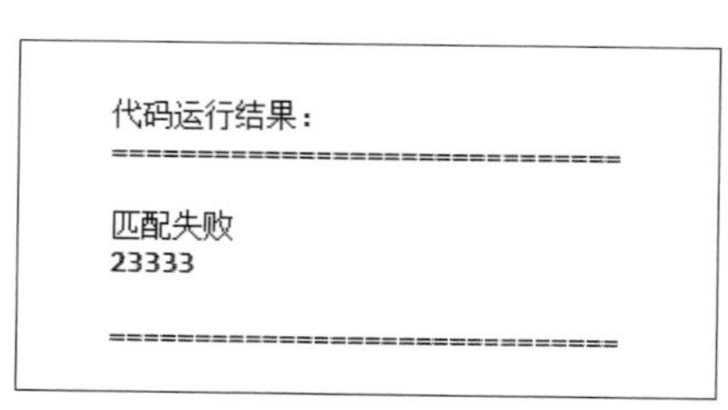

图 14-19　使用 re 模块进行匹配的结果

【结果分析】从图 14-19 中可以看到，由于我们指定的匹配模式是从开头匹配数字，所以第一句话“你说什么都是对的 23333”无法匹配到结果，程序打印了“匹配失败”；而第二句“23333 你说什么都是对的”是数字开头，所以匹配成功，我们使用 .group() 可以获得匹配的内容，因此程序将“23333”打印了出来。

那如果我们希望不管数字是在开头还是结尾或是中间，都能够匹配到它们，应该怎么做呢？这样的话，我们就可以使用 .search() 方法，而不是 .match()，如下面这段代码：

```
#用.search()来进行搜索
result3 = re.search(pattern, '你说什么23333都是对的')
print('\n\n\n')
print('代码运行结果：')
print('==============================\n')
#如果匹配成功，打印结果，否则打印"匹配失败"
if result3:
    print(result3.group())
else:
    print('匹配失败')
print('\n==============================')
print('\n\n\n')
```

在本例中，我们把数字“23333”挪到了整句话的中间位置，然后使用 .search() 来进行搜索，运行代码，会得到如图 14-20 所示的结果。

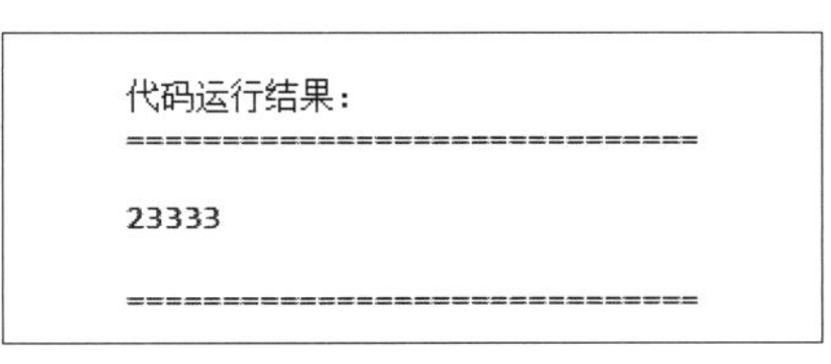

图 14-20　使用 .search() 进行搜索的结果

【结果分析】现在我们看到，即使数字被挪到了整个句子的中间位置，依然可以被搜索出来。

除此之外，re 模块还提供了多种语法可以实现不同的功能，如下面这段代码：

```
print('\n\n\n')
print('代码运行结果：')
print('==============================\n')
#使用.split()把数字之间的文本拆分出来
print (re.split(pattern, '你说双击666都是对的23333哈哈'))
print('\n==============================')
print('\n\n\n')
```

这段代码中，我们使用 .split() 方法将数字之间的文本拆分出来，运行代码，会得到如图 14-21 所示的结果。

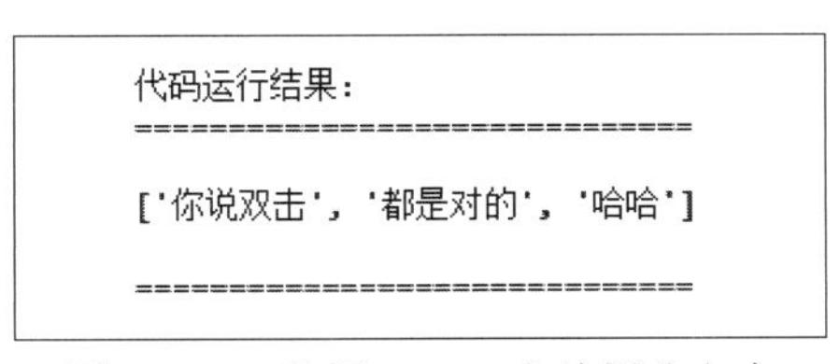

图 14-21　使用 .split() 方法拆分文本

【结果分析】图 14-21 中，我们把整句话中夹杂在“你说双击”“都是对的”和“哈哈”都拆分了出来。

此外我们还可以使用 .findall() 语法把数字全部提取出来，如下面这段代码：

```
print('\n\n\n')
print('代码运行结果：')
print('==============================\n')
#使用.findall找到全部数字
print (re.findall(pattern, '你说双击666都是对的23333哈哈'))
print('\n==============================')
print('\n\n\n')
```

运行代码，可以得到如图 14-22 所示的结果。

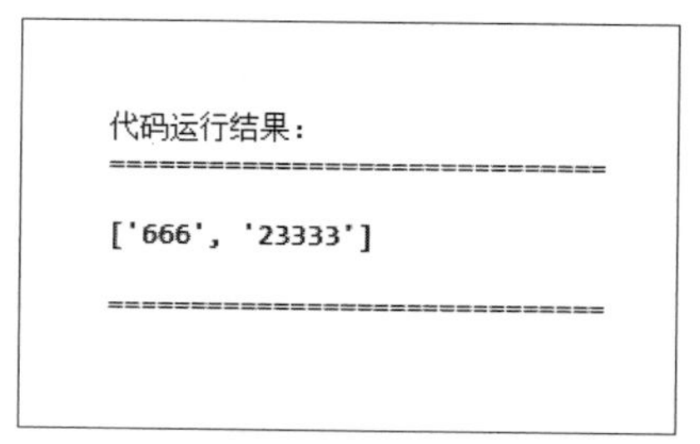

图 14-22　使用 .findall() 提取出全部数字

【结果分析】从图 14-22 中可以看到，使用 .findall() 可以把整句话中全部数字提取出来。当然，使用正则表达式不仅仅可以匹配数字，还可以使用其他的元字符来匹配各种各样的内容。

图 14-23 中是正则表达式中比较常用的元字符列表。

实例	描述
.	匹配除 "\n" 之外的任何单个字符。要匹配包括 '\n' 在内的任何字符，请使用象 '[.\n]' 的模式。
\d	匹配一个数字字符。等价于 [0-9]。
\D	匹配一个非数字字符。等价于 [^0-9]。
\s	匹配任何空白字符，包括空格、制表符、换页符等等。等价于 [\f\n\r\t\v]。
\S	匹配任何非空白字符。等价于 [^ \f\n\r\t\v]。
\w	匹配包括下划线的任何单词字符。等价于'[A-Za-z0-9_]'。
\W	匹配任何非单词字符。等价于 '[^A-Za-z0-9_]'。

图 14-23　正则表达式中常用的元字符

当然，Python 中的正则表达式语法还有很多，这里我们就不一一展开讲解了，上面介绍的这些内容已经足以完成本章的案例演示。

14.2.3　使用BeautifulSoup进行HTML解析

在Python中，有两个常用的用于HTML解析的库，分别是“lxml”和“BeautifulSoup”，它们都可以从HTML文件或者XML文件中提取各种类型的数据。二者的功能没有太大的区别，大家可以任意选择自己喜欢的安装使用即可。这里我们使用BeautifulSoup进行案例讲解，主要是因为BeautifulSoup非常容易上手，而且名字也很好听。

初次使用，我们需要先安装BeautifulSoup库，以Windows为例，以管理员身份运行命令提示符，输入命令如下：

```
pip install beautifulsoup4
```

如图14-24所示。

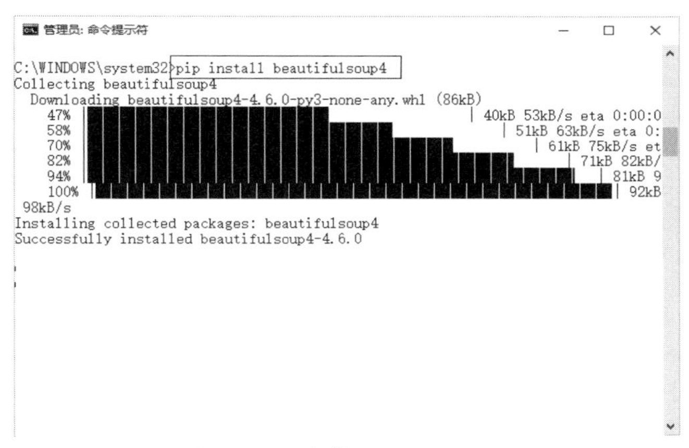

图 14-24　安装 BeautifulSoup4

图14-24中黑框部分就是我们输入的命令，按下回车键后稍等片刻，BeautifulSoup4就会自动下载完成并安装，当出现图14-24中“Successfully installed beautifulsoup4-4.6.0”的提示时，说明BeautifulSoup已经安装成功。

下面我们就使用第一小节中requests库爬取的页面来讲解BeautifulSoup的使用方法，首先在Jupyter Notebook中输入代码如下：

```
#导入BeautifulSoup
from bs4 import BeautifulSoup
#创建一个名为soup的对象
soup = BeautifulSoup(r.text, 'lxml', from_encoding='utf8')
print(soup)
```

在这段代码中，我们首先导入BeautifulSoup，然后创建一个名为soup的对象，这里我们指定BeautifulSoup使用lxml作为HTML解析器，当然你也可以不使用lxml，而是用 Python 标准库中的 HTML 解析器。不过在实际应用中，lxml 解析的速度会比 Python 标准库快一些，所以这里我们使用 lxml 作为 BeautifulSoup 的解析器。

注意 如果你是第一次使用，那么需要使用 pip install lxml 命令安装 lxml 库，此处就不赘述了。

运行代码，会得到如图 14-25 所示的结果。

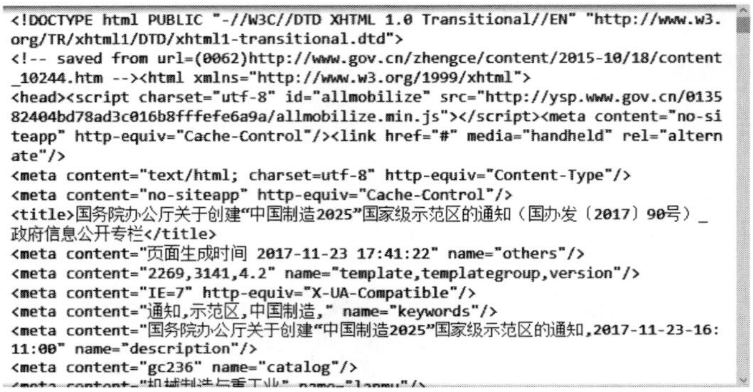

```
<!DOCTYPE html PUBLIC "-//W3C//DTD XHTML 1.0 Transitional//EN" "http://www.w3.
org/TR/xhtml1/DTD/xhtml1-transitional.dtd">
<!-- saved from url=(0062)http://www.gov.cn/zhengce/content/2015-10/18/content
_10244.htm --><html xmlns="http://www.w3.org/1999/xhtml">
<head><script charset="utf-8" id="allmobilize" src="http://ysp.www.gov.cn/0135
82404bd78ad3c016b8fffefe6a9a/allmobilize.min.js"></script><meta content="no-si
teapp" http-equiv="Cache-Control"/><link href="#" media="handheld" rel="altern
ate"/>
<meta content="text/html; charset=utf-8" http-equiv="Content-Type"/>
<meta content="no-siteapp" http-equiv="Cache-Control"/>
<title>国务院办公厅关于创建“中国制造2025”国家级示范区的通知（国办发〔2017〕90号）_
政府信息公开专栏</title>
<meta content="页面生成时间 2017-11-23 17:41:22" name="others"/>
<meta content="2269,3141,4.2" name="template,templategroup,version"/>
<meta content="IE=7" http-equiv="X-UA-Compatible"/>
<meta content="通知,示范区,中国制造," name="keywords"/>
<meta content="国务院办公厅关于创建“中国制造2025”国家级示范区的通知,2017-11-23-16:
11:00" name="description"/>
<meta content="gc236" name="catalog"/>
```

图 14-25 使用 requests 爬取的页面创建的 BeautifulSoup 对象

【结果分析】由于文件很长，图 14-25 只显示了其中一部分，我们可以从图中看到文件包含若干个标签（Tag），每个标签注明了其作用。例如，<head> 标签标注出这部分是 HTML 文件的头部，而 <title> 标签表明这部分是文件的标题，每个标签以反斜杠“/”结束，如 </title> 表示标题部分结束。

下面使用 BeautifulSoup 将 title 进行提取，输入代码如下：

```
print('\n\n\n')
print('代码运行结果：')
print('==============================\n')
#使用.'标签名'即可提取这部分内容
print(soup.title)
print('\n==============================')
print('\n\n\n')
```

运行代码，可以得到如图 14-26 所示的结果。

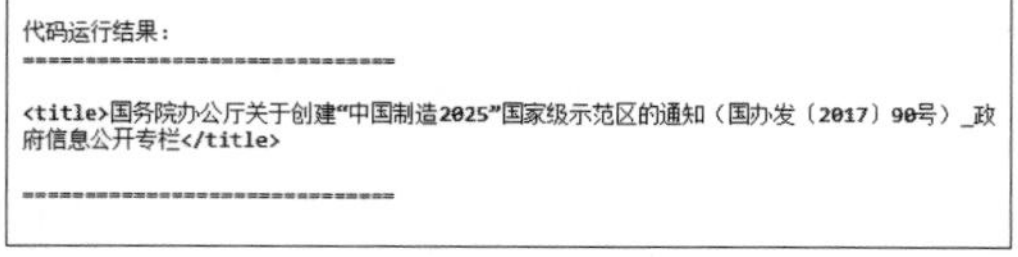

```
代码运行结果：
==============================

<title>国务院办公厅关于创建“中国制造2025”国家级示范区的通知（国办发〔2017〕90号）_政
府信息公开专栏</title>

==============================
```

图 14-26 使用 BeautifulSoup 提取的页面标题

从图 14-26 中可以看到，BeautifulSoup 将页面标题进行了提取，但提取的内容还带着标签 <title> 和 </title>，我们希望提取的结果只有中间的文字，而不要显示标签的内容，所以接下来我们有两种方法可以使用，一是使用 .string 来提取文字部分，输入代码如下：

```
print('\n\n\n')
print('代码运行结果：')
print('==============================\n')
#使用.string即可提取这部分内容中的文本数据
print(soup.title.string)
print('\n==============================')
print('\n\n\n')
```

运行代码，会得到如图 14-27 所示的结果。

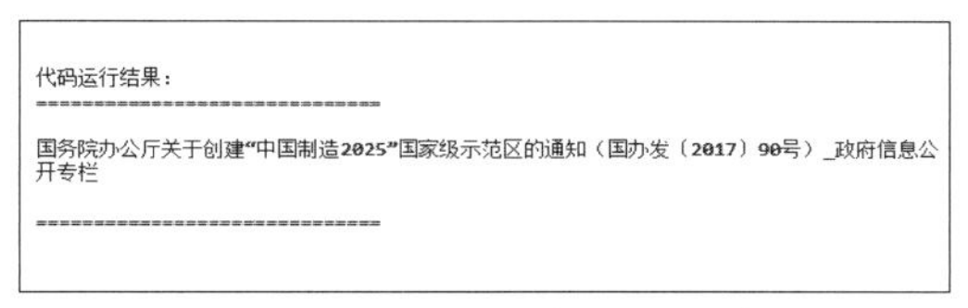

图 14-27　使用 .string 提取的文本数据

另外一种方法，是使用 .get_text() 来提取文字部分，输入代码如下：

```
print('\n\n\n')
print('代码运行结果：')
print('==============================\n')
#使用.get_text()也可提取这部分内容中的文本数据
print(soup.title.get_text())
print('\n==============================')
print('\n\n\n')
```

运行代码，会得到如图 14-28 所示的结果。

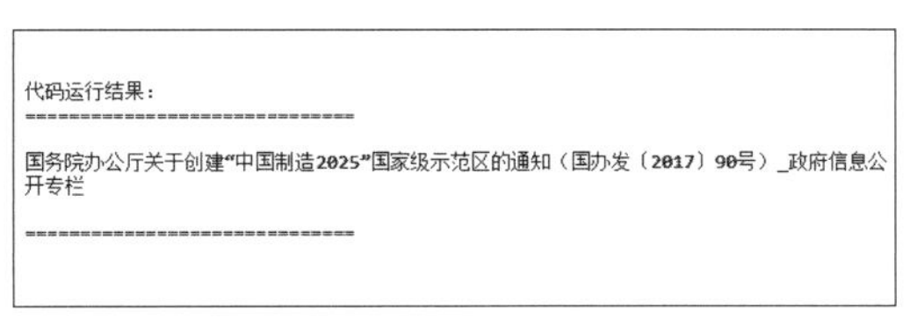

图 14-28　使用 .get_text() 提取的文本数据

【结果分析】对比图 14-27 和图 14-28，你会发现结果是完全一样的，在实际使用当中，我们用 .string 和 .get_text() 方法都是可以的。

从上面的内容可以看到，使用 BeautifulSoup 进行 HTML 文件的数据提取是非常容易的，接下来，我们试试看提取正文的部分，首先我们再来检查一下对象 soup，看一下正文存储在哪一个标签中，如图 14-29 所示。

```
<table border="0" cellpadding="0" cellspacing="0" width="650">
<tbody>
<tr>
<td class="b12c"><p style="margin-top: 0px; margin-bottom: 0px; text-align: ce
nter;"><span style="font-weight: bold; font-size: 18pt;">国务院办公厅关于创建"中
国制造2025"</span></p>
<p style="margin-top: 0px; margin-bottom: 0px; text-align: center;"><span styl
e="font-weight: bold; font-size: 18pt;">国家级示范区的通知</span></p>
<p style="margin-top: 0px; margin-bottom: 0px; text-align: center;"><span styl
e="font-family: 楷体, 楷体_GB2312;">国办发〔2017〕90号</span></p>
<p align="" style="margin-top: 0px; margin-bottom: 0px; text-align: justify;">
<span style="font-size: 18pt;"> </span><br/>
</p>
<p align="" style="margin-top: 0px; margin-bottom: 0px; text-align: justify;">
各省、自治区、直辖市人民政府，国务院各部委、各直属机构：</p>
<p align="" style="margin-top: 0px; margin-bottom: 0px; text-indent: 2em; text
-align: justify;">为加快实施"中国制造2025"，鼓励和支持地方探索实体经济尤其是制造业
转型升级的新路径、新模式，国务院决定开展"中国制造2025"国家级示范区（以下简称示范区）
创建工作。经国务院同意，现将有关事项通知如下：</p>
<p align="" style="margin-top: 0px; margin-bottom: 0px; text-indent: 2em; text
```

图 14-29　文件中正文所处的位置

从图 14-29 中我们可以看到，文件的正文部分存储在 <p></p> 标签中，这个标签在 HTML 中意为“段落”，那么我们可以使用 BeautifulSoup 来提取标签 <p> 中的内容，输入代码如下：

```
print('\n\n\n')
print('代码运行结果：')
print('===============================\n')
#打印标签<p>中的内容
print(soup.p.string)
print('\n===============================')
print('\n\n\n')
```

在这段代码中，我们使用 soup.p.string 来提取正文内容，运行代码，会得到如图 14-30 所示的结果。

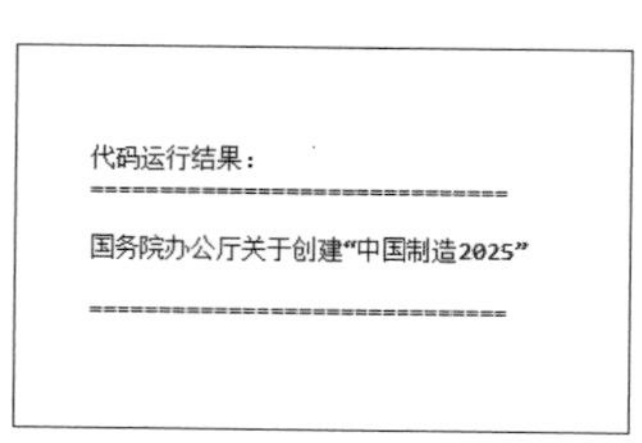

图 14-30　使用 .p.string 提取的文本数据

这里我们会发现，默认情况下，BeautifulSoup 只提取了第一个 <p> 标签中的内容，这当然不是我们想要的结果。所以我们要使用 BeautifulSoup 的 find_all 来找到所有 <p> 标签中的内容，并且进行提取，输入代码如下：

```
#使用find_all找到所有的<p>标签中的内容
texts = soup.find_all('p')
#使用for循环来打印所有的内容
for text in texts:
print(text.string)
```

运行代码，可以得到如图 14-31 所示的结果。

```
国务院办公厅关于创建“中国制造2025”
国家级示范区的通知
国办发〔2017〕90号
None
各省、自治区、直辖市人民政府，国务院各部委、各直属机构：
为加快实施“中国制造2025”，鼓励和支持地方探索实体经济尤其是制造业转型升级的新路径、新
模式，国务院决定开展“中国制造2025”国家级示范区（以下简称示范区）创建工作。经国务院同
意，现将有关事项通知如下：
一、创建主体
直辖市市辖区和副省级市、地级市均可申请创建示范区，距离相近、产业关联度高的城市可联合
申请创建示范区。申请城市（群）应具备以下条件：（一）主导产业特色鲜明，产业配套体系相
对完善，在建设国家级新区、国家级开发区和国家新型工业化产业示范基地等产业集聚区方面具
有明显优势。（二）产业创新支撑能力强，科研院所和创新人才集聚，拥有一批较高水平的创新
企业、载体和平台，协同创新体系较为完善。（三）微观政策支撑体系比较灵活，市场发展环境
好，能够有效发挥示范带动作用。
申请城市（群）要根据地区发展实际组织编制示范区创建方案，经省级人民政府审核同意后报国
务院。
二、创建要求
示范区要充分发挥地区产业优势，主动对接国家重大战略，科学确定制造业发展方向，营造产业
```

图 14-31　使用 find_all 找到全部正文内容

【结果分析】由于文件较长，图 14-31 只显示了其中一部分的内容，现在我们看到，使用 .find_all（'p'）语法可以找到标签为 <p> 的全部内容。

现在我们已经掌握如何从 HTML 文件中提取文本的技能，接下来，我们要学习如何从中提取链接，还是让我们回到 soup 对象，找到其中包含链接的部分来进行实验，如图 14-32 所示。

```
</div>-->
<!--营改增专题　微博微信　三个链接-->
<div class="de_banner5" style=" position: relative;">
<img src="/govweb/xhtml/2016gov/images/public/de_banner5_sjh.jpg"/>
<a href="http://www.gov.cn/public/yidongkehuduan.htm" style="position: absolut
e; top: 1px; left: 1px; display: block; width: 141px; height: 128px; opacity:
0;filter:alpha(opacity=0);-khtml-opacity:0;-moz-opacity:0;" target="_blank"></
a>
<a href="http://login.forum.gov.cn/html/form/suggest_wxzlsjh.html" style="posi
tion: absolute; top: 1px; left: 143px; width: 370px; height: 128px; opacity:
0; opacity: 0;filter:alpha(opacity=0);-khtml-opacity:0;-moz-opacity:0;" target
="_blank"></a>
<a href="http://www.gov.cn/home/2014-02/18/content_5046260.htm" style="positio
n: absolute; top: 1px; left: 531px; width: 360px; height: 128px; opacity: 0; o
pacity: 0;filter:alpha(opacity=0);-khtml-opacity:0;-moz-opacity:0;" target="_b
lank"></a>
</div>
</div>
<div class="h36"></div>
```

图 14-32　文件中最后一个 <a> 标签中的链接

在图 14-32 中可以看到，在整个 HTML 文件的最后一个 <a> 标签中，有一个完整的链接，下面我们就用 BeautifulSoup 将这个链接进行提取，输入代码如下：

```
#找到倒数第一个<a>标签
link = soup.find_all('a')[-1]
print('\n\n\n')
print('BeautifulSoup提取的链接：')
print('==============================\n')
print(link.get('href'))
print('\n==============================')
print('\n\n\n')
```

在这段代码中，我们使用 find_all() 来寻找所有的 <a> 标签，然后用 [-1] 来把最后一个标签赋值给变量 link，接下来使用 .get（' href '）语句将标签中的链接进行提取。运行代码，将得到如图 14-33 所示的结果。

```
BeautifulSoup提取的链接:
==============================

http://www.gov.cn/home/2014-02/18/content_5046260.htm

==============================
```

图 14-33　使用 .get('href') 提取链接

现在，我们已经掌握了如何使用 BeautifulSoup 进行 HTML 文件中文本及链接的提取，接下来，我们就可以结合前面所学的内容，来实现我们想要的效果了。

14.2.4　对目标页面进行爬取并保存到本地

回顾一下我们在 14.2.1 节中确定的目标页面，会发现有一个非常有意思的现象，那就是我们要爬取的文件标题所对应的链接中，都包含一个单词“content”，这给我们带来很大的便利，只要我们使用正则表达式匹配“content”就可以获得所有的标题和链接，如图 14-34 所示。

```
Elements   Console   Sources   Network   Performance   »
▶<div class="BreadcrumbNav">…</div>
 <!--要闻标题-->
▶<div class="channel_tab">…</div>
 <!--要闻列表-->
▼<div class="news_box">
  ▼<div class="list list_1 list_2" style="padding-bottom: 0px; border-
  bottom: none;">
    ▼<ul>
      ▼<li>
        ▼<h4>
            <a href="http://www.gov.cn/zhengce/content/2017-11/30/
            content_5243360.htm" target="_blank">2017年第三季度全国政府网站
            抽查情况通报</a>
            <span class="date">
                                    2017-11-30
                                  </span>
          </h4>
        </li>
      ▼<li>
        ▼<h4>
            <a href="http://www.gov.cn/zhengce/content/2017-11/29/
            content_5243174.htm" target="_blank">国务院关于修改部分行政法规
            的决定</a>
            <span class="date">
                                    2017-11-29
                                  </span>
          </h4>
        </li>
      ▼<li>
```

图 14-34　链接中的“content”单词

找到了链接中关键的匹配词，就非常方便我们进行提取了。接下来结合前面几节所学的知识，来进行网页的爬取。完整代码如下：

```
#导入requests库
import requests
#导入CSV库便于我们把爬取的内容保存为csv文件
import csv
#导入BeautifulSoup
from bs4 import BeautifulSoup
#导入正则表达式re库
import re

#定义爬虫的User Agent
user_agent = 'Mozilla/5.0 (Windows NT 10.0; Win64; x64) AppleWebKit/537.36\
(KHTML, like Gecko) Chrome/52.0.2743.116 Safari/537.36 Edge/15.15063'
headers = {'User-Agent':user_agent}

#使用requests发送请求
policies = requests.get('http://www.gov.cn/zhengce/zuixin.htm',
                        headers = headers)
#指定编码为"utf-8"
policies.encoding = 'utf-8'

#创建BeatifulSoup对象
p = BeautifulSoup(policies.text,'lxml')

#用正则表达式匹配所有包含"content"单词的链接
contents = p.find_all(href = re.compile('content'))

#定义一个空列表
rows = []

#设计一个for循环，将每个数据中的链接和文本进行提取
for content in contents:

    href = content.get('href')
    row = ('国务院',content.string,href)
    #将提取出的内容添加到前面定义的空列表中
    rows.append(row)

#定义CSV的文件头
header = ['发文部门','标题','链接']

#建立一个名叫policies.csv的文件，以写入模式打开，记得设置编码为gb18030否则会乱码
with open('d:/policies.csv','w',encoding='gb18030') as f:
    f_csv = csv.writer(f)
    #写入文件头
    f_csv.writerow(header)
    #写入列表
    f_csv.writerows(rows)

print('\n\n\n最新信息获取完成\n结果保存在D盘policies.csv文件\n\n\n')
```

上面这段代码运行结束后，Jupyter Notebook 会提示信息如图 14-35 所示。

现在我们打开文件保存的目录，本例中我们保存在 D 盘根目录下，如图 14-36 所示。

最新信息获取完成
结果保存在D盘policies.csv文件

图 14-35 Jupyter Notebook 提示代码运行完成

图 14-36 保存好的 csv 文件

下面打开这个 csv 文件来检查一下，双击图标，我们会看到 Excel 打开这个文件，如图 14-37 所示。

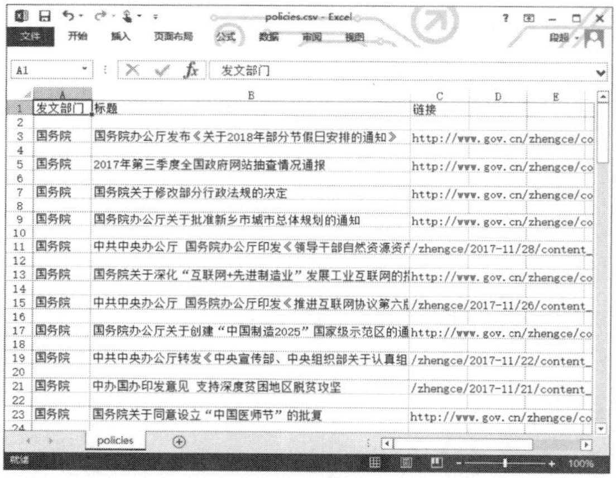

policies.csv - Excel

	A	B	C	D	E
1	发文部门	标题	链接		
2					
3	国务院	国务院办公厅发布《关于2018年部分节假日安排的通知》	http://www.gov.cn/zhengce/co		
4					
5	国务院	2017年第三季度全国政府网站抽查情况通报	http://www.gov.cn/zhengce/co		
6					
7	国务院	国务院关于修改部分行政法规的决定	http://www.gov.cn/zhengce/co		
8					
9	国务院	国务院办公厅关于批准新乡市城市总体规划的通知	http://www.gov.cn/zhengce/co		
10					
11	国务院	中共中央办公厅 国务院办公厅印发《领导干部自然资源资产	/zhengce/2017-11/28/content_		
12					
13	国务院	国务院关于深化“互联网+先进制造业”发展工业互联网的指	http://www.gov.cn/zhengce/co		
14					
15	国务院	中共中央办公厅 国务院办公厅印发《推进互联网协议第六版	/zhengce/2017-11/26/content_		
16					
17	国务院	国务院办公厅关于创建“中国制造2025”国家级示范区的通	http://www.gov.cn/zhengce/co		
18					
19	国务院	中共中央办公厅转发《中央宣传部、中央组织部关于认真组	/zhengce/2017-11/22/content_		
20					
21	国务院	中办国办印发意见 支持深度贫困地区脱贫攻坚	/zhengce/2017-11/21/content_		
22					
23	国务院	国务院关于同意设立“中国医师节”的批复	http://www.gov.cn/zhengce/co		

图 14-37 保存好的 csv 文件

【结果分析】图 14-37 中显示的就是我们爬取好的最新政策标题和相关链接，这样就可以使用这个方法，快速获得中央政府的最新文件，时刻关注政策的变化。看到感兴趣的政策即可访问相对应的链接来阅读政策的全文。同样地，我们可以使用这个方法去爬取其他相关部门的最新政策，保持自己对宏观形势能够及时掌握，并调整相应的商业策略。

14.3 对文本数据进行话题提取

在前面两个小节中，我们一起学习了如何使用 Python 的 Requests 库和 BeautifulSoup 库实现一个简单的爬虫程序，把网页上的内容爬取下来并保存为本地文件。而如果程序爬取的文本特别多的时候，即使保存在本地，也要花很长时间去阅读。那么如果我们希望快速了解一大段文字（如数万字）的核心内容，应该怎么做呢？接下来我们就来学习如何使用“潜在狄利克雷分布”（Latent Dirichlet Allocation）来对文本进行话题提取。

14.3.1 寻找目标网站并分析结构

前面我们一直在谈工作，这一小节我们来轻松一下，找点搞笑的段子来看看，现在我们在百度里搜索“段子”这个关键词，看能得到什么结果，如图 14-38 所示。

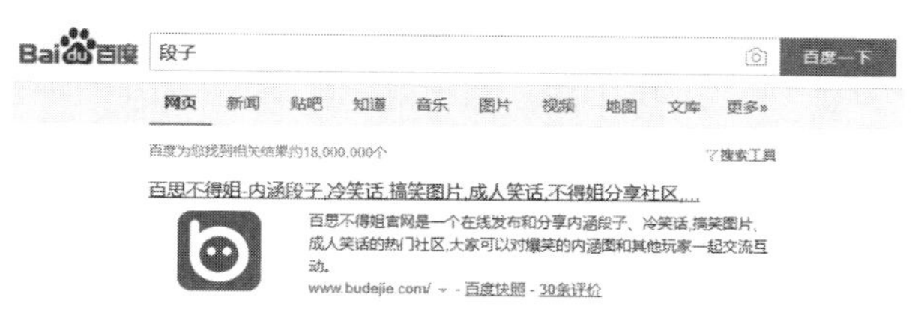

图 14-38 在百度中搜索关键词“段子”

从百度返回的结果来看，排名第一的是一个称为“百思不得姐”的网站，好像很有趣，我们点开链接来看一看都有什么内容，如图 14-39 所示。

图 14-39 “百思不得姐”的段子栏目

从图 14-39 中可以看到，“百思不得姐”的内容包括视频、图片、段子（文字）、声音，因为我们本节主要使用潜在狄利克雷分布来练习话题提取，所以选择了“段子”这个栏目。

单击“段子”，我们会看到地址栏中显示的是“www.budejie.com/text/”，这说明文字的段子页面是以 text 为后缀的，继续分析这个页面，我们会发现每个页面包含 20 个文字段子，单击下一页，我们会发现地址栏的内容变成了“www.budejie.com/text/2”，如图 14-40 所示。

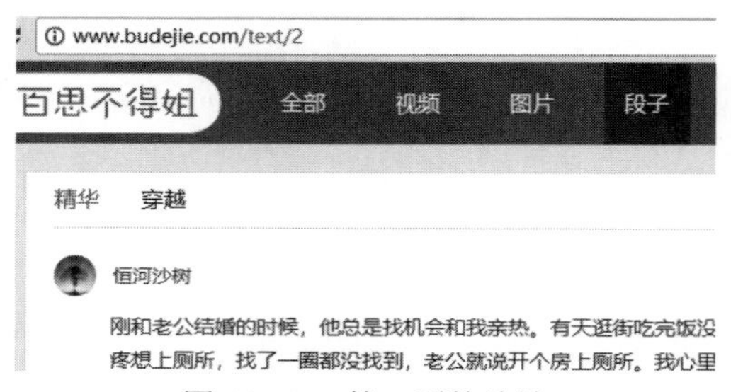

图 14-40　第二页的地址

由此可以推断，该网站是在网址最后加上数字来区分页面，这样就好办了，我们可以使用 for 循环来爬取所有页面的信息。需要注意的是，这个网站只显示 50 页最新的段子，翻到第 51 页的时候，会提示找不到页面，如图 14-41 所示。

Not Found

The requested URL /text/51 was not found on this server.

图 14-41　第 51 页提示找不到页面

这样的话，我们就把目标页面锁定在 1 ～ 50，下面我们来检查一下页面的结构，在网页上单击鼠标右键，选择“检查”选项，出现如图 14-42 所示的控制台。

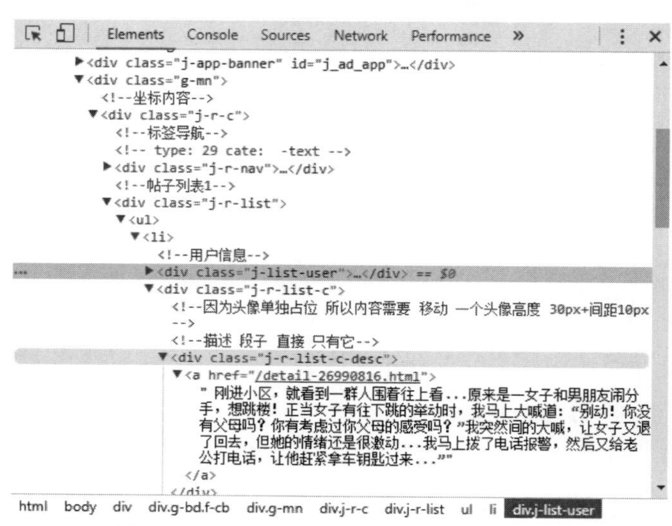

图 14-42　检查“百思不得姐”的网页元素

【结果分析】从图 14-42 中可以看到，段子的正文保存在一个名为 <div class= "j-r-list-c-desc"> 的标签当中。我们现在知道了网站的结构，也找到了内容所在的位置，下面我们可以写代码来进行爬取了。

14.3.2　编写爬虫进行内容爬取

鉴于我们之前已经详细介绍了爬虫的原理与实现，这一小节中，我们直接给出完整的代码供大家参考，新建一个 Jupyter Notebook 的记事本，输入代码如下：

```
#导入request库
import requests
#导入BeautifulSoup
from bs4 import BeautifulSoup
#导入正则表达式
import re
#导入时间库
import time
#定义爬虫的headers
user_agent = 'Mozilla/5.0 (Windows NT 10.0; Win64; x64) AppleWebKit/537.36\
(KHTML, like Gecko) Chrome/52.0.2743.116 Safari/537.36 Edge/15.15063'
headers = {'User-Agent':user_agent}
#创建一个空列表
all_jokes = []
#设置for循环，让爬虫从第1页爬到第50页
for i in range(1,51):
    content = requests.get('http://www.budejie.com/text/{}'.format(i), headers
= headers)
#替换掉网页中的<br>和<br/>等无用标签
      replaced = content.text.replace('<br>','').replace('<br />','').
replace('<br/>','')
#使用BeautifulSoup提取段子的正文
    soup = BeautifulSoup(replaced, 'lxml')
    jokes = soup.find_all('div',class_ = 'j-r-list-c-desc')
    for joke in jokes:
        text = joke.a.string
#将段子正文添加到列表中
        all_jokes.append(text)
#打印正在爬取的页面
print('正在爬取第{}页'.format(i))
#设置每爬取一页，休眠2秒，避免给服务器带来过大的负担
time.sleep(2)
```

运行代码，我们会看到爬虫开始工作，如图 14-43 所示。

```
正在爬取第1页
正在爬取第2页
正在爬取第3页
正在爬取第4页
正在爬取第5页
正在爬取第6页
正在爬取第7页
正在爬取第8页
正在爬取第9页
正在爬取第10页
正在爬取第11页
正在爬取第12页
正在爬取第13页
正在爬取第14页
正在爬取第15页
正在爬取第16页
正在爬取第17页
正在爬取第18页
```

图 14-43　爬虫开始工作的场景

大约 2min 的时间，爬虫即可完成内容的爬取工作，接下来我们要把爬虫爬到的结果保存在本地的 txt 文档中，输入代码如下：

```
#以写入模式在D盘打开一个名叫jokes的txt文件，编码为utf-8
with open('d:/jokes.txt','w',encoding='utf8') as f:
for j in all_jokes:
#将爬取到的段子写入文件中
        f.write(str(j))
        f.write('\n')
```

运行代码之后，你会发现在 D 盘多了一个名叫 jokes.txt 的文件，打开这个文件，我们看到段子已经完全保存下来了，如图 14-44 所示。

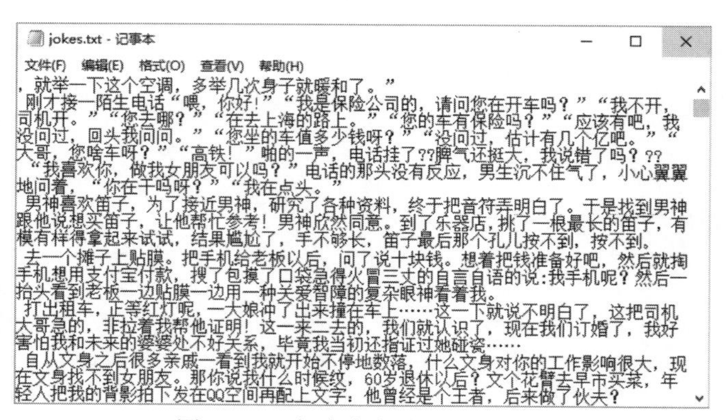

，就举一下这个空调，多举几次身子就暖和了。”
刚才接一陌生电话“喂，你好！”“我是保险公司的，请问您在开车吗？”“我不开，司机开。”“您去哪？”“在去上海的路上。”“您的车有保险吗？”“应该有吧，我没问过，回头我问问。”“您坐的车值多少钱呀？”“没问过，估计有几个亿吧。”“大哥，您啥车呀？”“高铁！”啪的一声，电话挂了??脾气还挺大，我说错了吗？??
“我喜欢你，做我女朋友可以吗？”电话的那头没有反应，男生沉不住气了，小心翼翼地问着，“你在干吗呀？”“我在点头。”
男神喜欢笛子，为了接近男神，研究了各种资料，终于把音符弄明白了。于是找到男神跟他说想买笛子，让他帮忙参考！男神欣然同意。到了乐器店，挑了一根最长的笛子，有模有样得拿起来试试，结果尴尬了，手不够长，笛子最后那个孔儿按不到，按不到。
去一个摊子上贴膜。把手机给老板以后，问了说十块钱。想着把钱准备好吧，然后就掏手机想用支付宝付款，摸了包摸了口袋急得火冒三丈的自言自语的说:我手机呢？然后一抬头看到老板一边贴膜一边用一种关爱智障的复杂眼神看着我。
打出租车，正等红灯呢，一大娘冲了出来撞在车上……这一下就说不明白了，这把司机大哥急的，非拉着我帮他证明！这一来二去的，我们就认识了，现在我们订婚了，我好害怕我和未来的婆婆处不好关系，毕竟我当初还指证过她碰瓷……
自从文身之后很多亲戚一看到我就开始不停地数落，什么文身对你的工作影响很大，现在文身找不到女朋友。那你说我什么时候纹，60岁退休以后？文个花臂去早市买菜，年轻人把我的背影拍下发在QQ空间再配上文字：他曾经是个王者，后来做了伙夫？

图 14-44　保存在本地的段子文本

【结果分析】前面我们说过，“百思不得姐”的段子页面每页显示 20 条段子，我们爬取了 50 页，也就是 1000 条段子，一时半会儿的还真看不完。所以接下来，我们就试着用潜在狄利克雷分布来进行文本的话题提取。

14.3.3　使用潜在狄利克雷分布进行话题提取

潜在狄利克雷分布（Latent Dirichlet Allocation， LDA）是基于不同的词语共同出现的频率来进行分组的模型，比如在某个文档中，“妹子”和“吃货”这两个词经常同时出现，那么 LDA 便会将这两个词归入同一个话题（Topic）当中。对于 LDA 模型来说，文本必须是一些由话题组成的集合，但需要注意的是，对于机器来说，“话题”这个词的含义和我们日常所理解的是完全不同的概念，机器所理解的“话题”，并非语义学上所指的话题，而只是通过对文本进行特征提取后所进行的聚类（clustering）。下面我们就使用潜在狄利克雷分布对爬取的段子进行话题提取，在不同的话题中，哪些词共同出现的频率最高。

首先，我们要载入之前保存的 txt 文件，并且把文本数据提取出来，输入代码如下：

```
#以读取模式打开之前存好的txt文档
file = open('d:/jokes.txt','r',encoding='utf-8')
#读取文本的所有行
lines=file.readlines()
#提取出文本中的字符串数据
line = str(lines)
```

接下来，我们就要用到 13 章学到的结巴分词工具，对段子的文本进行分词处理，输入代码如下：

```
#导入结巴分词
import jieba
#使用结巴分词对文本进行分词处理
line = jieba.cut(line)
#在分词中加入空格
x = ' '.join(line)
#保存为另一个txt文件
with open ('d:/cutjokes.txt','w') as f:
f.write(x)
```

运行代码之后，你会发现 D 盘多了一个名为 cutjokes.txt 的文件，打开文件，如图 14-45 所示。

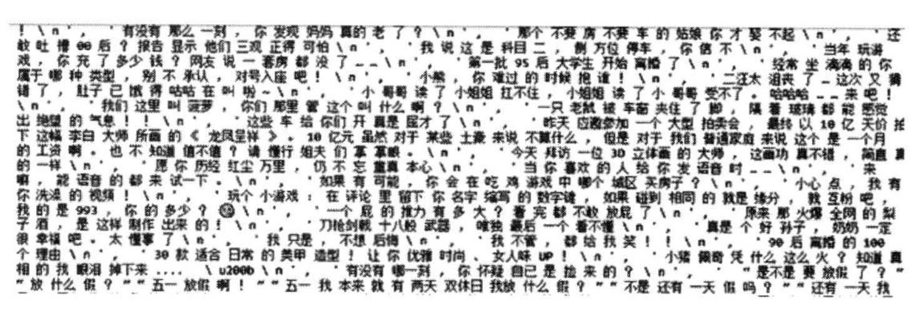

图 14-45　经过分词处理的文本文件

接下来，我们就要用这个进行过分词处理的文件来进行话题提取的工作了，首先需要将文本数据转化为向量，这就用到了第 13 章我们学过的 CountVectorizer 或者是 TfidfVectorizer，这里我们选择使用 TfidfVectorizer，然后使用 LDA 模型进行话题提取，输入代码如下：

```
#导入TfidfVectorizer
from sklearn.feature_extraction.text import TfidfVectorizer
#导入LDA模型
from sklearn.decomposition import LatentDirichletAllocation
#此处定义一个函数，用来打印提取后的话题和高频词
def print_topics(model, feature_names, n_top_words):
    for topic_idx, topic in enumerate(model.components_):
        message = 'topic #%d:' % topic_idx
        message += ' '.join([feature_names[i]
                            for i in topic.argsort()[:-n_top_words - 1:-1]])
        print (message)
    print()

#载入分词处理过的文本文件
f = open('d:/cutjokes.txt','r')
#定义每个话题提取20个高频词
n_top_words = 20
#Tfidf最大特征数为1000
tf = TfidfVectorizer(max_features=1000)
#将转化为向量的文本数据作为训练数据
x_train = tf.fit_transform(f)
#指定LDA模型提取10个话题
lda = LatentDirichletAllocation(n_components=10)
lda.fit(x_train)
#将结果进行打印
print_topics(lda, tf.get_feature_names(), n_top_words)
```

运行代码，会得到如图 14-46 所示的结果。

```
topic #0:平淡 东北 安全感 不帮 服务员 复合 反目 三国 肥到 苗子 值得 自省 回来 满满的 表妹 五万 开始 听到 拿走 年龄
topic #1:然后 忍不住 出来 法拉利 可是 白衣 什么 王子 吵架 电梯 半价 孙子 帅哥 王者 一定 孩子 只见 老婆 治好 带泰迪
topic #2:直播 评价 高楼 菜市场 贫困 一起 旅游 鸡蛋 过去 电梯 无能为力 反应 学会 火爆 满满的 东北 老婆 电动 评论 跟着
topic #3:烹饪 轻松 鸡腿 散步 僻静 鸡蛋 洗着 原因 越久 香奈儿 这么 身边 公寓 表妹 语音 瞬间 上课 旁边 当年 打开
topic #4:女神 心跳 自己 专业 那边 奇怪 这是 过问 预支 当时 说完 而已 成功 十天 孩子 三国 轻易 没法 王宝强 没吃过
topic #5:忍耐 一种 相遇 人靠 绝不 城市 表妹 刻意 石头 骗子 看到 没挂 看着 现象 一下 清明 项工 你们 吃顿 不会
topic #6:不是 因为 喜欢 就是 出来 遇到 然后 吃饭 老婆 一子 知道 什么 复合 只是 生活 一个 没有 离开 人品 感动
topic #7:那边 母鸡 值得 其父 照片 一种 银子 突然 爬起来 有点 主动 泪人 练车 虽然 玩个 有种 能干 测试 还有 满眼
topic #8:答案 钻进 痛苦 教官 这么 路边 起来 原来 泰山 玩游戏 有心 的话 照顾 没太多 生起 箱子 看到 爸爸 没点 不敢
topic #9:发型 差距 感冒 没想 一顿 越久 不能 干吗 豆豆 表现 骗子 顶用 王宝强 游戏 好看 房子 人烟稀少 儿子 大爷 90
```

图 14-46　使用 LDA 模型提取的话题

【结果分析】从 14-46 中可以看到，LDA 模型按照我们的指示，从前面收集的段子中提取了 10 个话题，并且把每个话题中共同出现频率最高的词语给我们提取了出来。例如，在第一个话题，也就是 topic #0 中，共同出现频率最高的词包括“平淡”“东北”“安全感”等共 20 个；而 topic#1 中，共同出现频率最高的词包括“然后”“忍不住”“出

来”等。当然，因为素材的原因，我们并不能真的通过这些词汇理解其所属的话题。但如果是其他类型的文本数据，如新闻类，如果某个话题多次出现“进球”“得分”“后卫”等词语，那么我们可以认为这是“体育类”新闻；如果是“动力”“扭矩”“内饰”等词汇出现频率较高，那么我们可以认为是“汽车类”新闻。以此可以对收集到的文本数据进行快速聚类分析，而无须用肉眼逐一阅读才能进行分类。

14.4　小结

在前面的章节中，我们主要都是使用别人整理好的数据集来进行机器学习算法模型训练，但是在实际的情况中，我们很难找到非常合适的数据集。针对这个问题，本章简单介绍了使用 Python 进行数据爬取的方法，以及使用潜在狄利克雷分布对文本数据进行话题提取的方法。当然，本章涉及的内容都比较简单，如果大家希望进行更加复杂的爬取，推荐各位了解一下另外一个 Python 库，称为 Scrapy，这也是目前最常用的用于开发爬虫的工具之一。

此外，话题提取也是自然语言处理中的一小部分，如果大家对这方面感兴趣，可以研究一下目前非常流行的研究方向——使用循环神经网络（RNNs）来进行文本的处理。限于篇幅，这里我们就不展开讨论了。

第 15 章 人才需求现状与未来学习方向——你是不是下一个“大牛”

各位读者朋友，现在已经是本书的最后一章了。非常感谢你一路坚持读到最后，和我们一起完成了一次机器学习的入门旅程。另外，如果你已经开始对这个非常有前景的领域产生了浓厚的兴趣，我们也要衷心地祝贺你，因为你已经把一只脚踏进了这场全新的革命之中！下面还有一点对于未来的建议，希望能够对读者朋友有些帮助。

本章主要涉及的知识点有：

- 人工智能领域的人才需求现状
- 未来的学习方向和技能磨炼

15.1　人才需求现状

在时下的互联网圈子里，有一句话十分流行："得人工智能者得天下。"这句话也在一定程度上反映出目前该领域人才的稀缺。而早在 2016 年，工信部教育考试中心副主任周明就曾经向媒体透露过，中国的人工智能人才缺口超过 500 万人。而人才稀缺的必然结果，是各大企业不遗余力地用高薪挖人。本节将结合一些数据向大家介绍人工智能领域的人才需求和薪资分布情况。

15.1.1　全球AI从业者达190万，人才需求3年翻8倍

2017 年 7 月，全球最大的职场社交平台 LinkedIn（领英）发布了业内首份《全球 AI 领域人才报告》。这份报告基于领英全球 5 亿高端人才大数据，对全球 AI 领域核心技术人才的现状、流动趋势和供需情况做了一系列深入分析，相信可以为大家提供一定的参考。

报告显示，截至 2017 年第一季度，基于领英平台的全球 AI 领域技术人才数量超过 190 万，其中美国相关人才总数超过 85 万，高居榜首，而中国的相关人才总数也超过 5 万人，位居全球第七。从全球范围来看，与 AI 作为"投资新风口"而进入大众视野的认知相反，这其实是一块拥有"高度文明的新大陆"——AI 人才普遍资深，具有 10 年以上工作经验的人才占比高达 65.4%，而美国的 10 年以上 AI 从业人员比例更达到全球最高的 71.5%！几十年的深厚技术积淀和 AI 人才的高门槛，也为今天 AI 在全球掀起一波商业化浪潮奠定了基础。

伴随风口而来的，是全球 AI 领域人才需求激增。过去 3 年间，通过领英平台发布的 AI 职位数量从 2014 年的 5 万飙升至 2016 年的 44 万，增长近 8 倍。具体到细分领域，当前对 AI 基础层人才的需求最为旺盛，尤其是算法、机器学习、GPU、智能芯片等方面，相对于技术层与应用层呈现出更为显著的人才缺口，如图 15-1 所示。

全球人工智能细分领域人才需求量排名

排名	细分领域	排名	细分领域
1	算法、机器学习等	6	智能/精准营销
2	GPU、智能芯片等	7	语音识别
3	机器人	8	推荐系统
4	图像识别/计算机视觉	9	搜索引擎
5	自然语言处理	10	智能交通/自动驾驶

图 15-1　细分领域的人才需求量排名

数据来源：Linkedln 全球人才大数据

15.1.2　AI人才需求集中于一线城市，七成从业者月薪过万

2017 年 12 月，智联招聘推出《2017 人工智能就业城市供需与发展研究报告》，数据显示，2017 年，AI 人才需求呈现爆发式的增长。随着人工智能在实践上的不断突破，越来越多的创业型公司也加入 AI 相关业务的创业大潮中，这一发展窗口催生了大量的人才需求。根据智联全站大数据，2017 年第三季度人工智能人才需求量相较 2016 年第一季度增长了 179%，是 2016 年第一季度人才需求量的近 3 倍。

而在 AI 行业中，企业在招聘时给出的薪酬预算中，有 33.7% 集中于 10 001 ～ 15 000 元 / 月区间；27.7% 集中于 8 001 ～ 10 000 元 / 月区间；26.7% 集中于 15 001 ～ 25 000 元 / 区间，远高于全国平均水平。这也表明，高薪是企业面临人才供给压力时给出的最为直观的吸引条件。AI 领域薪资分布如图 15-2 所示。

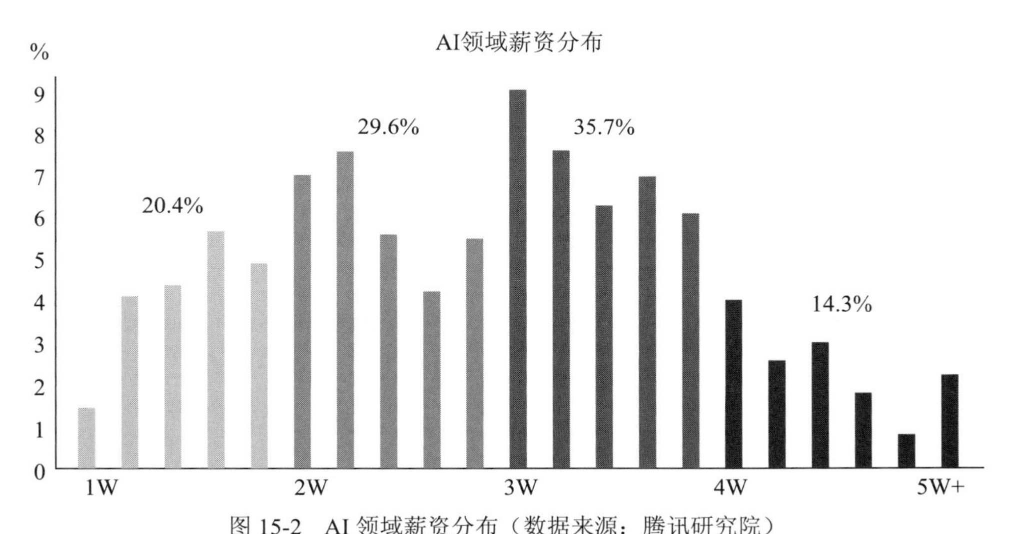

图 15-2　AI 领域薪资分布（数据来源：腾讯研究院）

15.1.3　人才困境仍难缓解，政策支援亟不可待

AI 领域的持续升温，刺激大量优秀技术人才流入这一行业，同时推动国家高校设立人工智能相关专业，这些为人才补给提供了根本保障。据腾讯研究院《2017 全球人工智能人才白皮书》显示，2018 年人才供给有望较 2017 年增长 1.2 倍，上行趋势预测值较 2017 年增加 1.7 倍，可以看出，人才供给在高速增长，但较需求增长速度还是有不小差距，这将继续拉大人才需求缺口。

该“白皮书”同时指出，与人才需求预测相比，人才供给预测不确定性更高，一是国家对 AI 行业重视程度提高，有望加速高校设立相关专业，并通过政策吸引大批海外 AI 人才归国；二是行业热度提升将使教育培训市场加速布局 AI 课程，使人工智能基层人才培养数量翻倍增长，这些因素有可能会使未来 AI 人才供应出现缓解。

综上所述，目前 AI 领域的人才需求情况十分火爆，给人才提供的薪酬也非常诱人。对于有志向在这个领域发展的朋友来说，是一个千载难逢的好机会。

15.2 未来学习方向

当然，对于有意愿从事机器学习相关工作的读者朋友来说，仅仅阅读本书的内容是远远不够的，还需要进行更加深入的学习和研究。不过在开始下一步之前，建议大家可以先初步选择一个大致的方向，然后在这个方向上深入挖掘。目前比较热门的方向包括：大数据分析、模式识别、自然语言处理，以及硬件方面的人工智能芯片和传感器技术等。

15.2.1 用于大数据分析的计算引擎

大数据分析，也被称为数据挖掘，是时下非常热门的领域之一。不过当我们谈到“大数据”的时候，数据的量级就要远远高于本书中用来进行实验的数据集了。在真实世界的应用（如电商、支付、社交媒体等）当中，其服务器上存储的数据动辄上百 GB，甚至是 TB 级别的。因此在面对如此海量的数据的时候，我们的计算机内存就无法应付任务的需求，而是需要一些额外的方法来进行数据处理和分析。例如“核外学习”（out-of-core learning，也有翻译成外存学习）和“集群式并行计算”。

“核外学习”是指，数据并不使用我们本地电脑的内存进行存储，但是模型的训练是通过本地 CPU（或 GPU）来完成。数据是通过外部硬盘甚至是网络来读取的，计算机会把数据分成几个部分进行读取，再用本地内存进行模型的训练。本书使用的 scikit-learn 中，有若干算法可以支持“核外学习”，但是“核外学习”使用的仍然是单个计算机的计算资源，所以模型的训练可能会非常耗时，这也是该方法的一大局限。

而“集群式并行计算”则是将数据分布至多个计算机上，这些计算机就组成了所谓的“集群”。集群中的每台计算机分别处理数据集的一部分，这样一来模型训练的速度就会提高很多。对这部分感兴趣的读者，可以深入学习一下 Spark 计算引擎。Spark 是专为大规模数据处理而设计的快速通用的计算引擎，能更好地适用于数据挖掘与机器学习等需要迭代的 MapReduce 的算法。Spark 支持多种开发语言，除了 Python 之外，Spark

也支持包括 scala、java、R 在内的多种语言。目前，Spark 已经成为最流行的分布式计算平台之一。

另外，在数据分析方面，除了 Python 之外，还有一种应用非常广泛的语言，就是 R。同 Python 一样，R 也是完全免费的开源语言。它的语法也非常通俗易懂，即使新手也可以在很短的时间内上手。它有非常丰富的统计分析工具包和优秀的制图功能，对大数据分析感兴趣的读者可以尝试使用一下。

15.2.2 深度学习开源框架

不得不说目前在机器学习、人工智能领域，最炙手可热的概念就是深度学习了。不论是鼎鼎大名的 Alpha Go（以及它的升级版 Alpha Go Zero），还是各大巨头正在布局的无人驾驶亦或是时下政府、投资界都在追捧的医疗人工智能，都能看到深度学习的身影。在本书中我们初步介绍了 scikit-learn 内置的 MLP 多层感知神经网络算法，但由于 scikit-learn 并不支持使用 GPU 加速，因此在处理海量数据集的时候，尤其是大量高像素的图像或者高清视频的时候，scikit-learn 会完全无用武之地。因此，我们建议对计算机视觉、图像识别、深度学习等方向感兴趣的读者朋友，可以深入了解一下几个著名的深度学习框架，包括但不限于 Tensorflow、Caffe 和 Keras。

Tensorflow 是一个开源的深度学习框架，是 Google Brain 的第二代深度学习系统。原本 Tensorflow 是用于 Google 内部研发使用的，但在 2015 年 11 月，Google 将 Tensorflow 进行了开源，供广大的机器学习从业人员和爱好者使用。Tensorflow 可以部署在多个 CPU 或 GPU 组成的服务器集群当中，同时也可以使用 API 应用在移动设备中。鉴于其系出名门的血统，Tensorflow 可以说是目前深度学习领域的明星框架了。

Caffe 是一个清晰而高效的深度学习框架，其作者是毕业于 UC Berkeley 的博士贾扬清。Caffe 作为快速开发和工程应用是非常适合的。Caffe 官方提供了大量实例，代码易懂好理解，高效、实用。上手简单，使用方便，比较成熟和完善，实现基础算法方便快捷，虽然开发新算法不是特别灵活，但是非常适合工业快速应用实现。

而 Keras 和 Tensorflow 与 Caffe 不同，根据官方的说法，Keras 其实是一个高层神经网络 API。它需要使用 TensorFlow，或是 Theano（另一个很有名的深度学习框架，但可惜的是它的开发者即将停止 Theano 的进一步开发），又或是 CNTK（微软的深度学习开源框架）作为它的后端（Backend）。这是因为 Keras 并不处理张量乘法、卷积等底层操作，而是使用其他的张量操作库，也就是 Tensorflow、CNTK 或是 Theano。但 Keras 对用户更加友好，使得其上手要比 Tensorflow 快得多，而且提供了优秀的易扩展性和完善的中文文档。

15.2.3 使用概率模型进行推理

在本书中，我们介绍的机器学习模型基本都是使用了某种单一的算法，并且已经由开发者调试好。但在真实世界中，很多问题都不是能够简单地使用某一种单独的方法就能找到解决方案的。所以我们要用到一些特殊的方法，如概率论。例如，我们希望开发一个移动 App 让它可以通过你的位置找到离你最近的共享单车，当然我们可以使用手机内置的 GPS 模块来获得实时的位置，还有加速度传感器和指南针。但是试想一下，假如恰好在某个时间某个地点 GPS 信号丢失（这在真实世界中非常常见），又或是受到了干扰，说用户此时此刻正在颐和园的湖里潜水，这个时候我们就无法再依赖上述这些设备对用户的位置进行准确的判断。这时我们就需要用概率模型进行推理，对设备反馈的各种位置信息进行概率的计算，并从中选出用户最可能在的位置。

要实现上述的模型，我们可以使用一些现成的工具，例如，可以在 Python 中直接使用的 PyMC，和支持多种语言的 Stan。其中 PyMC 是一个实现贝叶斯统计模型和马尔科夫链蒙特卡洛采样工具拟合算法的库，它的灵活性和可扩展性都非常优秀，能够适用于解决各种问题。而 Stan 是一个非常尖端的用于统计建模和高效统计计算的平台，现在已经有众多用户在社交、生物、物理、工程学和商业场景中使用它来进行数据分析和预测。当然，无论是使用 PyMC 还是 Stan，都要求用户对于概率统计有一定的了解。

15.3 技能磨炼与实际应用

如我们之前所说，学习一项技能最好的办法就是使用它，而且要一直不停地使用它。接下来，我们向读者朋友们介绍一些技能磨炼的方法。

15.3.1 Kaggle算法大赛平台和OpenML平台

这一小节主要针对的目标人群是尚未工作的在校生，或是之前没有这方面工作经验但是又想朝这个方向转型的读者朋友。这类人群由于接触不到大量的数据集，所以想要用真实世界的数据来训练会有一点困难。不过没有关系，我们有 Kaggle 算法大赛平台和 OpenML 平台。

Kaggle 是一个为开发商和数据科学家提供举办机器学习竞赛、托管数据库、编写及分享代码的平台。据称 Kaggle 平台已经吸引了 80 万数据科学家的关注。就在 2017 年 3 月，

Google 官方正式宣布收购 Kaggle 平台，引起了业界的普遍关注。Kaggle 平台的网址是 www.kaggle.com，感兴趣的读者朋友可以访问这个网址对 Kaggle 平台进行深入地了解。

而 OpenML 则是另外一个著名的机器学习平台，网址是 www.openml.org，在该平台上有超过 2 万个数据集和 5 万多个可以供你练手的机器学习任务。不过，用这种大赛平台练手也有一定的局限性，因为这些平台提供的数据集往往都是经过预处理和优化的，和真实世界的数据集还是会有一定的差距，所以即使在这些平台上获得了不错的成绩。也不要忘记，对于职业发展来说，我们要走的路还很长。

15.3.2　在工业级场景中的应用

虽然 Python 和 scikit-learn 都是非常容易上手的工具，但这可不意味着它们的能力一般。实际上在很多国际大型企业当中，Python 和 scikit-learn 都在工业级的场景中有着非常普遍的应用，因为它们非常易于打造产品的原型，并且可以实现快速部署。当然在大型企业当中，开发人员使用的工具往往是多种多样的，他们不会仅仅局限于某一种开发语言或开发工具，例如在数据分析应用当中，除了 Python 之外，我们之前提到的 R 语言也是非常流行的。

而对于那些效率要求非常高的系统来说，Java 和 C++ 也是优先的选择，同时 Scala 和 Go 语言的使用也越来越普遍。所以最常见的情况是，在企业的产品中，会混合使用上述集中开发语言。不过读者朋友也不用担心，开发语言不是问题，不管你使用哪种语言，都可以将它重新编译成其他的语言，所以大可放心专攻其中一种即可。

另外要指出一点，虽然我们在本书中，经常使用各种方法来对模型进行评分，并且尽可能地提高它们的准确性，但在工业级应用当中，模型准确率提升一两个百分点其实带来的影响并不是很大，反而我们要更加关注它的可靠性、运行时间还有系统资源的占用等。因此模型一定要简洁高效，这就需要我们在建模的过程中对于数据处理和训练过程的复杂程度了然于胸。尽量在模型的建立过程中兼顾模型的准确率和其后期维护的成本。

15.3.3　对算法模型进行A/B测试

在前面几乎每一章里，我们都会用到 .score 方法或者是 cross_val_score 来对模型进行评分，当然这些都是在我们本地计算机上进行的，这种方法我们称为“离线测试”或者“离线评估”。不过在当今这个互联网蓬勃发展的时代，绝大多数应用都是面向用户的，也就是说，这些应用基本上都是在线的。即便我们模型在离线测试中获得了不错的分数，也可能在部署之后出现一些意想不到的问题，而这些问题非常可能影响到用户的体验和行为。为了防止类似的情况发生，我们往往会使用“A/B 测试法”来进行“在线测试”。

所谓“A/B 测试法”，就是从用户群中随机选择一小部分，并且分成两组。其中一组我们对他们提供基于算法 A 的内容或者服务；而另外一组则提供基于算法 B 的内容或者服务。接下来我们对两组算法的最优参数所对应的效果进行比较，比如哪一组用户贡献的营业额更高，或者用户黏性更强，然后选择效果更好的算法和相对的最优参数来实现最终的产品。

15.4 小结

到这里本书的内容就要告一段落了。相信通过本书的学习，读者朋友们对于机器学习的概念和常见的有监督学习和无监督学习算法有了一定的了解，并且可以自己动手解决一些简单的问题了，也对未来的方向有了初步的认识。最后还想再啰唆几句，请各位读者朋友耐心看完。

机器学习赋予了我们非常优秀的数据处理能力，以及针对特定问题找到答案的方法。但是，在真实世界的数据分析和商业决策中，使用算法找到答案只是很小的一个部分，真正困难且影响大局的部分是，找到“对的问题”，或者说我们使用机器学习技术所要达成的目标是什么。就好像我们在最开始的时候讲的那个小故事，小 C 的目标很明确，就是要追到女神，或者说他要解决的问题是，如何能够和女神有共同语言并且可以一步步拉近距离。

当然，如果你目前也是单身，并且已经有了心仪的对象，不妨也试一试小 C 的手段。不过，或许你还有一个更小的目标，比如先挣一个亿，那么实现这个目标的方法可能就完全不一样了。你可能需要把这个目标分解成若干个问题，例如：我的目标客户是谁？这个市场有多大？我的产品或服务能满足他们的什么需求？我的竞争对手都有谁？我该如何定价？等等。

话说回来，即便我们找到了明确的目标，也提出了“正确”的问题，并且可以熟练地使用常见的机器学习算法，后面仍然有很多工作要做——如收集合适的数据（这一步常常要耗费大量的人力和时间）、对数据进行清洗，以及不断地改进模型让算法更加高效等，而这些工作往往比建立模型本身需要更多的精力投入。

所以说，未来真的是“路漫漫其修远兮”，我们也会和广大读者朋友一起共同努力和进步。最后祝大家在机器学习的道路上一帆风顺，生活万事顺心。

感谢大家的阅读！

参 考 文 献

[1] Aurélien Géron. Hands-On Machine Learning with Scikit-Learn and TensorFlow. O'Reilly, 2017.

[2] Ryan Mitchell. Web Scraping with Python. O'Reilly, 2015.

[3] Alexander T. Combs. Python Machine Learning Blueprints. Packt, 2016.

[4] Sebastian Raschka. Python Machine Learning. Pacht, 2015.

[5] Jalaj Thanaki. Python Natural Language Processing: Advanced machine learning and deep learning techniques for natural language processing. Packt, 2017.

[6] Michael Bowles. Machine Learning in Python: Essential Techniques for Predictive Analysis. Wiley, 2015.

[7] Christopher M. Bishop. Pattern Recognition and Machine Learning. Springer, 2006.

[8] Allen B. Downey. Think Bayes: Bayesian Statistics in Python. O'Reilly, 2015.

[9] Raul Garreta. Learning scikit-learn: Machine Learning in Python. Packt, 2015.

[10] Ryan Mitchell. Web Scraping with Python: Collecting Data from the Modern Web. O'Reilly, 2015.